Sigrid Hunke:
Glauben und Wissen

Sigrid Hunke

GLAUBEN UND WISSEN

Die Einheit europäischer Religion und Naturwissenschaft

Econ Verlag
Düsseldorf · Wien

1. Auflage 1979

Papier: Papierfabrik Schleipen, Bad Dürkheim
Gesetzt aus der Times der Linotype GmbH,
Satz: UNI-SET GmbH, Düsseldorf
Druck und Bindearbeiten: Ebner Ulm
Printed in Germany
ISBN: 3 430 14897 9

INHALT

VORWORT
DIE NATURWISSENSCHAFT AUF DER ANKLAGEBANK

Wir erleben heute eine neue Verteufelung der Naturwissenschaft, eng verbunden mit einer Dämonisierung der angewandten Naturwissenschaft, der Technik. In dieser modernen Verteufelung lebt in neuem Inquisitionsgewande eine mittelalterliche Wissenschaftsfeindschaft wieder auf, die auf der Woge einer gefährlichen Gefühlsüberreizung schwimmt. Wenn sie auch mit Verstandesargumenten um sich schlägt, läuft sie doch ständig an der Grenze der Katastrophenpanik auf.

Die millionenfach erhobene Anklage, über die die Gesellschaft längst ihr höchstrichterliches Urteil gefällt hat, lautet: Die Naturwissenschaft ist an allem schuld, an der Entzauberung und Kahlheit der Welt und an der Entpersönlichung des Menschen, an der Leere und Sinnlosigkeit seines Daseins, schuld an der Bedrohung des Lebens, der Umwelt, ja der Existenz unseres Planeten, an der Gefährdung unserer Gegenwart und unserer Zukunft und der unserer Kindeskinder, an der Not der einen und an der Übersättigung der anderen, schuld an unseren Ängsten und Fieberträumen – kurz: an der inneren und äußeren Krise, in der wir kaum noch atmen.

Wer trägt diese Schuld? Die Gleichung scheint so leicht aufzugehen. Und es schafft immer Erleichterung, einen Sündenbock gefunden zu haben, auf den sich alle Schuldenlast abladen läßt. Aber gründet sich dieses Urteil nicht auf wesentliche Fehleinschätzungen?

Nicht nur hat die totale Krise, in der wir uns zweifellos befinden, durchaus andere Ursachen, wie wir in »Das Ende des Zwiespalts«[1] und »Das nach-kommunistische Manifest«[2] aufgewiesen haben und worauf wir im Schluß zurückkommen werden. Diese Beurteilung und Verurteilung der Naturwissenschaft beruht auf verbreiteten Vor- und Fehlurteilen über sie, über ihre Entstehung und Entwicklung, über ihre Grundlagen, Aufgaben, Ziele und Grenzen wie über ihr Verhältnis zur Religion im besonderen und im allgemeinen, auf Fehlurteilen, die jahrhundertelang nachgesprochen wurden und teils aus einseitig christlicher teils aus einseitig atheistischer Sicht gefällt werden.

Wir sprechen hier von der Geburt der Wissenschaft durch die Wiedergeburt des im Religiösen gründenden europäischen Geistes, lange vor der Renaissance. Wir sprechen in einem besonderen Sinne von »europäischem« Geist und von »europäischer« Wissenschaft, da sie die Züge einer spezifisch »europäischen« Denkstruktur aufweist. Doch dieser Wortgebrauch bedarf einer Erläuterung, denn ihre Schöpfer waren Mittel- und Westeuropäer – nicht Griechen, obwohl selbstverständlich auch sie Europäer sind. Diese Beschränkung wird gewiß sogleich Stirnrunzeln und Kopfschütteln hervorrufen, denn gelten nicht gerade die Griechen als die Urheber unserer Naturwissenschaft? Diese Frage müssen wir den zweifelnden Leser bitten, nach der Lektüre des Buches zu entscheiden. Im Folgenden sprechen wir von europäischer Wissenschaft in demselben Sinne, in dem wir in »Europas andere Religion«[3] von »europäischer Religion« gesprochen haben.

Wir sehen uns ja der merkwürdigen Tatsache gegenüber, daß Naturwissenschaft sich nicht in China, Japan, Indien, Rußland oder in Schwarzafrika, in Grönland, Nord- und Mittel- oder Südafrika entwickelt hat, sondern, was auch Max Weber[4] aufgefallen ist, in Europa, ja – daß sie nicht bei Ägyptern, Babyloniern, Juden, Russen, sondern daß sie gerade in Frankreich, Deutschland, England, Italien, den Niederlanden und Spanien entstanden ist – mit einer Ausnahme, der der Araber, denen man jeden Beitrag zur Wissenschaft abzusprechen pflegt, die jedoch auf Grund ihrer eigentümlichen Denkstruktur und der von ihnen entwickelten Methode die Initialzündung gaben.

Das aber, was wir *heute* unter Wissenschaft verstehen und was als solche *internationale Geltung* erlangt hat, ist aus dem »europäischen« Denken entstanden. Und konnte nur aus ihm entstehen.

Lange vor Galilei!

EINLEITUNG
DIE SOGENANNTE RENAISSANCE

Renaissance – das ist die Wiedergeburt des klassischen Altertums. Nach dem Fall Konstantinopels in die Hände der Türken im Jahr 1453 trugen die emigrierten griechischen Gelehrten die Fakkel des antiken Geistes nach Florenz und erleuchteten mit seinem Licht des Griechentums das dunkle Mittelalter des Abendlandes. So gehört es zu unserem gesicherten und unbezweifelten Bildungswissen.

Unbezweifelt? Die nützliche säuberliche Zerlegung des großen Kontinuums Geschichte in einzelne festumrissene Abschnitte schafft zwar einen klar einteilenden Überblick und Durchblick. Doch führt dabei stets grobschlächtige Willkür die Schnitte, die allzuleicht langangelegte Entwicklungen gewaltsam zerreißen. Und die Frage stellt sich, ob nicht heute neue Erkenntnisse geschichtlicher Zusammenhänge andere Maßeinteilungen an den Geschichtsablauf legen dürfen und legen müssen.

Tief eingegraben haben sich unserem Geschichtsverständnis Zäsuren, mit denen unsere Historiker die griechisch-römische Antike vom christlich-abendländischen Mittelalter und dieses von der Neuzeit trennen und an den Beginn der Neuzeit die sogenannte Renaissance des 15. und 16. Jahrhunderts setzen. Ausstrahlend von der durch die Medici gegründeten platonischen Akademie im »Neu-Athen« Florenz, erwecke die Sonne der griechischen Philosophie und Geistesbildung das Abendland aus winterlicher Starre zum Leben. Von hier greife diese alles mitreißende Geistesbewegung auf den ganzen Kontinent aus. Hier in Italien setze die »Entdeckung der Welt und des Menschen« ein, hier vollziehe sich die befreiende Wirkung, fort von den scholastischen Autoritäten hin zur Erscheinungsfülle der jetzt wiederentdeckten Natur, hier entstehe die auf Erfahrung sich gründende Naturwissenschaft und beginne ihr Siegeszug bis in unsere Gegenwart.

Aber stimmt denn dieses Bild? Bei genauerem Hinsehen zeigt sich, daß die Renaissance Italiens als solche auf Italien beschränkt blieb, daß hier spezifisch Italienisches zur Blüte kam, dessen Wurzeln aus der römischen Tradition niemals ganz abgerissen waren. Durch seine Bindung an Byzanz war oströmischer Einfluß ständig weitergeflossen. Der mittelländische Geist der griechischen Antike, der schon im Zeitalter des Imperium Romanum die römische Geisteswelt überformt hatte, traf mit den Gelehrten der in Konstantinopel geschlossenen Gelehrtenschule im 15. Jahrhundert erneut auf Gemeinsames, Urverwandtes, auf Bildungskreise, die bedürftig und fähig waren, seine Formen und Formeln aufzugreifen und sich von ihren Reizen ergreifen zu lassen.

Denn was sich als Wiederbelebung des Platonismus verstand, ging in Wahrheit mehr bei dem brillanten Weltmann Cicero und beim Neuplatonismus des aus Ägypten stammenden, weitherumgekommenen Plotin in die Schule als bei Platon persönlich – diese beiden so Verschiedenen, die jeweils platonischen Geist umgegossen hatten in ihre eigenen Gefäße. Und das altrömische Gefäß war es vor allem, das von neuem zum Schmuck einer lebens- und geistvollen Kultur wurde.

Doch was uns erstaunen und dem Klischee hart zusetzen muß: Überrascht vernehmen wir das Bekenntnis mehrerer führender Geister der Renaissance in Italien, entscheidende Ideen seien ihnen aus dem deutschen philosophischen Denken zugeflossen. Ja, sie stehen nicht an, sich enthusiastisch auf den Moselländer aus Kues, der zu höchsten Ehren in der kirchlichen Hierarchie aufgestiegen war, auf Nikolaus Cusanus, als ihren Lehrer zu berufen und somit sich zugleich als Erben eines anderen europäischen Geistesstroms zu bekennen.

Über die Alpen nach Norden drangen hingegen von Italien nur gewisse äußerliche Stilelemente, Formen, Begriffe, Floskeln. Sie schmückten allenfalls Fassaden eines durchaus bürgerlichen Daseins und Denkens, hinter deren Dekorationskulisse das Leben in seinen eigenwüchsigen Kräften seinen Gang nahm. Mit der emsigen Übersetzung der griechischen Klassiker wehte kaum ein freiheitlicherer Wind in die Stuben der humanistischen Gelehrten, die der Vorherrschaft der Theologie und ihrem strohtrockenen scholastischen Ausdreschen aller Lebenswirklichkeit in die Weltweisheit der Alten entlaufen waren. Dabei tauschten sie gegen die bisherigen verknöcherten Autoritäten freilich nur neue ein, aber wiederum Autoritäten, was sich oft mehr hemmend als neue Entwicklungen fördernd auswirkte.

ECON

Henri Baruk
Menschen wie wir
Ein Leben im Dienste humaner Psychiatrie
ca. 400 S., 16 S. Fotos, geb. 38 DM

Ein großes Dokument ergreifender Menschlichkeit. An Fallgeschichten schildert Prof. Henri Baruk die wichtigsten Krankheitsformen, Behandlungsmethoden und die Fortschritte der modernen Psychiatrie.

Theo Löbsack
Die manipulierte Seele
völlig überarb., erw. und auf den neuesten Stand gebrachte Neuausgabe
336 S., 16 S. Schwarzweißabb., geb. 34 DM

Diese Neuausgabe enthält u.a. die neuesten Ergebnisse wissenschaftlicher Forschung: chirurgische Eingriffe mit neuen Operationstechniken und deren Folgen; Alkohol als Heilmittel und Mißbrauch; Rauschgifte wie Haschisch, Marihuana, Heroin u.a.

Hans-Christian Kirsch
Bildung im Wandel
Die Schule gestern, heute und morgen
448 S., geb. 38 DM

Für alle, die Schule, Aus- und Fortbildung für wichtig und notwendig halten, ist dies ein Orientierungsbuch, das aus den Quellen, Modellen und Vorbildern der Erziehung im bürgerlichen Zeitalter überleitet zur heutigen Schulsituation und Ausblicke auf zukünftige Entwicklung gibt.

— Preisänderungen vorbehalten —

Informieren Sie mich künftig bitte kostenlos und unverbindlich über Neuerscheinungen der Econ Verlagsgruppe.
Ich interessiere mich besonders für:

Z	Betriebsführung/Handel/ Wirtschaft
E	Verkauf/Werbung/ Marketing
0	Bildbände/Fotografie Kunst
1	Fremde Länder und Völker
2	Geschichte/Kultur-geschichte
3	Politik/Zeitgeschehen
4	Nachschlagewerke/ Wörterbücher
5	Medizin
6	Naturwissenschaft/ Technik/Raumfahrt
7	Romane/Lyrik
8	Biographien
9	mvs-science fiction & fantastica

Ich bin damit einverstanden, daß diese Angaben gespeichert und automatisch verarbeitet werden.

Die angeblich neue Geistesfreiheit der Renaissance war alsbald in der dogmenhörigen und nach wie vor von Aberglauben besessenen Gesellschaft untergegangen. Die bedeutendsten Leistungen der Humanisten, die sich jetzt auf die Übersetzung der griechischen Quellen stürzten, lagen auf sprachwissenschaftlichem Gebiet. Man schwelgte in kritischen Textuntersuchungen und versäumte, die kritische Betrachtung auch auf den Inhalt auszudehnen. Denn viele der griechischen und hellenistischen Werke eines Euklid, Galen, Ptolemäus, Celsus und anderer, die jetzt aus dem Gepäck der Byzantiner Gelehrten zugänglich wurden, waren in Details bereits veraltet und zum Teil von den Arabern, die das Griechenerbe Jahrhunderte hindurch verwaltet und fortgeführt hatten, überholt worden. Ja, von den ersten in die arabischen Fußstapfen getretenen Europäern, wie wir noch sehen werden. Die Metaphysik dieser Zeit aber empfing von Renaissance und Humanismus nichts tiefgreifend Neues von Bedeutung. Ein starker Geistesstrom floß unter der Oberfläche kontinuierlich fort aus Quellen, die schon im 9. Jahrhundert Europas aufbrachen und in der Mystik mächtig anschwollen.

Denn Europa erlebte – was sich in das übliche Epochenschema nicht fügen will – mehrere Jahrhunderte vor jener »Renaissance« *eine um vieles tiefergreifende und um vieles weiterreichende Renaissance,* die die Weichen für das kommende Jahrtausend stellte und von der auch die italienische Renaissance kräftig profitieren sollte. Eine Wiedergeburt, die Europa und die Welt nachhaltiger und gründlicher beeinflußt hat, als was wir Renaissance und Humanismus nennen.

Im offenen Gegensatz zu den herrschenden geistigen Mächten – zur Kirche und Scholastik – und ihnen zum Trotz, die den europäischen Geist bevormundet und in den Schraubstock gepreßt hatten, begann bereits im 9. Jahrhundert eine Umwälzung, die einzelne Persönlichkeiten und einzelne geistige Zentren im Mittel- und Westeuropa des 12., 13. und 14. Jahrhunderts hervorriefen. Ein neues Denken, das sich vernehmlich bemerkbar machte in entschiedener Auflehnung gegen die den Besitz letzter Wahrheit beanspruchenden Autoritäten, wer sie auch sein mochten:

gegen die Bibel, gegen die Kirchenväter und Kirchenlehrer, gegen den Neuplatonismus des Plotinus und des Pseudo-Dionysius und gegen das höchste Idol aller Scholastik: Aristoteles. Ein neues, uraltes Denken, das sich freimachte von den als fremd empfundenen Denkmustern. Eine Wieder- und Neugeburt des ureigenen, des europäischen Geistes.

Die Eule der Minerva habe im Abendland erst während der Dämmerung ihren Flug begonnen, hat Hegel, die späte Entwicklung der abendländischen Wissenschaft entschuldigend, festgestellt. Tatsache ist, wie wir sehen werden, daß ihr erstes Schwingenregen schon am hellen Tage einsetzt.

Doch bevor wir zu der Stätte gehen können, an der die europäische Naturwissenschaft geboren wird, müssen wir uns zuerst durch das Dickicht hindurchschlagen und die Hemmnisse besichtigen, die das Ausschlüpfen und erste Flügelrecken so lange behindert haben. Womit wir Verständnis für eine etwas trockenere Durststrecke erbitten, bis das erwartete Ereignis vor unseren Augen beginnen kann.

DIE BEHINDERUNG EINER NATURWISSENSCHAFT

DIE CHRISTLICHE STELLUNG ZU NATUR UND FORSCHUNG

Bevor das europäische Denken noch aus geradliniger, eigenständiger Entwicklung zu sich selbst kommen konnte, hatte die ihm von außen, vom Orient her gesetzte religiöse Werte- und Begriffswelt verbindlich vorgeschrieben, in welchen Bahnen es sich zu bewegen habe:

Glauben hieß der einzige, so einfache und so umfassende Anspruch an den Menschen. Glauben, selbst wenn es absurd ist – nein, glauben, »weil es absurd ist«, wie Kirchenvater Tertullian der vorwitzigen Vernunft gleichsam zur Sühne für sündige Neugier diktierte. Glauben! Das gab die Sicherheit inmitten aller Unsicherheit des unruhigen, vom Unheimlichen umstellten, von apokalyptischer Furcht gepeinigten Daseins. Das gab die Gewißheit des Heils trotz allen Ausgesetztseins in einer gottwidrigen, verführerischen, sündigen und verworfenen Welt. Und Glauben, das hieß auch dies: nicht zweifeln! nicht fragen!

Hatte nicht die Begierde, vom Baum der Erkenntnis zu essen und damit Gott gleich zu werden, die Sünde in die Welt gebracht? Seit seiner Urverfehlung im Paradies folgte dem Menschen das Verbot, sich ein Wissen anzumaßen, das ihm, dem Sünder, nicht zustand. Dem es allein ziemte, sich um das Heil seiner Seele zu mühen, anstatt sich durch sündiges Mehr-wissen-Wollen von dem, das allein not tat, ablenken zu lassen.

»Hat nicht Gott die Weisheit der Welt für Torheit erklärt?«, verwies der Apostel Paulus jede weltliche Suche nach Wahrheit. »Es stehet geschrieben: Ich will zunichte machen die Weisheit der Weisen, und den Verstand der Verständigen will ich verwerfen. – Was töricht ist vor der Welt, das hat Gott erwählet, daß er die Weisen zuschanden mache.«

Neben dem alleinseligmachenden Weg der Seele zu Gott war es ein ketzterischer Irrweg, Wahrheit zu suchen anderswo als in der Offenbarung. Argumente, die noch oft genug das Erforschen der Natur im Ansatz ersticken und ahnden werden. Denn »nach Jesus Christus ist es nicht unsere Aufgabe« – so machte Tertullian denen klar, die sich mit der Offenbarung nicht begnügen wollten – »neugierig zu sein, noch zu forschen, nachdem das Evangelium verkündet ward«.

Nicht menschliche Vernunft, die göttliche Offenbarung allein vermochte die Seele zu erleuchten. Es hieß die Kräfte des Geistes mißbrauchen, wenn sie sich in der Erforschung der Natur und ihrer Wunder erging, anstatt sich den Lehren der geoffenbarten Religion zuzuwenden. Reuevoll gestand der hl. Hieronymus, nach langem Widerstreit mit sich der Versuchung erlegen zu sein, sich »in geistlose Weisheit der heidnischen Schriften« versenkt zu haben: »Herr, wenn ich je wieder weltliche Bücher lese, dann habe ich dich verleugnet.« »Denn wenn die Möglichkeit, die Wahrheit zu finden, bei jenen Studien vorhanden wäre, müßte sie bereits gefunden sein«, rechnete Kirchenlehrer Lactantius vor. »Da sie aber wahrlich nicht gefunden wurde, wieviel Zeit und Mühe auch an ihre Suche gewendet wurde, ist es offensichtlich, daß dort keine Wahrheit ist.«

Die Bibel und die Kirchenväter gaben ja hinlänglich Auskunft über den Bau der Welten: Erde und Himmel sind nicht rund, sie haben die rechteckige Form des heiligen Tabernakels, denn bei Jesaja XL Vers 22 heißt es, Gott habe »die Himmel wie einen Vorhang ausgespannt und ausgebreitet wie ein Zelt, um darin zu wohnen«. Dies Zeltdach ist von Wasser umflossen, denn gemäß Genesis I Vers 67 sprach Gott: »Es werde eine Veste zwischen den Wassern«, und »Gott machte die Veste und schied das Wasser unter der Veste von dem Wasser über der Veste«. Die rechteckige Erdfläche aber neigt sich von Westen nach Osten, denn nach Prediger Salomo »geht die Sonne *hinunter* und eilt zu dem Platz, an dem sie heraufsteigt«, so daß einige Flüsse bergab, andere bergauf fließen.

Für die einen ist die Erde wiederum ein Hügel. Für andere, wie Hrabanus Maurus, um 850 Bischof von Mainz und gepriesener Praeceptor Germaniae, eine vom Ozean umspülte radförmige Scheibe. Aber doch beileibe kein Ball! »Antipoden«, so entschied Kirchenvater Augustin, »können ja gar nicht existieren, weil die Heilige Schrift unter den Nachkommen Adams ein Geschlecht dieser Art nicht erwähnt hat«. Damit erledigte sich die heidnische Behauptung von selbst, die Erde sei eine Kugel: »Ist es möglich«, fragte Kirchenlehrer Lactantius, »daß Menschen so sinnlos sein können zu glauben, daß Saaten und Bäume auf der anderen Seite der Erde herabhängen und daß die Menschen ihre Füße höher haben als den Kopf?«

Jahrhunderte geistigen Aufstiegs der Menschheit, wie er in Griechenland und in den hellenistischen Geisteszentren begonnen hatte, waren damit ausgewischt und die Zeiten naiver Weltbetrachtung und magischen Denkens wiedergekehrt. Mochten sich die geistigen Kräfte in der leidenschaftlichen Hingabe an das hohe Ziel der Gotteserkenntnis verströmen, mochten sie gewaltige scholastische Lehrgebäude unter dem Dach der alles umspannenden Theologie schaffen, hochragend wie ihre Dome – im Schatten dieser dem Himmel zustrebenden Bauwerke, auf allen Plätzen des Wissens um die Erde und um Irdisches senkte die Kirche das Niveau. War nicht dieses Wissen – wie Augustin meinte – aus einer »krankhaften Neugier«, »einem bloßen Jucken nach Erfahrung und Herausfinden« entstanden und somit eine der gefährlichsten »Formen der Versuchung«?

Wo das Christentum Fuß faßte, in Alexandrien und Byzanz, in Griechenland und Rom, in Gallien und Britannien, setzte ein ungeheurer Schwund der Bildung ein. Und dabei hatte sich doch gerade erst der seit Hannibals Tagen unaufhaltsame kulturelle Niedergang des Römischen Reiches während der weisen und gerechten Herrschaft Theoderichs überraschend in eine allmähliche Aufwärtsentwicklung aus der Talsohle umgekehrt. Kulturelle Werte waren wieder im Kurs gestiegen. Gelehrte wurden wieder geachtet und staatlich gefördert. Die verwaisten kaiserlichen Palastschulen belebten sich neu und mußten erweitert werden. In öffentlichen Vorlesungen wurden unter seiner toleranten Regierung die Werke des Hippokrates und Galen gelehrt, gebildete Goten traten als studierte Ärzte auf, betrieben Physik und Astronomie. Nach Theoderichs Tod dauerte die geistige Regsamkeit fort. Eine Zeit der Genesung und des spürbaren Wachsens schien ein Versprechen auf die Zukunft, auf das, was hätte werden können, wären diese hoffnungsvollen, wenn auch bescheidenen Triebe nicht jäh noch im Keimen geknickt worden.

Auch Vandalen hatten schon neben Römern die Bänke der Rhetorik- und Grammatikschulen gedrückt. Ihr Graf Sigisteus war ein Förderer der Dichtkunst und selbst ein Poet, ebenso wie der Frankenkönig Chilperich, der Gedichte, aber auch Traktate über die Unhaltbarkeit des Dogmas der Dreieinigkeit verfaßte, darin er die Vorstellung Gottes als Person in Frage stellte, und der seinen Vergil und Cicero las gleich den schriftstellernden Königen der Westgoten Wamba, Sisebuth, Chindaswinth und Chintila.

Überall hatten Germanen begonnen, sich lateinische literarische Bildung anzueignen. Bei den Westgoten wie bei den Franken gab es in Regierungs- und Verwaltungskreisen, aber auch im Kaufmannsstand geschulte Laien, denen Schreiben, Lesen, Rechnen und Rechtskenntnisse geläufig waren. Wissenschaftliche Neugier regte sich in zunehmendem Maße unter den Langobarden, die später zu den ersten gehören sollten, die sich vom Druck des Klerus freimachen und in der frühesten abendländischen Wissenschaft eine tragende Rolle übernehmen sollten.

Überall im Römischen Imperium hatten germanische Fürsten, allen voran Theoderich der Große, versucht, den heidnisch-antiken Geist wieder zu wecken – nicht anders als zwei Jahrhunderte später die arabischen Kalifen. Aber das Imperium Romanum war ein Imperium Christianum geworden. Der Afrikaner Augustin hatte die absolute Vorrang- und Vormachtstellung der geistlichen Gewalt vor der »weltlichen« verkündet. Das geistliche Rom gab hinfort die Richtung an, überall, wohin es seine Missionare entsandt hatte.

In Gallien, wo Sidonius Apollinaris ein reges kulturelles Leben vorfand und in seinen Briefen von der »königlichen Gelehrsamkeit«, der gallischen Urbanitas des 5. Jahrhunderts schwärmte, verblaßten ebenso wie in Britannien nach dem Eintreffen der kirchlichen Sendboten hellenische Bildung, griechische Sprache und weltläufige römische Geselligkeit. Das geistliche Rom suchte gerade diese heidnisch-antiken Elemente auszumerzen, auch jene, die es bereits in sich aufgenommen hatte. Der hl. Hieronymus hielt das griechische Denken für einen »Fluch für die Menschheit« und übertrug die Bibel ins Lateinische, auf daß die »Vulgata« Homer und Vergil aus den Köpfen vertreibe.

Nichts offenbart diese Gesinnung augenfälliger, dramatischer als die Feuersbrünste und Rauchsäulen über Alexandrien, dem jahrhundertealten Hort griechischen und hellenistischen Wissens, jetzt neben Rom Hauptsitz der christlichen Kirche. Rot färbt sich der Himmel über der Wissensmetropole am Nildelta, während unersetzbare Werte aus griechischer Dichtung und Philosophie und aus den hellenistischen Wissenschaften den Vernichtungsaktionen christlicher Eiferer zum Opfer fallen. Die Verbrennung der großen alexandrinischen Bibliothek – bis heutigentags immer wieder hartnäckig den vier Jahrhunderte später einrückenden arabischen Eroberern als Beweis ihrer angeblichen barbarischen Zerstörungswut fälschlich in die Schuhe geschoben – hat sich, ein geistiges Katyn, in sorgfältigen Prüfungen als ein Werk christlichen Vernichtungseifers und antiislamischer Propaganda erwiesen.

Schon im Jahr 47 vor Christi waren bei der Belagerung durch Julius Cäsar siebenhunderttausend Buchrollen der berühmten alexandrinischen Bibliothek des Museions in Flammen aufgegangen. Aber im 3. Jahrhundert setzen die planmäßigen Zerstörungen ein. Ein christlicher Patriarch schließt das Museion und vertreibt seine Gelehrten. Unter dem byzantinischen Kaiser Valens wird 366 das Caesareum in eine Kirche umgewandelt, seine Bibliothek geplündert und verheizt, werden seine Philosophen wegen Magie und Hexerei verfolgt. 391 erwirkt Patriarch Theophilos von Kaiser Theodosios die Erlaubnis, den großen Wallfahrtsort der antiken Welt, die letzte und nun größte Akademie Alexandriens, das Serapeion, zerstören und seine kostbare Bibliothek von dreihunderttausend Buchrollen den Flammen überliefern zu dürfen. Unersetzliches geht damit der Menschheit in dieser, einer der größten Tragödien der Geistesgeschichte für ewig verloren.

Das Vernichtungswerk fanatischer Christen ist damit nicht beendet. Wie ein Rausch überkommt es die Halbstarken jener Zeit. Der Freund des Patriarchen Severus von Antiochien bekennt ohne Scham, daß sie beide als junge Leute und Angehörige einer im 5. Jahrhundert in Alexandrien tätigen christlichen Terroristengruppe heidnische Gelehrte bekämpften und heidnische Kultstätten überfielen, ihre Götterbilder zerschlugen und ihre Einrichtungen und Bibliotheken zerstörten. Eine Zuflucht hellenistischer Gelehrsamkeit nach der anderen verschwindet. 529 wird die letzte Philosophenschule in Athen geschlossen, um 600 in Rom die von Augustus gegründete Palatinische Bibliothek eingeäschert, die Lektüre der Klassiker, insbesondere das mathematische Studium überhaupt verboten, die Reste antiker Bauwerke der Zerschlagung preisgegeben.

Auf ganz andere Ziele richtete sich die geistige Erkenntnis des Christentums seinem Wesen entsprechend – nicht geringer darum, nicht weniger großartig. »Gott und die Seele begehre ich zu erkennen«, hatte Mitte des 5. Jahrhunderts Kirchenvater Augustin die Pole alles Erkennens bezeichnet, indem er unmißverständlich den in ihrer Erbsünde verderbten Menschen ihre »eitle Gier nach Wissen um des Wissens willen« verwies. Noch 800 Jahre später verdächtigte Thomas von Aquin jede Wahrheitssuche, die sich auf die »niederen Dinge« richtet, als heidnisch und sündhaft. Allein in der »Betrachtung der Wahrheit und das heißt Gottes« liegt für den scholastischen Kirchenlehrer und »Fürsten der Philosophen« des Menschen einziger und höchster Zweck, in ihr »nähert er sich Gott und den Engeln«, wozu er »keiner Hilfe äußerer Dinge bedarf«. In gewohnter Unversöhnlichkeit erschlägt er dem Abendland, seinem Umgang mit Wissenschaft und seiner Suche nach Wissen bis heute das gute Gewissen: »Das Geringste an Erkenntnis, das einer über die erhabensten Dinge wissen mag, ist erstrebenswerter als das gewisseste Wissen von den niederen Dingen.«

Hart war die Grenze gezogen zwischen dem Erhabenen und den niederen Dingen, die in den sumpfigen Morast eines Wunder- und Aberglaubens herabgezogen wurden, von dessen Ausmaß wir uns heute keine Vorstellung machen. Dem fern der hohen theologischen Spekulation dahinglaubenden einfachen Volk fertigte man phantastische, in barbarischem Latein aus griechischen

Romanen und altorientalischen Märchen zusammengestoppelte Heiligenlegenden an, in denen ein fremder Wunderglaube kräftig aufblühen durfte auf Kosten der gesunden Sinne. Die Natur aber trug ein verzerrtes Gesicht. So wenn der vom Mittelalter vielgeliebte und in deutscher Übersetzung vielgelesene Physiologus[1] von der Natur des Ameisenlöwen höchst erbaulich zu berichten wußte:

»...daß von der Ameise und dem Löwen ein Tier geboren wird, welches der Ameisenlöwe genannt wird; und dieses Tier, sobald es geboren wird, verendet sogleich wieder, weil es sich nicht mit Nahrung versorgen kann, vielmehr unfähig dazu ist und des Hungers stirbt. Und daß dies wahr ist, bezeugt die Heilige Schrift, welche sagt: ›Der Ameisenlöwe verendet aus Mangel an Nahrung.‹ Denn da er aus zwei Naturen besteht – wann immer er Fleisch essen will, verweigert die Natur der Ameise, die auf Samen Appetit hat, das Fleisch; will er sich aber von Samen ernähren, widersteht die Natur des Löwen. Da er so weder Fleisch noch Samen zu verzehren imstande ist, so geht er ein. So sind jene, welche zweien Herren dienen wollen, Gott und dem Teufel, indem Gott sie lehrt, rein zu sein, und der Teufel sie überredet, ausschweifend zu sein...«

Allein im Hinblick auf Gott und die Seele gestand man der Natur eine Bedeutung zu – als Hindeutung auf Übersinnliches, als Gleichnis und vorzüglich zur Anknüpfung einer Moral: aber niemals um ihrer selbst willen. Über den Hasen schrieb der Physiologus:

»Der Hase ist ein guter Läufer. Wenn er gejagt wird, flieht er in felsiges und ansteigendes Gelände, und dann werden die Hunde samt dem Jäger müde und haben nicht die Kraft, ihn zu erjagen. Wenn er sich aber zu abschüssigem Gelände wendet, kann er nicht so gut rennen, weil seine Vorderbeine zu kurz sind, und im Nu faßt ihn der Hund. So auch du, Mensch, so du verfolgt wirst von den feindlichen Mächten samt dem Jäger, dem Satan. Suche den Felsen und die Höhen, von welchen auch David sagt: Ich hebe meine Augen auf zu den Bergen, von welchen mir Hilfe kommen wird. Denn wenn der Böse sieht, daß der Mensch nach abwärts läuft und auf das Irdische bedacht ist, dann kommt er ihm nur um so eifriger nahe mit seinen Schlichen. Wenn er aber sieht, daß der Mensch läuft nach dem Willen Gottes und aufsucht den wahren Felsen, unseren Herrn Jesus Christus, dann wendet der Böse sich zurück.«

DIE PLATONISCH-NEUPLATONISCHE STELLUNG ZU NATUR UND FORSCHUNG

Doch nicht nur die christliche Religion und ihre Ausrichtung auf Gott und das Heil der Seele des erbsündigen Menschen formte das Denken des frühen Mittelalters. Sondern die christliche Theologie in der Gestalt, wie sie ihm von zwei Persönlichkeiten zugebracht wurde: von Boethius (480–524), dem römischen Staatsmann und Philosophen, der – ein Vertrauter König Theoderichs – von ihm wegen verräterischer Umtriebe 524 in Pavia hingerichtet wurde und in langer Kerkerhaft Tröstung in einer Philosophie neuplatonischer Färbung gefunden hatte; und durch Augustinus (354–430), dem aus Numidien stammenden, einflußreichsten Kirchenlehrer der katholischen Kirche. Dieser Afrikaner hatte alle Geistesströmungen aufgefangen, die im ausgehenden Hellenismus und, in Rückschlag gegen ihn, vom Orient her den Mittelmeerraum überfluteten, sich miteinander mischten und, zur Zeit seiner Jugend, in neuen Bewegungen gerannen. Mit gleicher Leidenschaft, mit der Augustin sich der radikalen Gnosis und dem Manichäismus – die den konsequenten, unversöhnlichen Dualismus von Gut und Böse verkündet hatten – sodann nach neun Jahren sich ernüchtert dem alles in Frage stellenden Skeptizismus verschrieben hatte, ging er danach bedingungslos im schwülen Neuplatonismus auf, bis schließlich das Wort des Paulus ihn zum Christen machte und er von allem etwas in seine christliche Philosophie einschmolz.

Gemeinsam aber war beiden – Boethius und Augustin – die starke Verhaftung im Neuplatonismus, der in der Tat vom 5. bis 11. Jahrhundert seine so fremdartigen Züge dem Bewußtsein des christlichen Abendlandes aufzuprägen vermochte. Auch er für sich bereits ein Konglomerat aus platonischen, aristotelischen, pythagoreischen Lehren, die er mit jüdischen, gnostischen und christlichen Elementen in einem beinahe fugenlosen Glaubensentwurf verflocht. Das konnte er um so eher, als ihnen allen ein scharfer Dualismus gemeinsam war, der das Schema einer Zweiteilung über das gesamte Sein legte, das er in zwei an Rang und Wert verschiedene Teile zerriß, in eine Sphäre des Heiligen, Lichten, Guten und in die des Sündigen, Finsteren, Bösen.

Diese Dekadenzphilosophie einer religiös erhitzten Mittelmeerwelt mit der Sehnsucht nach Erlösung aus der finsteren Materie trat auf im Namen Platons (427–347 v. Chr.). Und er, der selbst in einer hereinbrechenden Verfallszeit des attischen Staatswesens gelebt hatte, war es, der jenem dualistischen Denkmodell die tiefste metaphysische Begründung gegeben hatte. Einem Denkmodell, das von unserer Art zu denken weit entfernt ist; was festzustellen noch immer ein Sakrileg gegen seinen heiligen Geist ist.

Dieses Denkmodell sieht bei Platon so aus: Er scheidet zwischen dem reinen Sein, dem »was immer ist, aber kein Werden hat, und dem was immer wird, aber niemals ist«. Allein das eine, das lichte, geordnete, ewig beharrende Reich der Ideen ist für ihn das Wirkliche – das andere Reich der ständig in Bewegung, in Werden und Wandlung begriffenen, widergöttlichen Materie ist radikal nichtseiend, ohne Wirklichkeit.

Einen Anteil am Sein erhält die Materie erst und allein dadurch, daß sie, wenn auch widerstrebend, die Ideen in sich aufnimmt, ohne sich ihnen je ganz zu fügen. So wird sie zwar Mischung von Seiendem und Nichtseiendem, von Sein und Schein, Vernunft und Zwang. Aber als Mischung bleibt sie unrein, mangelhaft, unvollkommen, der Vergänglichkeit verfallen, eine abgeschwächte Wirklichkeit, schattengleich. Zwischen Ideenwelt und Erscheinungswelt zieht sich ein tiefer Graben – und durch die Seele des Menschen, deren niederer Seelenteil verfinstert und sterblich, deren höherer unsterblich ist und dem jenseits der Ideen ruhenden Göttlichen angehört.

Doch unter dem Einfluß der krassen orientalischen Abwertung des Menschen, des Leibes, der Natur erscheint das Verhältnis vom Leib zur Seele, wie schon bei Platons Vorgängern, den Pythagoreern, als Kerker der aus dem reinen Ideenreich gestürzten Seele, als Grund alles Bösen, der Sinnlichkeit verfallen. Und als Hindernis jeder Erkenntnis! Vollends wenn Platon in seinem letzten Werk, den »Gesetzen«, das für ihn »ganz Unfaßbare des Bösen« aus einem »krankhaften Trieb« erklärt, der sich als Folge alter, ungesühnter Missetaten in den Menschen entwickelt habe, macht er sich bemerkbar, der fremde orientalische Tropfen in griechischem Blut.

Die scharfe Scheidung dieses platonischen, dualistischen Denkmodells zwischen dem reinen Sein und der unreinen, nur scheinhaften Materie war nicht auf Platon beschränkt. Sie bezeichnet eine eigentümliche Denkstruktur des mittelländischen Festlandgriechentums – im Gegensatz zu der der ionischen Griechen, die in der indogermanischen Wanderung bis an den kleinasiatischen Küstenstreifen vorgedrungen waren und die wir als Vorsokratiker kennen.

In den Zeitgenossen Parmenides (um 540 v. Chr.) und Heraklit (etwa 544–483) haben diese beiden grundverschiedenen griechischen Denkweisen ihre klassischen Vertreter gefunden. Es war ihre Sicht der Natur, an der sich die Geister schieden, solange griechisches Denken lebendig war. Und da der Denkstil, der durch Parmenides und Platon philosophisch vertreten wurde, durch jede Form des Platonismus und Neuplatonismus mehrfach – über den Poseidonios-Kommentar zu Platons Dialog »Timaios«, über Augustin, Boethius, Plotin und den Pseudo-Dionysius – in unsere abendländische Welt- und Natursicht, sei es fördernd, sei es hemmend, hineingewirkt hat, lohnt es sich, ihn noch genauer nach seiner Art des Erlebens und Weltverständnisses zu fragen.

Wie das Denken Platons, wie das der Pythagoreer, so war auch das des Parmenides – der drei großen P, die als erste diesen Denkstil am reinsten ausprägten – von ganz besonderer Art. Das Wesen der Welt ist für diese Griechen »Kosmos«, das heißt: Ordnung, das heißt hier am Ursprung: überschaubare Ordnung, das heißt: von klaren Grenzen umschlossene Ordnung des Seienden – mit dem Wort des Parmenides in seinem großen Gedicht »Über die Natur«:

> unbeweglich, unveränderlich ruhend in Schranken
> gewaltiger Bande –
> selbst sich gleich, verharrt es in sich und ruht in sich selber,
> fest an dem nämlichen Platz.
> Denn die machtvolle Notwendigkeit hält es in Banden der
> Grenze.
> Da dem Seienden aber eine letzte Grenze errichtet ist,
> hat es nach allen Seiten vollendeten Abschluß,
> an Masse und Umfang einer wohlgerundeten Kugel
> vergleichbar,
> wo von der Mitte her überall es gleichmäßig stark ist.

Ihre »nach allen Seiten vollendete« Begrenztheit erklärt, warum Kugel und Kreis und kreisförmige Bewegung die »Gestalt der Gestalten ganz vollkommen und gleich ihrer selbst« – wie Platon rühmt – zur Symbolgestalt der Vollkommenheit der Welt und der Weltkörper wurde, zum Dogma, das bis Kepler unabdingbare Geltung beanspruchte – und zum Fluch, der die Entwicklung der Wissenschaft durch zwei Jahrtausende hemmte.

Einen Eifer ohnegleichen verwendet Parmenides darauf, allen Wechsel und Wandel der Natur, wie er den Sinnen sich zeigt, als nichtseiend und bloßen Schein zu entlarven:

> sind doch Entstehen und Vergehen von Gewißheit und
> Wahrheit vertrieben...

und das »Gerede« seines großen Gegenspielers Heraklit vom Unbegrenzten, von ewiger Bewegung im Werden und Vergehen als »Lug und Trug« zu beschimpfen:

> Ganz muß es bleiben und ohne Bewegung, vom Schicksal
> gebunden.

Bloße Namen nur sind es, die der Sterblichen Sprache erfunden,
Trug nur ist es und Wahn, was sie für Wirklichkeit halten:
Werden sowohl als Vergehn...
Veränderung des Orts und das Wechseln der leuchtenden Farbe.

Übersehen wir die Ursprünge dieses Denkens nicht, das auch abendländisches Denken hier und da stark beeinflußt hat! Diese Sicht der Wirklichkeit hat ihre tief im Wesen und Erleben des Mittelländers angelegten Gründe. Was sie alle bedrängt, was ihr ganzes Denken bestimmt, das ist das tiefe Mißtrauen gegenüber allem Ungewissen, Unklaren, Formlosen, ja schon die tiefsitzende Abneigung gegen alles naturhaft Rohe, Wilde, Ungestalte der Natur, das diese Menschen mit Grauen erfüllt vor einem Ausgeliefertsein an Willkür und Sinnlosigkeit – das ist der ohnmächtige Schauder vor allem ungreifbar Fließenden und Zerfließenden, dem ewig sich Wandelnden, das er nicht zu überschauen vermag und das ihn mit dem Atem des Verweslichen und des Todes anhaucht – das ist der Abscheu vor den unbändigen Gefühlen und häßlich machenden Leidenschaften, in den er dem festen Halt in der Gesellschaft zu entgleiten fürchtet, ebenso wie die schwindelerregende Angst vor allem Grenzenlosen, Unendlichen, das ihn als das Unheimliche, Ungeheure, furchtbar Leere ängstigt, darin er sich selbst zu verlieren fürchtet – das ist der Wunsch nach Sicherheit, die ihm nur Klarheit und Regelhaftigkeit verbürgen und zu der allein der scharfe, nüchterne Verstand ihm verhilft. Nur die Ratio rettet ihn vor der ihn schreckenden und lockenden Macht unbeherrschbarer, beweglicher, schweifender »Anschauungsbilder« – wie die Psychologie von Jaensch die unabhängig von Sinneswahrnehmungen durch die Einbildungskraft geschaffenen und nach außen verlegten Vorstellungen nennt –, die ihn überschwemmen, seine Sinne überwältigen und mit Furcht vor dem Alleinsein erfüllen.

Nur das erscheint *diesem* griechischen Menschen gut und schön und vollkommen, was durch übersichtliche Klarheit, Ordnung,

Regel »in den Banden der Grenze« sich hält und in feste Form gefaßt ist. Nur das erscheint ihm edel und tugendhaft, was durch Gleichmut, Besonnenheit und Maßhalten die rechte Mitte wahrt zwischen jedem Zuviel und Zuwenig. Denn »rechte Ordnung und Gleichmaß sind«, wie Pythagoras lehrt, »schön und zuträglich, Regellosigkeit und Mangel an Gleichmaß dagegen häßlich und unzuträglich«. Die naturhafte Wirklichkeit, das unberührt Wachsende, Sprießende beunruhigen ihn. Die dunklen Mächte der Erde, die unbändigen Elemente erschrecken und bedrängen seine Einbildungskraft.

So stark die Natur die ionischen Weisen von Thales bis Heraklit bewegt hat, mit ihr gibt sich Platon am wenigsten ab und erst im Alter. Parmenides des irreführenden Titels seiner Dichtung »Über die Natur« zum Trotz kaum, denn nur »menschliche Täuschung hält sie für seiend«. Darin nämlich sind sich alle drei großen Ps einig: Für die Erkenntnis wahrhaften Seins vermögen die Sinne nichts, ihnen traut man nicht, denn sie täuschen einen, sie erfassen nur das Scheinhafte, nur, was sich beständig verändert in seinem unaufhörlich wechselnden Strömen aus dem War durch das Jetzt in das Wird-Sein. Sie sind nur die Quelle dumpfer, unreiner Erkenntnis.

Und derselbe Mangel, der an der menschlichen Sinneserkenntnis haftet, er heftet sich auch an die unruhige Welt der Erscheinung des Vielen, Farbigen, durch und durch Vermischten, an das Wachsende, wildaufwogend Bewegte, das Regel- und Maßlose, unaufhörlich Werdende, gräßlich Verwesende: an die »Materie«! Durch Erforschung der Welt der Materie, der Natur, ist Wissen nicht zu erwerben. Wahres Wissen von irgendeinem Ding erlangt man nur, wenn man den Leib verläßt. Denn in Verbindung mit dem Leib kann die Seele keine wahre Erkenntnis finden.

Einzig das wahre Denken erfaßt das wahre Sein. Nur dem ordnenden, abgrenzenden, de-finierenden und be-grifflichen Denken, das das Seiende aus dem Unbestimmten, Wandelhaften und Scheinhaften heraushebt, es begrenzt, befestigt als Idee, kommt Wahrheit zu: »Als von uns nicht *wahrgenommenen*, sondern bloß *denkbaren* Wesenheiten.« Hier im Timaios-Dialog führt Platon den Schnitt zwischen dem reinen Denken der Ideen und der unzulänglichen Wahrnehmung der Natur, der die Entwicklung der europäischen Wissenschaft so stark hemmen sollte. Ja, da die Seele unsterblich ist und alle Ideen geschaut hat, ist alles Suchen, Erfahren und Lernen »ganz und gar Erinnerung«, und nur die Sinnlichkeit, die Sinneswahrnehmung ist es, die sie daran *hindert.*

Darum schwingt in der Erkenntnis des Kosmos der spekulative griechische Geist sich über das wahrnehmbar Einzelne stets sogleich hinweg zum Allgemeinen, über die staubigen Straßen der Erfahrung einer Tatsachenwelt zur reinen, geistigen Anschauung der reinen Idee. Dies macht seine Eigenart aus, seine einmalige Leistung, seine Vollendung. Darum mißtraut, mißachtet, meidet er die Sinneserfahrung und die Gärtnerarbeit mühsamer Beobachtung ebenso, wie er die handwerkliche Feldarbeit des Sklaven eines freien Mannes für unwürdig erachtet, um sich geraden Flugs sogleich dem Reich der allgemeinen Ideen und Gesetze zuzuwenden.

Darum widmet der Grieche sich mit Hingabe den reinen Anschauungsformen der Geometrie, der vollkommenen, idealen Raumgestalten, während er die Praxis des Zahlenrechnens dem Händler auf dem Markt überläßt und die »Arithmetik« – wörtlich »das Vergnügen, mit Zahlen umzugehen« – ein reiner Gedankenluxus ist, der sich genußreich in Zahlentheorie und Zahlensymbolik, im Gedankenspiel mit den Verhältnissen von geraden und ungeraden, befreundeten und vollkommenen Zahlen, mit Zahlenreihen und Zahlenverknüpfungen ergeht. Ihre praktische Anwendung kommt für Platon einer Entwürdigung, einer Beflekkung der reinen Anschauung gleich.

Das entspricht der sozialen Rangordnung von den Herrschenden herab zu den verachteten Berufstätigen, Gewerbetreibenden, Ingenieuren, Architekten und Handwerkern und schließlich zu den Sklaven. Hier wie im gesamten Denken zeichnet er sich ab: der eigentümlich griechische *Abstieg* von absolutem Wert zum Wertloseren, der in dem *Gefälle* der Entwertung von Gott über das Reich der Idee – und der vollkommenen Formen bei Aristoteles – herab in die Schattenwelt der Materie, in die unreine Welt der Leiblichkeit und Sinnlichkeit wiederkehrt.

Dieses *Modell des Abstiegs*, der Verunreinigung und Entartung erfährt eine unübertreffliche Ausprägung in der »neuplatonischen« Lehre des aus Lykopolis in Ägypten stammenden Plotin (205–270), der in Rom um 250 eine eigene Schule gründet. War es ein Wunder, daß dieser feinsinnige Aesthet sich in seiner entsagungsvollen Vergeistigung schämt, daß er einen Leib besitzt? Diesem Schema des Abstiegs entsprechend fügt er, der an den verschiedensten Brunnen des religiös erregten, erlösungssüchtigen Orients getrunken hat, noch weitere Stufen und noch niedrigere hinzu:

Das absolute Ur-Eine und allein wahrhafte Sein, das allein Gute, in sich ruhende Göttlich-Vollkommene, strömt aus dem Übermaß seiner Allvollkommenheit »gleichsam über, und seine Überfülle ergießt sich in das Niedere« wie der Strahl eines Brunnens von Stufe zu Stufe fallend, »und schafft sich in immerwährendem Ausfluß (Emanation) die Welt«, wie Plotin in seinen Enneaden ausführt. In weiter abfallenden Stufen von getrennten, entsprechend ihrer Entfernung von Gott rangverschiedenen, jedoch überweltlichen Seinssphären senkt sich der Strahl zunächst in die des Welt-Geistes, der das Reich der Ideen enthält. Weiter fällt der göttliche Strahl hinab in die an Vollkommenheit und an Sein geringere Sphäre der Welt-Seele, der die Einzelseelen angehören. Von hier ergießt er sich steil hernieder in die Sinnen- und Körperwelt, das unreine, getrübte, trügerische Abbild der Ideenwelt, und weiter hinunter in die Welt der finsteren, sündigen Materie, die, am weitesten von Ur-Einem entfernt, entfremdet, das schwächste Unvollkommenste darstellt, absolute Negation des Göttlichen und Guten: das Ur-Böse. Daher wird die Seele selbst böse, sobald sie die Materie berührt, von ihr befleckt und in die Bande der Sinnlichkeit geschlagen. So daß der Mensch nur in asketischer Befreiung von der Sinnen- und Körperwelt sich zur übersinnlichen Anschauung Gottes, des Ur-Einen, erheben und im mystisch-ekstatischen Aufschwung sich dem gänzlich jenseitigen, weltentrückten, hocherhabenen, über allem Seienden teilnahmslos und mangellos in sich ruhenden Ur-Einen nähern kann.

Dieser von müder Resignation eines untergehenden Zeitalters gezeichnete Weltentwurf Plotins erfuhr Ende des 5. Jahrhunderts eine christliche Einfärbung durch einen Syrer, der seine neuplatonisch-christliche Lehre, um ihr einen höheren Autoritätsgrad zu sichern, unter dem Pseudonym des vom Apostel Paulus bekehrten Atheners Dionysios Areopagita (von dem die Apostelgeschichte XVII, Vers 34 berichtet) der besonderen Aufmerksamkeit eines ergriffen aufhorchenden Publikums empfahl. Dieser im Abendland eifrig studierte sogenannte Pseudo-Dionysius hat sein neuplatonisches Weltgebäude mit christlichen Allegorien ausgestattet und dem von Gott abgefallenen Menschen, der zur Strafe einem Leben im Kerker der finsteren Materie überantwortet ist, eine Hierarchie von Engeln und Zwischenwesen übergeordnet, denen die Vermittlung zwischen den Sündern und der höchsten Instanz des Ur-Einen obliegt nach dem Muster der Hierarchie des kirchlichen Klerus. Mit dieser Sanktionierung des kirchlichen Mittlertums gewann sich der nur oberflächlich christianisierte, urheidnische Platonismus Duldung und Wohlwollen.

Was aber war aus der Natur geworden? In gänzlicher Gottferne war sie zugleich das Gottwidrige, die schlechthin böse, verwesliche Materie, die als solche allein Bedeutung hat für den Menschen: als der lastende, lähmende Morast, der ihn herabzieht und zu verschlingen droht und der überwunden werden muß.

Ganz anders dagegen die Sphären der Sterne! Sie waren als Himmelskörper hocherhaben über die Welt der Materie. Sie bewegten sich, wie Platon entschieden hatte, in ihrer kristallenen Idealität der Kugel in vollkommenen Kreisen an ihren eigenen transparenten, konzentrisch angeordneten Sphären um die Erde – in unwandelbarem Gleichmaß, »glatt und gleichförmig und überall gleich weit entfernt vom Mittelpunkt, bestehend aus fehlerlosen Körpern«.

Damit war in der Tat auch der Kosmos selbst in zwei Räume gespalten: in die der reinen, ewig unveränderlichen, ewig an derselben Stelle ihrer Sphäre verharrenden Körper am Himmel und in die verderbte, der ständig sich mischenden, ständig sich wandelnden, vergänglichen Elemente der niederen Welt.

Der Pseudo-Dionysius hatte für seinen Kosmos eine besondere Variante bereit: Der teilte den Sphären sowohl der Fixsterne als auch der Planeten jeweils verschiedene Ränge von Engeln zu, die Seraphim und die Cherubim; weiteren Engeln verschiedener Ordnung wie Erzengeln fiel die Aufgabe zu, die Sphären zu drehen und in Bewegung zu halten. An sie schloß sich aufgrund christlicher Notwendigkeit unter der Erde in absteigender Folge später noch eine Rangordnung der Teufel an mit Luzifer am untersten Ende der Leiter. Im Erdzentrum.

Und wie stand es mit der Erkenntnis dieser Natur? Die trübe Körperwelt war ohnehin wahrer Erkenntnis entzogen, die Sinneswahrnehmung unfähig, Wissen zu erwerben. Die Sternsphären und ihre Harmonie aber zu erkennen, hatte – gemäß dem Pseudo-Dionysius – der Mensch durch den Sündenfall eingebüßt.

DIE ARISTOTELISCH-SCHOLASTISCHE STELLUNG ZU NATUR UND FORSCHUNG

In noch anderer, überlebensgroßer Gestalt und mit herrscherlichem Pomp trat griechischer Geist im mittelalterlichen Abendland auf: in der Gestalt des Weltgebieters Aristoteles (384–322 v. Chr.). Oder besser in der des Aristotelismus. Denn auch der große Schüler Platons mußte sich manche Umfärbung mit neuplatonischer und mit christlicher, ja islamischer Farbe gefallen lassen.

Schon Boethius und zwei Jahrhunderte nach ihm der um 700 in Jerusalem wirkende Johannes Damascenus hatten einzelne seiner Werke – Teile seiner Logik – ins Lateinische übersetzt. Als »Vater der Dialektik« setzte Aristoteles die Scholastik in Gang. Er weckte eine vor allem in Frankreich beheimatete rationalistische Freude an Klarheit und Ordnung und eine kalte intellektuelle Leidenschaft für die logisch formale Kunst des dialektischen Disputierens und Beweisens, des sauberen Zerlegens, Zergliederns, Scheidens, Vergleichens, Schließens und Ordnens, die jedoch bald, da sie inhaltlos blieb, in leeren, strohdreschenden Formalismus ausartete.

Zunächst hatte sich das abendländische Denken vornehmlich

auf den Platonismus gestützt. Erst die Übertragungen von Jakob von Venedig um 1128 und vor allem die jetzt breit heranströmende arabo-lateinische Übersetzerflut aus Toledo hoben Aristoteles auf den Thron der nun ganz unter seinem Szepter sich entwickelnden Hochscholastik. Und die Auffassungen seiner verschiedenen Übersetzer und seiner christlichen Kommentatoren, Alberts des Großen und Thomas' von Aquin, trugen jede das Ihrige zur Um- und Einfärbung seines Bildes bei.

Auch Aristoteles war durch und durch Grieche in dem Sinne, daß er das Sein ebenso scharf und endgültig in Gegensätze zu trennen wußte. Aber der Graben verlief für ihn an anderer Stelle. Mehr als Platon freilich hatte er einen Blick für die Naturwirklichkeit, einen Blick für das Einzelne – und er vertraute seiner Sinneserkenntnis.

Er übte scharfe Kritik an Platon, so wie er übrigens an jedem seiner Vorgänger rücksichtslos die Zähne wetzte. Platon kreidete er an, daß er nur den allgemeinen Ideen Wirklichkeit zugesprochen, alles Einzelne aber als schattenhafte, scheinhafte Nachbilder verleumdet habe, denen kein echtes Sein zukomme. Wie kann die eigentliche Wirklichkeit außerhalb der Dinge, außerhalb der Welt abgetrennt für sich bestehen? Gibt es denn die Idee »Baum« als Wirklichkeit? Sind nicht wirklich nur die einzelnen Bäume? Und ist »Baum« nicht nur ein Begriff, mit dem wir die Vielzahl der Naturdinge nach bestimmten Gemeinsamkeiten und unter Absehung von ihren individuellen Unterschieden ordnen?

Aber auch Aristoteles beschleicht das griechische Unbehagen gegenüber allem Unbestimmten, Unbegrenzten, Flüchtigen und Veränderlichen. Als Grieche sieht auch er sich um nach dem, was unveränderlich ist, was Grenze hat und Bestand. Dies findet er in den »Formen«. Sie erst geben der gestaltlosen, passiven Masse, der »Materie«, Wirklichkeit – und ihren Zweck. Auf diese Weise ist jedes konkrete Ding aus Form und Materie zusammengesetzt und zweifachen Ursprungs. Ja, auch für Aristoteles sträubt sich die spröde Materie, indem sie den formenden Kräften Widerstand entgegensetzt.

Das bedeutet freilich bei Aristoteles, anders als bei Platon, keinen sittlichen Makel: Die Materie als solche ist zwar ganz und gar unvollkommen, aber sie ist nicht böse. Sie selbst ist ohne Wirklichkeit, besitzt aber unbestimmte »Möglichkeit« als dumpfen Trieb zu ihrer Verwirklichung mit Hilfe der Form. Wobei der geformten Materie jedoch stets ein peinlicher Erdenrest des Zufälligen, ein Makel des beständig Widerständlerischen bleibt, aber ein Makel dennoch. Für sich allein ist Materie hilflos, kraftlos, zwecklos.

Obwohl Aristoteles aufgebracht gegen die »Ideen« seines Meisters zu Felde zieht, gleichen seine »Formen« den platonischen Ideen fast aufs Haar. Der scharfe Schnitt, den Platon zwischen der jenseitigen Ideenwelt einschließlich der alles überfliegenden Idee des Guten, nämlich Gottes, und der Welt der Naturerscheinungen vorgenommen hatte, dieser endgültig trennende Schnitt, freilich weniger scharf geführt, sollte bei Aristoteles zunächst nur *innerhalb* der Dingwelt das Zueinander von Form und Materie markieren. Ihm lag daran, gerade ihre Beziehung zueinander innerhalb der Wirklichkeit zu retten.

Aber er konnte seinen griechischen Horror vor dem Sich-Wandelnden, Vergänglichen, sein Verlangen nach Klarheit, nach Form und Begrenzung nicht verleugnen. Auch er schreibt den »Formen« eine abgetrennte Existenz zu, über denen die absolute und »höchste Form« schwebt. Sie ist nicht mit Materie vermischt und ihrer unbedürftig und unberührt von Unvollkommenheit, die noch jeder Form-Materie-Verbindung anhaftet. Sie allein ist ganz reiner Geist, reines Denken, sie ist im Besitz absoluter Vollkommenheit, Göttlichkeit – höchste, wahre, einzige Wirklichkeit.

So kommt unweigerlich auch Aristoteles dazu, den Schnitt, der für ihn innerhalb der Welt verlief, in schöner Inkonsequenz weiterzuführen, hindurch zwischen einer oberhalb der Natur wirkenden Gottheit, die, wie er sagt, als »ein ewiges, unbewegliches und vom Sinnlichen geschiedenes Wesen existiert«, und der Form-Materie-Welt. Über die Hintertreppe hat sein innerweltlicher Dualismus den zuvor hinausgeworfenen metaphysischen Gott-Welt-Dualismus wieder hereingebeten.

Doch was »wirkt« diese Gottheit überhaupt? Der Gott des Aristoteles denkt als reines Denken nur sich selbst. Er weiß nichts von der Welt. Wie das platonische Ur-Eine ruht er geruhsam in sich. Alle Dinge aber »streben« zu ihm hin, ohne ihn je erreichen zu können. Dieser Gott ist als absolut Vollkommenes – wie es für die Griechen nicht anders sein kann – ohne Bewegung, aber auch ohne Unendlichkeit. In starrer Ruhe und Selbstgenügsamkeit, selbst unbewegt, bewegt er gleichwohl die Dinge: nicht aktiv, vielmehr allein dadurch, daß er das Ziel ihres triebhaften Strebens bildet.

Spätestens hier müssen wir von unseren Vorstellungen absehen, um der uns fremden Gangart dieses Denkens folgen zu können: Bewegung entsteht hier nur aus dem Mangelhaften, Unerfüllten. Sobald das Ziel, die Verwirklichung des Zwecks, erreicht ist, erlischt die Bewegung. Diese »Bewegung« ist nicht, wie wir uns vorzustellen geneigt sind, ein kontinuierliches Fließen wie ein Strom. Für Aristoteles ist »Bewegung« nur der Übergang von einem Ruhepunkt zu einem anderen Ruhepunkt. »Jede Bewegung hat«, so sagt er, »ihr Ziel und ihre Grenze«, in der sie »aus der Unruhe zum Stehen kommt«, um zur Fortsetzung der Bewegung wieder eines neuen Anstoßes, einer neuen Zweckursache zu bedürfen.

Bewegung, Tun, Handeln – schwer für uns nachzuvollziehen – werden von diesem Griechen im Grunde nicht als Tätigkeit erfaßt, sondern als ein Bewegt-Sein, Handelnd-Sein, als Passivität gegenüber einer nicht in ihm selbst liegenden Ursache.[2] Sie sind die »Voraussetzung eines erreichten Resultats«. »Bewegung«, sagt Aristoteles, »ist Wechsel von einem Sein in ein anderes Sein«,[3] doch sie ist nicht wie für uns der Verlauf eines Geschehens selbst. Ohne eigentliche Aktivität. Ohne Dynamik in und aus sich selbst.

So auch das Werden der Natur. Der Kosmos ist fest begrenzt, und, da alles Seiende aus festen Formen besteht, immer schon fertig. Nichts wird neu. Es »entsteht nur, was immer schon war«. Und wie von außen die Form sich der Materie aufprägt, so kommt von außen alles Bewegen. Von oben!

Hier meldet sich wieder die griechische Konsequenz, aus Reinheit und Unreinheit ein Oben und Unten, einen *Abfall* zu konstruieren, von der höheren Wertigkeit der höheren Sphären eine Leiter herabzulassen zu den niederen. Jedes Bewegen und Geschehen muß für dieses Denken ein Woher haben, einen »ersten Beweger«. Wenn auch nicht in kausalem Sinn, sondern so wie eine in gefälliger Schönheit ruhende Geliebte den Liebenden, sie Begehrenden, bewegt und zu sich zieht.

Dieser Vergleich hat seinen tiefen Sinn. Immer ist ja untrennbar von dem Erleben des und Verhalten zum Göttlichen die Urbeziehung zum anderen Geschlecht.[4] Denn das Verhältnis von Mann und Frau hat seinen metaphysischen Grund im ganzheitlichen Sein des Menschen und entspricht in seiner Struktur der Beziehung des Menschen zur Welt, zum Schicksal, zum Göttlichen. Im mittelländisch-griechischen Raum verläuft die Liebe zwischen den Geschlechtern in Spannung und Entladung, Begehren und Befriedigung, Sehnsucht und Erfüllung, in der sie erlischt, wenn nicht ein neuer Reiz die Spannung auflädt.[5] Ebenso wie die Bewegung für Aristoteles immer neuen Anstoßes von Punkt zu Punkt bedarf, soll sie nicht sogleich wieder erlahmen.

Die causa finalis, die Zweckursache Gott, der unbewegte Beweger, ist ewig ruhendes Sein. Seine Wirkkraft aber auf die Bewegung schwächt sich mit der Entfernung ab. Die in ihren Kreisbahnen ewig sich drehenden Himmelskörper sind ihrer unmittelbar teilhaftig. Die Erde aber ist unbewegt. Dazu gelangt Aristoteles durch folgende Spekulation: »Wenn sie sich überhaupt bewegt, muß diese Bewegung notwendig gewaltsam sein. Denn es ist nicht die der Erde eigene Bewegung. Sonst hätte jeder einzelne ihrer Teile diese Bewegung. In Wirklichkeit jedoch bewegt sich alles geradlinig zu ihrer Mitte hin. Also ist es nicht möglich, daß jene Bewegung ewig ist« – wie allein die Kreisbewegung –, »da sie gewaltsam ist und gegen die Natur. – Ferner vollzieht sich die naturgemäße Bewegung ihres Ganzen und ihrer Teile auf den Mittelpunkt des Alls hin. Darum ruht sie ja auch faktisch im Mittelpunkt. Nun könnte man fragen, da der Mittelpunkt für beide (Erde und All) derselbe ist, zu welchen sich die schweren Dinge und die Teile der Erde ihrem Wesen nach bewegen: zu der Mitte, sofern sie Mittelpunkt des Alls ist, oder zu ihr, sofern sie der Mittelpunkt der Erde ist? Offenbar zum Mittelpunkt des Alls. Denn das Leichte und das Feuer bewegen sich in der entgegengesetzten Richtung wie das Schwere, und zwar zur äußersten Grenze des den Mittelpunkt umgebenden Ortes. Es ist also nur zufällig, daß der Mittelpunkt der Erde und derjenige des Alls derselbe ist.« Und so zieht er den Schluß:

»Es muß offenbar die Erde im Mittelpunkt sein und unbeweglich, aus den angegebenen Ursachen und weil die senkrecht nach oben geschleuderten Gewichte wieder an denselben Punkt zurückfallen, auch wenn die Kraft sie unbegrenzt weit hinaufschleuderte. Daß die Erde sich also nicht bewegt und sich nicht außerhalb des Mittelpunktes befindet, ist aus dem Gesagten klar.«[6]

Als Meister der Logik und Dialektik, der allein den Verstand nach rein logischen Gesetzen für die Betrachtung Gottes und der Welt einsetzte, machte sich Aristoteles der Kirche durchaus verdächtig. Als dann nach 1150 Schlag auf Schlag seine metaphysischen Werke, von Arabern und Juden aus dem Arabischen ins Lateinische übersetzt, mit dem Kommentar ausgerechnet eines islamischen Philosophen, des Averroes, bekannt geworden waren, verdammte die Kirche Aristoteles 1210 und 1215 und verbot 1231 das Studium seiner Werke. Doch nur für kurze Zeit. Denn führenden Ordensmitgliedern der Dominikaner und Franziskaner gelang es, die kirchliche Macht umzustimmten. Aus ihren Reihen kamen die Kommentatoren, die den Griechen aus der Ausgestoßenheit des Ketzertums zur höchsten Autorität der christlichen Welt erhoben. Schon nach kurzer Zeit pries man den noch eben Verfemten als einen »Johannes den Täufer« und »Vorläufer Christi«, ja erblickte in ihm eine Inkarnation der philosophischen Wahrheit schlechthin.

In der Tat, diesen heidnischen Philosophen für die christliche Theologie einzuspannen, mußte allzu erwünscht sein. Zumal es galt, sich gegen die Infektion durch den islamischen Geist immun zu machen, die geistige Abwehrkraft zu sammeln und sich unanfechtbar aufzurüsten. Mit seinen leichten Inkonsequenzen war der Grieche biegsam genug, um ihn unter die christlichen Denkstrukturen zu beugen.

Die allzu gern entdeckte Trennung zwischen der vollkommenen Form und der unvollkommenen Form-Materie-Welt, der aristotelische, spezifisch *griechische Dualismus* von absoluter Reinheit und unreiner Vermischtheit – wie ähnlich sahen sie doch dem *christlichen Dualismus* des absolut guten Gottes und der sündigen Welt! Wie glich diese aristotelische Zweiteilung doch der absoluten Geschiedenheit von überweltlichem Jenseits und makelbehaftetem irdischem Diesseits!

Und alles und jegliches tief dualistisch zu spalten und unversöhnlich zu verfeinden, Gott und Welt, geistlich und weltlich, Geist und Fleisch, Mann und Weib – das hatte man von Augustinus gründlich gelernt. Alle Prädikate, die schon Platon und der ihm bei manchen Unterschieden doch denkverwandte Aristoteles für die Idee des Guten bzw. für die absolute Form in Anspruch genommen hatten: Ungewordensein und Wandellosigkeit, Reinheit und Vollkommenheit, Getrenntsein und dennoch sowohl Ursache – als Ziel-Sein – sie mußten einen so renommierten Konstrukteur der Beachtung der Theologie empfehlen, um mit seiner Hilfe der Kirchenlehre zu einem schulmäßig gesicherten, systematisch errichteten Lehrgebäude zu verhelfen.

Freilich war es dazu auch erforderlich, die Materialien einander anzupassen, wo nötig umzudenken, sie zu verschmelzen, zu »versöhnen«, wie man diesen Vorgang zu nennen pflegt. Und nahm bei Aristoteles die ganz abstrakte, ganz blasse, aller Vorstellung enthobene »reine Form« nicht schon ansprechendere Züge an in dem Bild des »ersten Bewegers«, der ebenso alles in Bewegung gesetzt hatte, wie der christliche Schöpfer alles geschaffen und ihm mit seinem Atem Lebensluft eingeblasen hatte?

Die beiden Grafen, Albrecht von Bollstädt, genannt Albert der Große (1193–1280), und Thomas von Aquin (1225–1274) wurden die großen Publizisten und Chefkommentatoren des Aristoteles, die mit ihren Werken dem Aristotelismus ein ehrfürchtiges Publikum bis ins 16. Jahrhundert hinein erwarben. Und eine autoritäre Geltung, wie sie außer ihm niemand neben der Kirche besessen hat. Der eine ein Deutscher, im schwäbischen Lauingen geboren, der andere dem auf einer Burg zwischen Rom und Neapel sitzenden normannisch-italischen Geschlecht angehörig, das im Dienst des ihm entfernt verwandten Kaisers Friedrich II. von Hohenstaufen stand. Sie beide Mitglieder des 1216 gegründeten Dominikanerordens, der besonders bedacht war auf Predigt und Lehre und auf die Bekehrung der Ketzer.

Beider bewegter Studien- und Lebensweg führte sie über die jungen, vom Dominikanerorden gegründeten Stätten scholastischer Gelehrsamkeit schließlich in Paris zusammen. Albert der Große war als Lehrer der Theologie eine weithin strahlende Geistesleuchte, die Studenten in Scharen anzog, so daß er seine Vorlesungen aus den zu engen Räumen auf einen Platz unter freiem Himmel verlegen mußte. Hier wurde der junge Thomas sein enthusiastischer Schüler und Verehrer, und eine selten innige Lehrer-Schüler-Verbundenheit nahm ihren Anfang. Sie setzte sich fort in Köln, wohin der Orden den angesehenen Deutschen auf das neugeschaffene »Generalstudium« berufen hatte.

So war es Thomas, der den – von Albertus Magnus mit seinen epochemachenden Kommentaren und Paraphrasen begründeten – Aristotelismus, die christliche Einschmelzung der aristotelischen Metaphysik, noch konsequenter als der universale, eher anschaulicher denkende, tiefsinnige Deutsche fortführte und ihn in vollendeter, durchsichtiger Systematik durchgestaltete. Worin sich sowohl seine italienische Ader für Klarheit, Übersichtlichkeit und vollendete Form aussprach wie seine größere Wesensnähe zu seinem griechischen Heros. Unübertrefflicher Ausdruck dessen sind seine berühmten fünf Gottesbeweise, ja allein der Gedanke, durch rein rationale Vernunftgründe die Existenz Gottes »beweisen« zu wollen, weil sie der Vernunft nicht unmittelbar einleuchte.

In strenger Logik, ganz nach aristotelischem Denkstil und mit den Begriffen und Definitionen seines höchsten Meisters aller Philosophie lieferte Thomas dieses Meisterstück rationaler Schlosserei ab: Um »nicht ins Unendliche fortschreiten« zu müssen und da »sich nichts von selbst bewegt«, sondern »alles von etwas bewegt« werde, müsse es »einen *ersten* Beweger« geben, »und darunter verstehen alle Gott«. – Da alles eine Ursache habe, man aber in der Kette der Ursachen »nicht ins Unendliche fortschreiten« könne, ist es notwendig anzunehmen, daß es »eine *erste* wirkende Ursache« gebe: Gott. – Da alles Notwendige seine Notwendigkeit aus einem anderen empfange, man jedoch »nicht ins Unendliche fortschreiten« könne, müsse es eine Notwendigkeit aus sich selbst geben: Gott. Aus diesem für ihn denknotwendigen Begrenzen der Unendlichkeit der Kettenglieder folge: daß viertens ein »bestes«, fünftens ein »intelligentes Wesen« existiere – »und dieses nennen wir Gott«.[7]

So ging Thomas von Aquin voran, der Theologie die Philosophie als ihre »Magd« zuzuteilen, ihr die formalen Gesetze der aristotelischen Logik als Putzmittel in die Hand zu geben, sie einzusetzen zur Unterstützung und Stützung der hilfsbedürftigen Kirchenlehre, zur Ausrüstung gegen gegnerische Einwände und zur Entkräftung der Vernunftgründe der »Ungläubigen«. Nur selbstverständlich, daß in dieser Haus- und Notgemeinschaft zwischen Offenbarungsglauben und Philosophie keiner unbeeinflußt durch den anderen blieb.

Sah dieser Aristoteles des christlichen Mittelalters sich selbst noch ähnlich? Hatten nicht schon die arabisch-islamischen Deutungen durch Averroes seinem Gesicht ungriechische Züge eingegraben und augustinisches und neuplatonisches Gedankengut in ihm ihre tieferen Spuren hinterlassen?

Was aber hatte die Natur von diesem mittelalterlich gewandeten Aristoteles zu erwarten, der er doch sichtlich aufgeschlossener gegenüberstand als etwa Platon? Geschweige Augustin. Wie sieht für ihn die Natur aus?

Obwohl er, im Gegensatz zu Platon, ausdrücklich zur Erfahrung der Tatsachen auffordert und auch viele Einzeltatsachen sammelt, hält er selbst sich durchaus nicht an seine eigene Empfehlung. In seiner Betrachtung der Natur läßt er sich mehr von seiner metaphysischen Schau bestimmen als von den Fakten selbst. Das kann nicht anders sein, weil seine Naturerkenntnis durch die Brille der Naturphilosophie gefiltert wird.

So dichtet er den Naturerscheinungen eine bestimmte ihnen innewohnende »Natur« an, die ihnen durch die Form eingegeben sei. Etwa dem Stein eine »erdige« Natur, die ihn auf die Erde zu fallen läßt, weil er sich ungeduldig danach sehnt, »nach Hause zu kommen«. Oder dem lohenden Feuer, das dank seiner »luftigen« Natur sich aufwärts reckt, weil die Sehnsucht nach seiner Heimat im Himmel es zu sich zieht. Da Holz – so erläutert »der Philosoph«, wie das Abendland ihn ehrend nannte – seiner »*Möglichkeit*« nach heiß ist, kann es in der »*Wirklichkeit*« nur heiß *werden,* wenn es durch Feuer aus seiner Möglichkeit in die Wirklichkeit gebracht wird.

Solches »Werden« ist hier, wie alle Bewegung, nichts anderes als der Übergang von der Möglichkeit zur Wirklichkeit. Eine räumliche Bewegung dagegen braucht einen gewaltsamen Beweger, der das Ding aufgrund seines möglichen Verhältnisses zu dem zu erreichenden Ziel durch Schieben, Stoßen einerseits, andererseits durch Anziehen von seiten des Zieles oder Zwecks zu ihm bringt. Denn »was bewegt ist, muß von etwas anderem bewegt werden«.

Weit davon entfernt, nach quantitativen, zahlenmäßig erfaßbaren Zusammenhängen und Gesetzen zu fragen, geht es Aristoteles allein um qualitative, gefühlsmäßig gefärbte Beziehungen und Verhältnisse, um ein Geschehen zu erklären. Auch dies eine typisch griechisch-mittelländische Eigenart. Sie fragt nicht, was die Dinge an sich selbst sind. Bedeutung haben sie für ihn immer nur *in bezug auf anderes.* Sie richtet sich weniger auf das Wesen, als auf qualitative *Beziehungen* wie Sympathie, Freundschaft, Sehnsucht oder Antipathie. Das spricht der Pythagoreer Philolaos so aus: Das griechische Denken suche Klarheit über die Dinge »in ihrem Verhältnis zu sich selbst und zueinander«. Der Grieche liebt das scharfsinnige Vergleichen, Unterscheiden, Abgrenzen, Sondern von Gegensätzen.

So auch Aristoteles: Seine Erkenntnis der Dinge richtet sich auf ihre »Korrespondenzen« und »Affinitäten«, d.h. auf ihre Verwandtschaft oder Gegensätzlichkeit, auf ihre »Sympathien« und »Influenzen«, Einflüsse. Hier spielen auch die auf Empedokles zurückgehenden vier Elemente Feuer, Luft, Wasser und Erde eine Rolle, die wiederum so oder so den Gegensatzpaaren kalt und warm, trocken und feucht zugeordnet werden.

Es waren vor allem die folgenden sieben Grundthesen, mit denen Aristoteles das Abendland verwirrte und ihm einen Bärendienst erwies, der es hinderte, zu sich selbst, zu einer eigenen Sicht der Natur und den Weg zur Naturwissenschaft zu finden:

1. Der Dualismus von Form und Materie, einer mangelhaften Materie, die selbst in Verbindung mit der Form unreine und unvollkommene Vermischung und mit einem Makel behaftet bleibt und von der reinen Form ewig geschieden ist.

2. Das dualistische Zerspalten des Kosmos in zwei wesens- und rangverschiedene Ebenen, die verschiedener Gesetzlichkeit gehorchen: in den unentstandenen, unvergänglichen Himmel, der dank seiner Nähe zum »unbewegten Beweger« »gewaltlos« und gleichmäßig bewegt wird, und in den tief unterhalb der Himmelskörper lagernden irdischen Bereich, der um seiner unermeßlichen Entfernung von Gott willen der Bewegung nicht teilhaftig und in dem nur »gewaltsame« Bewegung möglich ist.

3. Das Modell des Abstiegs alles Seienden auf der Leiter der Werte und der Kausalität von »oben« nach »unten«.

4. Das Dogma von der Idealgestalt von Kugel und Kreisbahn aller Sterne und ihrer Sternsphären, fester Kugelschalen, deren Anzahl Aristoteles mit 47 annahm.

5. Der Begriff der »Bewegung« als eines bloßen Übergangs von einem Ruhepunkt zu einem neuen Ruhepunkt.

6. Die Vorstellung von den vier Elementen, von ihren Sehnsüchten, Sympathien und Verwandtschaften.

7. Die Erklärung eines Geschehensverlaufs nicht aus sich selbst, sondern von außen, von seinen zu erreichenden Zielen, der »Zweckursache« her.

Diese Lehrsätze wurden mit der beispiellosen Macht, die dieser Grieche dank der geglückten und glücklichen Ehe zwischen dem christlichen und dem griechischen Dualismus über den europäischen Geist ausübte, seit Mitte des 12. Jahrhunders autoritär verordnet, kirchlich abgesegnet, scholastisch gestützt und bald dogmatisch verhärtet, zu den folgenschweren, als fremdartig empfundenen Hindernissen für die Geburt einer echten Naturwissenschaft. Und es bedurfte eines anderen Denkens, das die Notwendigkeit erkannte sie wegzuräumen, und einer anderen Sicht der Natur.

VORAUSSETZUNGEN EINER EUROPÄISCHEN NATURWISSENSCHAFT

DAS NEUE NATURVERSTÄNDNIS DES ERIUGENA

Man muß sich vorstellen, welcher Geisteskräfte es bedurfte, um die Stimme gegen die sich eben fest etablierende Macht eines höchst fremdartigen, vorzüglich durchgeformten Denksystems zu erheben, mit dem die an eigenem Wachstum und eigener Entwicklung gehinderten Völker sich abzurackern hatten. Welche Geistesbildung, ja welchen Mut es erforderte, gegen ein diktatorisch verordnetes Weltbild anzutreten, das mit dem imponierenden Pomp einer überlegenen und überreifen Kulturtradition der untergegangenen Mittelmeerwelt und mit der Glauben und Schweigen gebietenden Autorität der Kirche daherkam, Bedenken anzumelden, Zweifel zu äußern, ja Korrekturen zu wagen und eigene Gedanken vorzuschlagen.

Und genau dies geschah schon, kaum daß Karl der Große die Augen geschlossen hatte. In einer Zeit, in der wir die Franken Hrabanus Maurus und Walafried Strabo und andere als eifrig und eifernd um die neue Lehre bemühte und folgsame Diener der Kirche erblicken.

Wir sind daran gewöhnt, die tollkühnen Ausbrüche einzelner mutiger Querköpfe aus dem inzwischen fest gegründeten Gebäude der mittelalterlichen Glaubens- und Gedankenwelt seit dem 13. und 14. Jahrhundert zu registrieren; ohne übrigens den vollen Begriff von den tatsächlichen Ausmaßen dieses Aufbegehrens zu haben, das in dem von den Historikern noch viel zu wenig durchleuchteten Halbdunkel jener Epoche vor sich ging. Aber was wissen wir von der Zeit der Frankenkaiser und ihrem ersten bedeutenden, seine Zeitgenossen weit überragenden Philosophen, einem der größten Denker aller Jahrhunderte Ebenbürtigen, dem Künder und Vorarbeiter eines eigenen europäischen Denkens – Johannes Scotus Eriugena (um 810–877)? Warum kennen wir ihn bis heute kaum, ja kaum seinen Namen? Was wissen wir von diesem Selbständigen, der, obwohl »auf den Schultern der Alten und der Kirchenväter stehend, sich« – wie sein deutscher Übersetzer sich ausdrückt – »in der naturfrischen Kraft und

Gemütstiefe des germanischen Geistes aus den überkommenen Anschauungen und Formen griechisch-römischer Bildung zu gründlicher Selbstbesinnung herausarbeitete«?[1]

Kein Wunder, daß sein durch Geistesschärfe und Gedankentiefe ausgezeichnetes Hauptwerk »Über die Einteilung der Natur« als Nummer eins den Index librorum prohibitorum, das Verzeichnis der von der Kongreation des Hl. Offiziums als ketzerisch verurteilten und verfolgten Bücher, anführt und dort als älteste Ketzerei bis 1948 in der letzten amtlichen Ausgabe ununterbrochen am Pranger steht.

Doch was uns überrascht: Dieser mächtige und tiefsinnige Denker, der – eine Seltenheit in jener Zeit – außer der lateinischen auch die griechische Sprache beherrscht und eine umfassende Kenntnis der erreichbaren Literatur besitzt, ist weder ein Mönch noch ein Priester. Er ist der weit herumgekommene, weltgewandte, amüsant-geistreiche Hofphilosoph Kaiser Karls des Kahlen, des Enkels Karls des Großen, welcher bei Paris Hof hält und selber ein lateinisch gebildeter und belesener Mann ist.

Als Heranbilder des höfischen Nachwuchses ist Eriugena zugleich der Vertraute und Freund des Kaisers, mit dem er nicht nur gelehrte Gespräche, sondern auch witzige Gedanken- und Wortspiele während der Tafel führt, die oft auch auf Kosten seines Gönners gehen. »Quid distat inter Sottum et Scottum? Was ist der Unterschied zwischen einem Dummkopf und einem Schotten?« fragt der Kaiser seinen schottischen Hofgelehrten, der sich gerade einen Fauxpas gegen die feinen Tischsitten hat zuschulden kommen lassen. »Nur der Tisch«, lautet Eriugenas Antwort.[2]

Im Auftrag des Kaisers übersetzt dieser auch die neuplatonische Schrift des Pseudo-Dionysius, ein Geschenk des Griechenkaisers an Karls Vater, Ludwig den Frommen, die der Sohn brennend zu lesen wünscht. Doch offensichtlich sind das Mißtrauen des Papstes Nikolaus I. und seine an den Kaiser adressierten Warnungen vor »dem gewissen Mann Johannes aus dem Stamm der Schotten«, der bereits durch einige eigenwillige Schriften unliebsam aufgefallen ist und »in einigen Dingen nicht die rechte Einsicht haben soll«, nicht unberechtigt.

Eriugena gibt sich nämlich mit der lateinischen Zubereitung des griechisch verfaßten Pseudo-Dionysius nicht zufrieden, die späterhin großen Einfluß auf das Abendland ausüben wird. Die müde Resignation des christlich gefärbten Neuplatonismus ist nicht seine Sache. Er läßt ein eigenes Werk folgen. Und mit ihm verläßt er wiederum ebenso entschieden den Boden der christlich-theologischen Tradition, wenn er in kühnem Geistesflug sich vom ganz eigenen Grund aus hoch über die Jahrhunderte vor und nach ihm erhebt.

Und obwohl er schon ein gebranntes Kind ist, »schmählichster Irrtümer«, des »ketzerischen Wahnsinns«, »teuflischer und heidnischer Argumente« und »frevelhaftester und abscheulichster Gotteslästerung«[3] angeklagt, läßt Eriugena seine Leser nicht im Unklaren. Gleich im ersten Buch meldet sich trotz aller gebotenen Ehrfurcht vor den Autoritäten seine beispiellose Unerschrockenheit, sich durch nichts einschüchtern zu lassen, die eigene Vernunft höher als sie zu achten. »Laß dir jetzt nicht bange werden!« läßt er in dem Dialog den Lehrer seinen Schüler ermutigen:

»Wir haben jetzt der Vernunft zu folgen, welche der Wahrheit der Dinge nachspürt und, ohne sich durch irgendeine Autorität beengen zu lassen, mit Freimut öffentlich ausspricht und darlegt, was sie auf ihrem mühsamen Wege sorgfältiger Erörterung erforscht und findet. Freilich ist das Ansehen der Hl. Schrift festzuhalten, weil wir in ihr der Wahrheit gleichsam in ihren heimlichsten Sitzen begegnen. Dabei ist indessen nicht anzunehmen, daß sich dieselbe hierbei der eigentlichen Zeichen und Namen bediene, um uns die göttliche Natur verständlich zu machen.«

Das tue die Hl. Schrift vielmehr, fährt er sarkastisch fort, »durch Allegorien und Bilder«, um dem ungetrübten kindlichen Sinne durch eine schlichte Lehre zu Hilfe zu kommen«, bemüht, ihnen zur Nahrung des Glaubens wenigstens Milch statt Speise zu reichen, und *besorgt, daß die, die »nach Wahrheit forschen, nur ja über Gott nicht anderes reden und denken, als was sich in der Hl. Schrift findet«.*[4]

»Ich bin«, rückt der Schüler seinen Mut ins rechte Licht, »gar nicht so sehr von der Autorität erschreckt, noch fürchte ich den Sturm der minder fähigen Gemüter, um mich abhalten zu lassen, das von der Vernunft Erschlossene und unzweifelhaft Bestimmte ohne Rückhalt vorzutragen, zumal ja über dergleichen Fragen nur unter Weisen verhandelt werden kann, für welche es nichts Angenehmeres gibt, als auf wahre Vernunft zu hören, und nichts Erwünschteres, als über Fragen nachzuforschen.

Jede Autorität, die nicht durch wahre Vernunft gebilligt wird, erscheint als schwach; dagegen hat die wahre Vernunft, weil sie sich sicher und wandellos auf ihre eigenen Kräfte stützt, keine Bekräftigung durch Zustimmung irgendeiner Autorität nötig; denn die wahre Autorität scheint mir nichts anderes zu sein als die durch Vernunft gefundene Wahrheit.«

Und der Lehrer bestärkt ihn:

»Es soll dich also keine Autorität abschrecken vor dem, was die vernünftige Überzeugung aufgrund einer richtigen Erkenntnis lehrt.«[5]

In diesem Mann, der zu Beginn der vierziger Jahre des 9. Jahrhunderts von den Britischen Inseln wie ein Meteor auf den Kontinent gefallen ist, sträubt sich alles, sich einen Gott vorzustellen, der abgeschirmt wie ein mächtiger Potentat aus einem Jenseits die Welt regiert, oder etwa als ein weltenfern, behäbig und passiv in sich ruhendes, willenlos überfließendes göttliches Alleinwirkliches, das sich in stufenweise abgeschwächter Wirklichkeit in eine Welt des Nur-Stofflichen, Nur-Scheinhaften ergießt.

Alles in ihm wehrt sich gegen eine Welt, die ein dunkles Gefängnis voller Unruhe und Vergänglichkeit für die Seele sein soll, die sich aus ihm fortsehnt, um auszuruhen in der seligen Ruhe und Reinheit des Lichten, Allein-Guten – ja gegen eine elende Natur der bösen Materie, die alles befleckt und verfinstert, was sie berührt.

Um den ungeheuren Abstand des absoluten Gegensatzes zwischen Gott und der Natur, zwischen Gott und dem Menschen zu überbrücken, hatte der Pseudo-Dionysius eine Stufenleiter der Engel ins Spiel gebracht. Solcher Vermittlungen, sei es durch den fleischgewordenen Gott, sei es durch engelische Wesen, bedarf es für Eriugena nicht.

Für ihn trennt nichts Gott und Natur. Das unfaßliche Göttliche schafft die Natur, indem es sich selbst in immerwährender Schöpfung in ihr schafft. Gott entfaltet sich in alles, wie alles wesenhaft aus ihm und durch ihn und in ihm besteht. Gott ist es, der »überall ist« und »alles erfüllt«, »ohne den nichts sein kann und außer dem sich nichts erstreckt, da er ja Ort und Umkreis für alles« – ja, »das Wesen von allem ist«.

»So hat alles, wovon man oft sagt, es sei da, nicht in sich selber sein Dasein, sondern nur durch das Teilhaben am göttlichen Sein.«[6]

Bäume und Kräuter, Steine und Gestirne, Tiere und Menschen sind Entfaltungen, explicationes, Ausfaltungen der göttlichen Wesenheit. Sie sind wesenseins, *wesens*identisch – jedoch nicht *seins*identisch, wie der Pantheismus will – mit dem Göttlichen selbst. Wenn Eriugena von Gott, von der ungeschaffenen, schaffenden Wesenheit sagt, »sie schaffe sich selber« –

»so wird richtig nur dies verstanden, daß sie die Naturen der Dinge gründe; denn ihre eigene Schöpfung oder Offenbarung in einem anderen ist in der Tat die Begründung des Daseienden.«[7]
Denn es ist –

»alles aus Gott und Gott in allem und alles nirgends anderswoher als aus ihm selbst geworden, weil alles aus ihm selber und durch ihn selber geworden ist.«[8]

Unerhört und allem christlichen Schöpfungsglauben, allem Platonismus, Neuplatonismus und Aristotelismus widersprechend ist, was hier – ohne Vorbild – allein aus dem ureigenen Erleben und Empfinden dieser Mann, sich wie atemlos überstürzend, das Abendland lehrt:

»So dürfen wir Gott und die Kreatur nicht als zwei voneinander Getrennte betrachten, sondern als unum et id ipsum – als eines und dasselbe: die Kreatur gründet in Gott und Gott schafft sich in ihr auf wunderbare und unaussagbare Weise, indem er sich selbst offenbart, als der Unsichtbare sich sichtbar macht und als der Unbegreifliche begreiflich und als der Verborgene offenbar ... indem er als der Unendliche zum Endlichen wird, als einer, der mit nichts umschrieben werden kann, zu einem Umschriebenen, als ein über der Zeit Stehender zu einem Zeitbedingten... als Macher von allem, in allem geworden, der ewig anfängt zu sein und als Unbeweglicher sich ins All bewegt und verkörpert, der in allem alles wird.«[9]

Gott ist das Leben selbst – welch neuer, kosmischer Begriff! –, das sich in alles ergießt und alles durchflutet »wie aus der Quelle der ganze Fluß in seiner Länge und ohne Unterbrechung«. Gott ist –

»alles Lebens Quell und Urgrund... So durchdringt das Leben alles: seiner kann keine Kreatur, sinnliche noch übersinnliche, unteilhaftig sein. Denn auch die unseren Sinnen tot erscheinenden Körper sind nicht gänzlich vom Leben verlassen.«[10]

Die Materie selbst, für den Dualismus jeglicher Prägung äußerster, finsterster Gegensatz des allein lichten Geistes und Gottes und Keim alles Bösen, ja das Starre, Verwesliche, Tote schlechthin – für Eriugena ist sie Teilhaber der Gottheit und selbst von göttlicher Art:

»Darum ist auch keine Materie, die das Göttliche selbst nicht wäre, in der es sich schüfe; es wäre ja machtlos und unvollkommen, müßte es von irgendwo andersher für sein Erscheinen und seine Vollkommenheit sich etwas zur Hilfe holen. Von sich selbst nimmt Gott die Gelegenheit für seine Theophanien und Erscheinungen, da von ihm, durch ihn, in ihm alle Dinge sind. Und so ist auch die *Materie* selbst, aus der die Welt gemacht ist, *von ihm und in ihm, und er selbst in ihr*, soweit überhaupt ihr Sein erkennbar ist.«[11]

Alle Wesen, alles Geschehen in der Natur, das gesamte All mit aller seiner Körperlichkeit und natürlichen Sinnenhaftigkeit, »worin uns gerade ihre Schönheit anlächelt«, sind Versichtbarungen, Verwirklichungen Gottes. Nicht nur ein ferner, täuschender Schein und fahler Abglanz. Indem Gott sich in der Mannigfaltigkeit aller Wesen und Gestalten ver-körpert, verendlicht, verzeitlicht, vermindert sich nicht, wie für Platon, seine Wirklichkeit, noch schwindet sie, wie für den Neuplatonismus, ins Nichtseiende. Im Gegenteil: Gott bringt sich in der Natur zu reicherer, gesteigerter Wirklichkeit –

und geht dennoch in der Welt nicht auf. Er ist die unauslotbare Tiefe der Welt, das Innerstwirkliche alles Wirklichen, das Sein alles Seienden, das nur durch ihn Sein hat –

»denn er selbst ist die Wesenheit von allem und in allem ganz, aber er hört doch darum nicht auf, auch außerhalb dieses allen ganz zu sein; er ist ganz in der Welt und ganz außerhalb der Welt, ganz in der sichtbaren und ganz in der geistigen Kreatur. Als Ganzes gründete er das Universum, und in ihm wie in jedem seiner Teile wird er ganz und ist er ganz gegenwärtig.«[12]

Und bleibt doch zugleich als unentfaltetes Sein ein Übersein, in das hinein ebenso beständig und unaufhörlich, wie alles aus ihm hervorgeht, alles beständig und unaufhörlich wieder zurückkehrt: nicht nur der Mensch – wie alle die die Natur ausklammernden, die nur den Menschen erlösenden Religionen wollen! –, nein, auch Tiere, Vögel und Fische, auch Pflanzen und Bäume in ihrem Werden und Vergehen. Kein Leben verlischt und schwindet, sondern verwandelt sich in Gott zurück und bleibt in ihm.

»Um kurz und bündig zu reden, so gibt es kein körperliches Geschöpf, das Lebensbewegung besitzt, welches nicht zum Anfang seiner Bewegung zurückkehrt, denn das Ende der ganzen Bewegung ist ihr Anfang.«[13]

Es ist die göttliche Wesenheit selbst, die in ihren unendlichen Formen und Gestalten immerwährend wird und entwird, im ewigen Werdegang sich schafft und in sich zurückverwandelt – nicht um auszuruhen, sondern in ständiger Bewegung. Damit begibt sie sich nicht in ein transzendentes Jenseits. Gott ist die Transzendenz in der Immanenz, die in allem Seienden mitenthaltene Tiefendimension, die wir, an unsere Erkenntnisformen gebunden, hinter der Oberfläche nur ahnen können. Gott ist der Ur- und Wirkgrund, der in allem Wirklichen gegenwärtig ist, aber sich nicht in ihm erschöpft und aufgeht, so wie er nicht mit der Wirklichkeit identisch ist, wie der Gott und Natur gleichsetzende Pantheismus will. Das Göttliche wohnt gleichsam als Wesenskern der gesamten Natur in all ihren Gestalten inne – und auf all ihren Ebenen!

Auch den Gestirnen! Ihnen nicht anders als allen Dingen der irdischen Natur!

In seiner Kühnheit des Denkens geht Eriugena noch weiter. Nennen die Alten, nennt Platon, nennt Plotin, der Pseudo-Dionysius, nennt Aristoteles die Himmelskörper nicht »himmlisch« und »ätherisch«? Behaupten sie nicht, sie seien geistig und unverweslich, ungeworden, ewig? Anders Eriugena. Wie auch ihr Dasein die Zeugung und Entstehung als Anfang gehabt haben muß, so werden sie ein jeder eines Tages zur Auflösung kommen. Alles, was zwischen den äußersten Sternen und der Mitte der Erde enthalten ist, die gesamte Natur ist entstanden aus der Zusammensetzung aller Elemente, alles, was im Laufe der Jahrtausende geboren wird aus der Umwandlung der verwesbaren Dinge, stammt aus ihnen und wird wieder zu ihnen, verwandelt sich in sie zurück. »Und doch fließt nicht dieses aus jenem, sondern alles aus Einem.«

Das aber bedeutet nicht weniger als dies: *Eine* Gesetzlichkeit durchzieht das gesamte Universum.

Diese Erkenntnis hat zu Eriugenas Zeit und noch lange danach nicht ihresgleichen. Sie entspringt aus einem Einheitsdenken, das dem noch auf Jahrhunderte hinaus überall triumphierenden Dualismus – paulinisch-augustinischer, wie platonisierender und erneut seit dem 12. Jahrhundert auch aristotelischer Fassung –, der Zerreißung und Zweiteilung verquickt mit krassester einseitiger Hoch- oder Abwertung, die vollkommenste Absage erteilt. Die Absage auch an die Verschiedenwertigkeit verschiedener Natursphären.

Und hinzu kommt dies: Hier setzt sich ein lebensbejahendes Weltbekenntnis, das ergriffen von der unerschöpflichen Wunderbarkeit, Schönheit und Kraft der Wirklichkeit, diese Weltwirklichkeit heiligspricht, unbeirrbar zur Wehr gegen ihre Verdächtigung der Gottwidrigkeit, Sündhaftigkeit und Seelenbefleckung. Im Gegensatz zu dem Scheincharakter der Sinnenwelt aufgrund ihrer Gottferne gegenüber dem Ewigkeitscharakter der gottnahen Sternsphären, füllt sich bei Eriugena der Begriff der Natur blutwarm mit elementarer, schöpferischer Kraft und eigener, innerer Aktivität, mit einer lebensvollen Spontaneität und pulsierenden Bewegtheit, die der Ganzheit des Universums innewohnt.

Diese ganz anders strukturierte, spezifisch europäische Sicht, die sich überall auf dem Kontinent und durch alle Jahrhunderte immer stärker durchsetzen sollte, wird im wesentlichen in zweierlei Hinsicht bedeutsam für die Entstehung der europäischen Naturwissenschaft, wie sich zeigen wird:

1. Die »Materie«, d.h. die Natur selbst – für die griechischen Weisen und ihre Kommentatoren das gänzlich Gott Entgegengesetzte –, hier ist sie ganz und gar vom Göttlichen erfüllt, von praller Wirklichkeit und dieselbe am Himmel wie auf der Erde.

2. Bewegung, Werden, Wandelbarkeit – für jene das Zeichen der Unvollkommenheit und Scheinhaftigkeit –, hier werden sie glühend bejaht als aus der Natur stammend und zu ihrem Wesen gehörig; wogegen jene die Natur zu begreifen suchten aus Prinzipien, die selbst nicht in ihr liegen.

Aber wie steht es mit der Erkennbarkeit dieser Natur? Wie sie, so ist auch der Mensch in ihr Selbstentfaltung des einen Göttlichen und die menschliche Vernunft wesenseins mit der »Vernunft« Gottes. Im Menschen berührt sich das objektive göttliche Sein mit dem subjektiv-menschlichen Erkenntnisvermögen. Kraft dieser Einheit schaut die schöpferische Vernunft des Menschen die Kategorien, die Erkenntnis- und Anschauungsformen wie von Raum und Zeit, in die Natur hinein, die ja gleichfalls Selbstentfaltung des Göttlichen ist, wodurch Erkenntnis möglich wird.

Doch über diesen ersten bedeutenden europäischen Denker, der sich als der geistesverwandte Vorläufer vor allem der großen deutschen Philosophen des 17. bis 19. Jahrhunderts erweisen sollte,[14] breitet sich in dem Klima von selbstgerechter Engstirnigkeit und Argwohn völliges Stillschweigen aus, in dem vereinzelte Stimmen aus Tours und Reims kaum vernehmbar sind.

Bis Anfang des 12. Jahrhunderts auf dem Genovevaberg vor den Toren von Paris in dem Augustinerherrenstift St. Viktor ein neunzehnjähriger Deutscher, der im Harz als Graf von Blankenburg geborene Hugo von St. Viktor, stolz im Glauben, auf die Schrift eines Genossen des Apostels Paulus gestoßen zu sein, den vor 250 Jahren ins Lateinische übersetzten Pseudo-Dionysius ans Licht zieht. Und mit ihm die verschollene Handschrift seines Übersetzers, bei deren Lektüre ihm freilich die unbedenklichen Ausbrüche aus den festen Bahnen des Glaubens fatalen Verdacht erregen.

Doch in dem Maße, in dem jetzt das vermeintliche Werk des in der Apostelgeschichte genannten Paulus-Schülers zu einer Art heiliger Schrift wird, dringt auch die großartige Vision des Schotten in unzähligen Abschriften, Glossarien und Kommentaren in die Klöster und in die Köpfe einer aufnahmebereiten Leser- und Schülerschaft. Ja, über die »Fachleute« hinaus ins Volk. Wie der Regen kommt diese Schau der Innewohnung und Entfaltung Gottes in der Natur über die dogmenverkrustete, wartende Erde, aus deren sichtlich bereitliegendem Samen es plötzlich zu sprießen beginnt.

Wer fortan »Natur« sagt, der meint nicht etwas von Gott Entferntes, schattenhaft Unwirkliches wie Platon und der Neuplatonismus, sondern jene lebensvolle Wirkeinheit und Gesamtwirklichkeit, die Eriugena als Theophanie, als Erscheinen und Durchscheinen des Göttlichen, als Gottdurchdrungen- und Gotterfülltsein des gesamten Universums verstanden hatte. Wer jetzt von »Universum« spricht, der versteht das Wort nach der Lektüre der »Einteilung der Natur« nicht als »universitas rerum«, als Gesamtheit der Dinge im *Gegensatz* zu dem von ihnen getrennten Gott, sondern in jener charakteristischen Bedeutung, die es für Eriugena hat, als ein göttlich durchwirktes Eines und Ganzes.

Natura, Universitas, Theophanie – sie werden jetzt das große Thema in Chartres, Reims, Le Mans und Laon, in Regensburg und Bingen und an den anderen geistigen Zentren Europas. Sie werden zu den gängigsten Begriffen und ständiger Wortschatz nicht nur der Philosophen. Sie entfalten, nach jahrhundertelangem Schwelgen in Naturverachtung und besessenem Wühlen in Sündigkeitsgefühlen,[15] ihre schönste Blüte in der Dichtung Unzähliger, die sich wie aufatmend nicht genugtun kann im Bewundern der Gotteswunder, die aus »dem zarten Gottesgarten« emporblühen. Die schönste von allen findet sich bei Friedrich von Sonnenburg und Franziskus von Assisi, Freidank, Rumzlant, Reimar, Walther von der Vogelweide, Heinrich von Meißen – ihre Zahl ist riesig.[16] Bezeichnend für den Wandel, der hier geschehen ist, dieses Lied des Heinrich Frauenlob:

Wer saget mir die Art und Weise,
wie Natur wirkt natürlich Ding?
Das Leben mit seiner Freude,
die zwei sind aller Dinge Ursprung,
die zwei dienen der Natur hier
an dem, was geht, kriecht, schwimmt und fliegt.
Natur ist also krafterfüllt,
daß Gott in ihr sein Wesen treibt.
Was die Himmel geheimnisvoll umschließen,
das alles hat Natur aus sich hervorgebracht,
Was unten ist und oben
und mitten in der ganzen Natur –
sie trübt es nicht!
Nur unreine Lust der Menschen.[17]

und eines der Lieder Friedrichs von Sonnenburg:

Schälte ich Gottes hohes Wunderwerk,
so schälte ich Gott an seiner Schöpfung.
Von der, aus der, in der, mit der er seine hohe Gottheit
mit seiner Menschheit gezieret und gekleidet hat,
das ist die Welt! Die schelten sie:
Wer dich schilt, Welt,
der schilt Gott!
Du zarter Gottesgarten,
in dem Gott wunderbar viel Wunder gewundert hat
und manche herrliche Wundersaat keimen läßt –
Welt, wärest du nicht,
was wäre uns Gott?[18]

Auch die Sprache der Philosophen, die das von Eriugena angeschlagene Leitmotiv aufnehmen, beginnt zu duften und zu blühen. »Daher« – heißt es in dem vielgelesenen, in zehn Sprachen übersetzten Jugendwerk »Elucidarium« des Deutschen Honorius von Regensburg, das sich betont Eriugena zum hohen Vorbild genommen hat und dank seiner Volkstümlichkeit das Ohr des ganzen Abendlandes erreicht –

»ist für den, der Gottes Schöpfung betrachtet, die Freude so groß, und zwar bei manchen die Freude an ihrer Schönheit wie bei den Blumen, bei anderen wieder an ihren Heilkräften wie bei den Kräutern, bei manchen an ihrer Nahrhaftigkeit wie bei den Früchten, bei anderen wieder an ihrer jeweiligen Bedeutung wie bei den Würmern und Vögeln...«[19]

Daß selbst sowohl höfische als auch bürgerliche Kreise von dem Bazillus infiziert waren, enthüllt eine massive Ketzerei, der man kurz nach Beginn des 13. Jahrhunderts auf die Spur kommt – und die Scheiterhaufen, die jetzt zu brennen beginnen. Nachdem schon 1028 in Turin ein Kreis, der sich um die Markgräfin von Monteforte gebildet hatte und der den Glauben an die der Natur und dem Menschen immanente, innewohnende Gottheit vertreten hatte, dafür lebendigen Leibes verbrannt worden war, fällt 1209 eine größere, in und um Paris im Verborgenen existierende Religionsgemeinschaft von Geistlichen und Laien, Männern und Frauen, der Inquisition in die Hände.

Vor das Synodalgericht in Paris zitiert, bekennen sie sich zu der Lehre des vor vier Jahren verstorbenen Amalrich von Bène aus einem Flecken in der Nähe von Chartres. Der damals an der Sorbonne lehrende Magister hatte sich bereits 1204 auf Anzeige seiner Theologenkollegen persönlich in Rom vor Papst Innozenz III. zu verantworten und vor der Fakultät seine Ketzerei zu widerrufen gehabt, was sein baldiges Ende mitverursachte. 1209 fällt die Synode das Urteil über die Amalrikaner: Dreizehn Geistliche und der Goldschmied Wilhelm sind zu verbrennen, zehn weitere Amalrikaner mit dem ewigen Kerker zu bestrafen, ein Teil wird freigelassen, der tote Amalrich ist zu exkommunizieren, sein Leichnam auszugraben und in ungeweihter Erde zu verscharren, die Schrift eines gewissen David von Dinant, gleichfalls Magister der Sorbonne, zu verbrennen. Und so geschieht es.

Als dem Universitätskanzler Odo von Tusculum auch noch das Buch »Von der Natur« von einem Johannes Scotus Eriugena vor Augen kommt, richtet sich grell der Scheinwerfer der Inquisition auch auf ihn, den Urheber der um sich greifenden und unter den Amalrikanern grassierenden Ketzerei.

Und worin bestand der Glaubensirrtum all dieser Gottlosen? Amalrich hatte das einfache, das religiöse Gefühl der Menschen unmittelbar ansprechende Wort gefunden, das spontan ihr aufgeschlossenes Fühlen und ureigenes Erleben ansprach und das unmittelbare praktische Anwendung in Leben und Ethik finden konnte:

»Alles ist Eines, und alles, was ist, ist Gott. In ihm selbst ist alles, und darum ist er selbst auch alles. Aller Natur und allen Menschen ist er eingeboren und hat daher ebenso durch Ovid wie durch Augustin geredet.«[20]

Des Jesus bedarf es nicht, weil jeder wesenhaft Gottes Sohn ist und, sofern er die wahre Vernünftigkeit und Gotteserkenntnis besitzt und von Liebe durchdrungen ist, das Gute tut und insofern schon auferstanden ist. Mit dem in ihnen zum Durchbruch gekommenen Gottesbewußtsein und ihrer Weltheiligung haben die Amalrikaner auch Cäsarius von Heisterbach beeinflußt. Trotz sich häufender Verbrennungen von solchen, die gleichen Glaubens sind, stirbt diese Ketzerei nie ganz aus. Sie flammt auch in Deutschland bei den Ketzern von Nördlingen aus dem Schwäbischen Ried und vielen anderen von neuem auf.

»Alles ist eins und, was ist, ist Gott« – das war auch für den Magister David von Dinant tiefe Glaubensüberzeugung und zugleich leidenschaftlich vertretene Ablehnung des verhängnisvollen Dualismus jeglicher Spielart. Selbst der des Aristoteles, der inzwischen in lateinischen Übersetzungen aus dem Arabischen über Toledo ins Abendland gelangt war.

Dieses dem traditionellen Dualismus widersprechende Einheitsdenken ging freilich dem mächtigen Dominikaner Albertus Magnus, der, eingeschworener Anhänger des großen Griechen, einen Schüler des inzwischen verstorbenen, aufmüpfigen Magisters David inquisitorisch zu befragen hatte, entschieden zu weit. Da hatte doch dieser David von Dinant kühn und beharrlich Gott als die beiden – Materie *und* Geist – zugrundeliegende *Einheit* bezeichnet, in der die Bildbarkeit der Materie eins und wesensidentisch sei mit dem schöpferischen, krafttätigen Lebensprinzip des Geistes, ja wesensidentisch mit Gott! Und darin wußte er sich mit diesem heidnischen Eriugena einig, der – ohne Aristoteles zu kennen – diesen widerlegt hatte:

»Darum ist die Materie, aus der die Welt gemacht ist, von ihm und in ihm, und er selbst ist in ihr, sofern er als seiend gefaßt wird.«[21]

Allein auch höchste höfische Kreise waren durch den Bazillus infiziert worden. Hatte nicht eine hochgestellte Persönlichkeit bei dem IV. Laterankonzil in Rom von 1215 in auffälliger Weise ihre Hand schützend über Amalrich gehalten, so daß man zwar die »verruchteste Lehre« beider Magister verurteilte, der Papst aber darauf verzichtete, sie wie üblich vor dem Konzil im einzelnen darzulegen.

»Wenn du mich fragst«, munkelte augenzwinkernd der Kardinal von Ostia, der aus dem Munde des verehrungswürdigen Bischofs Odo von persönlichen Bindungen Amalrichs zum Kronprinzen Ludwig vernommen hatte und zu seiner Gemahlin, die zur Zeit des Konzils die Regierung für ihren auf dem Kreuzzug abwesenden Sohn, Ludwig den Heiligen, in ihren tatkräftigen Händen hielt, »warum diese Lehre auf dem Konzil nicht erläutert wurde, so erwidere ich: Weil dieser Amalrich gewisse Schüler hatte, die noch immer seinem Afterglauben anhingen, hat er sich genötigt gesehen, aus Ehrerbietung vor ihnen jene Lehre zu verhehlen. Und es ist auch bis jetzt schicklicher, deren Namen zu verschweigen, als sie einzeln auszusprechen...«

Da aber das Verdammungsurteil über »ein gewisses Buch mit dem Titel ›Über die Natur‹« des Eriugena von 1209 geradezu das Gegenteil ausgerichtet hatte, wie der ehrwürdige Bischof aus Paris ihm versichert habe: nämlich das Interesse an ihm nur noch verstärkt, sieht sich Papst Honorius III. genötigt, am 23. Februar

1225 eine Bulle gegen jenes Machwerk zu erlassen, das »ganz voll wimmelnder Würmer ketzerischer Schlechtigkeit« sei.

Wahrhaftig, die Aufmerksamkeit, die ihm in seinem eigenen Jahrhundert abgegangen war, sie ist Eriugena dreihundert Jahre später nicht nur über alles Maß nachgefolgt. Sein Verbot hatte nur neue Propaganda gemacht: »Weil nun dieses Buch, wie Wir gehört haben, in mehreren Klöstern und an anderen Orten kursiert und im Besitz ist, und weil manche Mönche und Scholastiker sich der Lektüre dieses Buches sehr eifrig hingeben«, seien alle vorhandenen Codices einzusammeln und zu verbrennen; wer fünfzehn Tage nach Verkündung der päpstlichen Bulle noch bei dem Studium des Corpus delicti gefunden werde, mache sich der Ketzerei schuldig; wer es nicht abliefere und es im Ganzen oder in Teilen zurückzuhalten versuche, verfalle dem Spruch der Exkommunikation und der öffentlichen Verurteilung als Ketzer.

Die schwere Androhung reicht nicht aus. Acht Handschriften überleben. Doch Eriugenas Name und Werk werden aus dem Gedächtnis der Nachwelt getilgt. Wirklich?

Stehen nicht hier und dort immer wieder und immer mehr auf, seinem Geist tief verwandt? Noch bevor Thomas Gale 1681 das Werk »des Langvermißten« dem Vergessen entreißt – was sogleich, 1685, den erneuten Bannstrahl des Papstes auf Eriugena lenkt.

In Wahrheit ist das Fortleben seiner Grundgedanken nicht einmal an das Überleben seines Werkes gebunden gewesen. Weil in ihnen – aus dem ursprünglichen Protest gegen die fremden Dualismen formuliert – eine echte, dem Europäer tief entsprechende religiöse Weltschau Wort und Begriff gefunden hat. Sie meldete sich spontan und ganz unvermittelt immer von neuem, wie in »Europas andere Religion« für den Verlauf von 2500 Jahren bis in die Gegenwart aufgewiesen.[22] Und sie ist, wir werden es sehen, als eine der Voraussetzungen für die Entstehung der Naturwissenschaft von besonderer Bedeutung geworden.

Trotz aller Vernichtungen aber gab es für die versickernden Wasser ein Wehr, durch das das Erbe Eriugenas als schmales Flüßchen weiterfließen konnte. Es war ein anonymes Büchlein, das sich den Titel verlieh »Buch der 24 Philosophen« und sich mit dem hochstapelnden Namen eines Neuplatonikers aus dem 1. Jahrhundert, des Hermes Tresmegistos, wichtig machte, wie vor ihm der im 5. Jahrhundert lebende Verfasser des von Eriugena übersetzten neuplatonischen Werkes mit Hilfe des Namens Dionysius (französisch Dénis) aus der Apostelgeschichte für das abendländische Publikum eine Rolle zu spielen hoffen durfte. Die vierundzwanzig Thesen über Gott, die der anonyme Verfasser Ende des 12. Jahrhunderts in dem Büchlein zusammenstellte, schöpfte er teils aus dem Pseudo-Dionysius, teils kräftig aus Eriugenas großem Werk, teils an anderen Quellen, ohne sie jeweils preiszugeben.

Tatsächlich rieselt das schmale Bächlein von hier sowohl in die tiefgründige Gottesschau Meister Eckharts von der gott-menschlichen Einheit im Seelengrund eines jeden Menschen, Geistlichen wie Laien. Es rinnt, wobei es Spuren aus Chartres, von Albert dem Großen und von Eckhart selbst mitführt, auch in die kosmische Religion und Weltschau eines anderen Großen, ganz Eigenständigen und Vielseitigen, der wie kein anderer Philosoph, sich von dem das Mittelalter beherrschenden und verwirrenden Dualismus befreiend, aus Ureigenem schöpft. In Gewicht und Wirkung ein Aristoteles der Neuzeit, bereitet er dank der von ihm geschaffenen neuen und epochalen Grundlagen den Boden, von dem aus der mächtige Aufschwung der europäischen Naturwissenschaft ins Werk gesetzt werden konnte. Und von dem sie unwissentlich selbst heute noch zehrt.

NIKOLAUS VON KUES UND DIE NATUR

Name und mehr noch Werk dieses tiefen und umfassenden Geistes sind kaum bekannter als der des schottischen Hofgelehrten Karls des Kahlen. Er ist ein Deutscher, Nikolaus Krebs, 1401 in dem Weinort Kues an der Mosel geboren, Nikolaus von Kues oder Cusanus genannt. Die von umrankenden Fabeln abgestreifte Geschichte zeigt einen intelligenten, wißbegierigen Knaben, Sohn eines begüterten Schiffers und Kaufmanns aus bürgerlichem Patriziertum, den ein steiler, durchaus weltlicher, von rastloser Tätigkeit erfüllter Weg zum päpstlichen Legaten für Deutschland, zum Bischof von Brixen, zum Kardinal und Generalvikar emporführt, der höchsten Stellung in der römischen Hierarchie nach dem Papst.

Wir sehen ihn fünfzehnjährig die Hohen Schulen von Heidelberg zum Studium der Freien Künste besuchen, in Padua den Doktorgrad der Rechte erwerben und als Advokat in den Diensten des Erzbischofs von Trier sich einige Zeit an der Universität Köln erneut mit juristischen, philosophischen und theologischen Studien beschäftigen, deren Frucht, ein mit brennender Leidenschaft verfaßtes, umfassendes Reformprogramm für Kirche und Reich, er 1433 auf dem Konzil zu Basel den versammelten Kardinälen, Bischöfen und zweitausend Doktoren europäischer Universitäten in mehreren Bänden vorlegt.

Was ihn quälend bewegt, ja ihn heftig in Harnisch bringt, das ist der Verfall der abendländischen Ordnung durch die Zerspaltung in ein feindliches Gegeneinander von Kirche und Reich, die zugleich ihren Grund wie ihre beständig wachsenden Folgen hat in der Zerreißung alles Seienden, in der Unvereinbarkeit von Gott und Welt, in der tiefen Kluft zwischen Sakralem und Profanem, Geistlichem und Weltlichem, zwischen Priesterschaft und Laien. Angesichts der überall sichtbaren Zeichen einer heillosen Verwirrung und Auflösung aller Ordnungen im Reich, im Kosmos, in der Menschenbrust treibt ihn die »brennende Sorge«, »jene höchste, unendliche Einstimmung im göttlichen Sein«, von der er in seiner großen Konzilsschrift spricht, zu finden und zu begründen.

Da geschieht es, daß ihm auf dem Segler bei der Rückfahrt von seiner diplomatischen Mission im päpstlichen Auftrag, die zerspaltenen griechischen und römischen Kirchen zusammenzuführen, in der Weite und Erhabenheit des offenen Meeres die Einsicht zuteil wird, um die er seit Jahren ringt. Er selbst berichtet von dem sein Denken und Handeln fortan bestimmenden Erlebnis:

»Ich machte viele Versuche, die Ideen über Gott und Welt, Christus und Kirche in *einer* Grundanschauung zu vereinigen, aber keine von allen wollte mir genügen, bis endlich bei der Rückkehr aus Griechenland zur See wie eine Erleuchtung von oben der Blick meines Geistes sich zu der Anschauung erhob, in der mir Gott als die höchste Einheit aller Gegensätze erschien.«[23]

Alle Gegensätze sind hervorgegangen aus Gott und sind in ihm geborgen und eins. In der Rückbindung an ihn, ihren Ursprung und Urgrund, finden sie immer wieder ihre Einheit. Nur in der Welt, wie der in Unterschieden und Gegensätzen begrenzende, abgrenzende *Verstand* sie uns zeigt, gibt es Gegensatz. Im Unendlichen, im Göttlichen, das über allen Verstand hinaus ist, das allein die *Vernunft* zu »erjagen« vermag, ohne es je ganz zu erreichen, fallen alle Gegensätze, fallen das absolut Größte und das absolut Kleinste, fallen ungeheuerste Bewegung und vollendete Ruhe in einer Einheit zusammen. Dies umreißt Begriff und Sinn, was der Cusaner als »coincidentia oppositorum« – Zusammenfall der Gegensätze – an den Beginn seines Weltentwurfs stellt.

Können wir ihm folgen? Wir müssen versuchen, unser Vorstellungsvermögen mobil zu machen. Um diesen Grundgedanken mit Anschauung zu erfüllen, holt der Cusaner sich das mathematische Symbol zur Hilfe: Wie in dem Kreis mit unendlich gedachtem Radius Sehne und Bogen mit der Kreislinie in einer unendlichen Geraden zusammenfallen, wie auch das unendliche Vieleck mit der unendlichen Kreislinie eins würde – ja die Unterschiede aller mathematischen Figuren, zieht man sie ins Unendliche aus, sich im Unendlichen aufhöben, so läuft – was freilich der Verstand niemals zugeben kann – alles Endliche in der Unendlichkeit Gottes zu einer Einheit zusammen.

Zwar »weiß« die Vernunft, daß sie das Göttliche nicht erkennen kann: das ist ihre »wissende Unwissenheit« oder »docta ignorantia« – wie Nikolaus von Kues sein erstes grundlegendes Werk seit jenem Erlebnis zur See nennt. Aber die Vernunft kann »von jedem beliebigen sichtbaren Wesen zu dessem unsichtbaren Ursprung« emporsteigen, wenn sie die Linien des Endlichen, Sichtbaren, sei es ein Samenkorn, sei es ein Tier oder ein Mensch, über seine Grenzen hinaus ins Unendliche verlängert, ins Göttliche hin auszieht.

Doch irren wir uns nicht: Dieser Weg führt nicht in ein Jenseits!

Die Unendlichkeit Gottes wartet nicht jenseits dieser Welt. Sie liegt mitten in ihr – als ihr »absoluter Grund«, als das »Sein selbst«, als »Grund und Ursprung, durch, in und aus dem alles ist«. Alle endlichen Wesen wie auch wir selbst sind darum ein Weg zum Göttlichen, das gesamte Universum die *sichtbare* Herrlichkeit seiner *Unsichtbarkeit*. In der Natur, in allen Wesen macht das Unsichtbare sich selbst sichtbar. Deshalb braucht auch der Mensch, um zu Gott zu gelangen, sich nicht asketisch oder ekstatisch von »dieser« Welt abzuwenden, die Welt mit allen ihren Gegensätzen, mit allem Herrlichen und Schrecklichen nicht zu überfliegen. Denn jegliches in ihr ist ja deshalb ein Weg zu Gott, weil es selber sein sichtbarer Ausdruck, seine Offenbarung ist. Seine »Entfaltung«, explicatio dei.

Wir glauben, Eriugenas, Amalrichs, Meister Eckharts Stimme zu vernehmen. Denn auch für den deutschen Kardinal ist alles aus Gott und Gott in allem. Wie das Universum, die explicatio, die Ent-faltung des Göttlichen ist, das in allem ganz und gegenwärtig lebt, das alles durchwirkt und durch alles wirkt, so ist das Göttliche – und das hebt diese Schau über den Verdacht des Pantheismus hinaus, gegen den der Cusaner sich entschieden zur Wehr setzt – die complicatio, die Ein- und Zusammenfaltung, die alles unausgefaltet in sich enthält, aus dem das Seiende beständig und unaufhörlich hervorgeht und in das hinein es beständig und unaufhörlich hineinstirbt.

In ewigem Werden legt sich, was im göttlichen Grund enthalten und eins ist, als Natur in Gegensätzen auseinander und in der Mannigfaltigkeit der Naturdinge. Das bedeutet aber: unmittelbarstes und unvermitteltes Einssein von Gott und Welt, ihre *Wesensidentität* bei je *verschiedener Seinsweise*. Es bedeutet: gänzliche Absage an alle Wesens- und Wertverschiedenheiten griechischen wie orientalischen Denkens und Vorstellens von Gott und Weltwirklichkeit, das in der noch Mitte des 15. Jahrhunderts anhaltenden Scholastik Triumphe feiert.

Die entfaltete Natur ist für den Cusaner wie für Eriugena nur eine andere Seinsweise des göttlichen Seins, Gestaltwerdung, Selbstverwirklichung des Einen in allem: im Geist wie in der Natur! Im Gottesgelehrten wie im Laien! Im Klerus wie im ganzen »Volk«!

Hier gibt es kein Mehr oder Weniger an Wesensteilhabe am Göttlichen. Dieses »Teilhaben« – so verwirft der Cusaner, um jedes Mißverständnis auszuschließen, ausdrücklich die griechische Auffassung – »ist kein Teilhabeverhältnis wie das des Teiles am Ganzen«, denn das Göttliche ist »ganz und unteilbar in allem einzelnen.«[24] Mit Nachdruck weist er Platons und des Neuplatonismus These zurück, die festgefressene griechische Vorstellung von dem Abfall des jenseitigen Alleinwirklichen unter fließendem Wirklichkeitsschwund bis herab zur Scheinwirklichkeit der Welt der Materie: »Alles wirklich Existierende ist jedoch in Gott, der ja die Wirklichkeit aller Dinge selbst ist.«[25] »Aus sich ist nichts.«[26]

Was Platon und Aristoteles gesagt haben – erklärt er furchtlos und selbstbewußt – »ist also nichtig. – Ich bin überzeugt, sie irren.« Energisch widerspricht er dem griechischen Dualismus von Form und Materie. Wie? fragt er. Steigt etwa im Tod die Form zu Gott auf, während die Materie nach unten zum Mittelpunkt, der Erde, absteigt? Dort aber ist doch *auch* Gott! So daß die Bewegung aller, wohin auch immer, stets auf Gott gerichtet ist.

Doch wenn er in seinem gigantischen Kampf die griechisch konstruierte Stufenpyramide des starren, unbeweglichen Seins umstürzt, auf deren Spitze die Idee des Guten, das Ureine, Gott, thronte, deren Treppen der Neuplatonismus mit Engeln und Zwischenwesen besetzt hatte, so baut er *innerhalb der Natur* – und das ist eine seiner ganz neuen, revolutionären Erkenntnisse – eine Stufenleiter der *Emporentwicklung*, der Evolution, der biologischen Entfaltung und Steigerung nach einer zeitlichen, naturbedingten, dynamischen Ordnung: Sie reicht vom Grundstoff, von den Elementen über die Mineralien, die organischen Wesen zum Sinnesleben, Verstandesleben und bis zur Vernunfteinsicht. Jedes hat seinen Ort im Ganzen, nichts ist überflüssig. Auf Grund des Einen, Göttlichen, das Mitte, Umfang und Zusammenhang alles Seienden ist, besteht eine innere Verbundenheit aller Gestalten und Wesen, aller niederen und höheren Gattungen, so daß zwar alles in gleicher Unmittelbarkeit zum Göttlichen steht – gleichwohl jedoch untereinander verschieden ist!

Ja, es gibt nichts Gleiches in der Natur. »Kein Ding kann mit einem anderen in Figur, Größe (und Zusammensetzung) genau übereinstimmen.«[27] Kein Mensch, kein Blatt, kein Stäubchen gleicht irgendeinem anderen. Keine Bewegung, kein Geschehen ist mit irgendeinem früheren oder späteren identisch. Das in allem eine und selbe Göttliche verwirklicht sich in einer unendlichen Fülle von Verschiedenheiten, von Einzigartigkeiten, von Individuellem, ohne sich jemals zu wiederholen in seinen Werken, so daß die das Besondere bewirkenden Faktoren und Elemente in keinem Individuum in demselben harmonischen Verhältnis wie in einem anderen zusammentreffen können. Jedes verwirklicht nur das Wesen seiner eigenen Art, doch auf je eigene Weise und ist darum nicht mit den Maßen irgendeiner anderen Art zu messen.

Nikolaus Cusanus wählt ein Beispiel, das für einen Mann in einer der höchsten hierarchischen Positionen der alleinseligmachenden Kirche ebenso erstaunlich wie kühn ist: »Nun ist Religion *allen* Menschen als ein natürlicher Wesenszug eigen.« Doch »die Teilhabe an der Religion ist bei den Weltbewohnern *verschieden*«, wie sie denn auch verschieden sind »hinsichtlich ihrer geistigen und leiblichen Beschaffenheit, ihrer Sitten und Gebräuche«. Dies ist eine unerhörte Feststellung für jene Zeit, die darin gipfelt: »Daher kommt es, daß bei den Indern und Ägyptern die geistige Religion und die abstrakte mathematische Wissenschaft überwiegen, bei den Griechen, Arabern und Römern die Dialektik, Rhetorik und Rechtswissenschaft, bei den nördlicheren Völkern schließlich die mechanischen Fertigkeiten. Freilich haben alle Völker auf jedem dieser Gebiete Kundige entsprechend ihrer besonderen Prägung, sonst wäre es ja nicht das Wesen ein und derselben Art, das sich in allem auf verschiedene Weise realisiert.«[28]

Mit allem übrigen zusammen breitet so jedes Individuum durch seine Übereinstimmungen und seine Unterschiede von anderen die unendliche Fülle der göttlichen Einheit in unendlicher Mannigfaltigkeit aus, in deren verschiedenartiger Vielfalt jedes einzelne seinen Sinn hat für das Ganze.

Aber der Cusaner dringt weiter vor: Ein Einziges, ein Ich, ein Individuum sein, heißt noch nicht, ein Selbst sein. Dies ist allein dem Menschen möglich. Denn er allein ist frei, und dies ist in seine eigene Hand gegeben. Hier führt der Cusaner seine Hörer auf einen »Gleichnisweg«, auf dem er Gott so anredet:

»Du sprichst in mein Herz hinein zu mir: ›Sei du dein eigen, und ich werde dein eigen sein!‹ Du hast es ganz zur Sache meiner Freiheit gemacht, daß ich, wenn ich will, ich selbst sein werde. Bin ich nicht ich selbst, so bist du auch nicht mein. – Es hängt also von mir ab. Nicht von dir.«

Und doch wird diese Wechselseitigkeit der Zuwendung von Ihm und uns, von Gott und Mensch, erst durch sein Ansprechen erweckt:

»Wenn ich dein Wort höre, das in mir unaufhörlich redet und beständig in meiner Vernunft leuchtet, so bin ich mein eigen und frei.«[29]

Das Selbstwerden durch Einswerden von Mensch und Gott begründet des Menschen Freiheit.

Haben wir uns, durch dieses Zwiegespräch mit dem innersten Du bewegt, dazu hinreißen lassen, einen Umweg zu machen, auf dem wir unser eigentliches Ziel aus den Augen verloren? Wer uns bis zu dieser Gipfelhöhe, so einsam in jenem Jahrhundert der Zerrissenheit und Kompaßlosigkeit, gefolgt ist, wird erkennen, daß auf diesem Grat mehr erlangt ist als ein abseitiger Pfad in mystischen Nebel. Auch wenn jetzt noch nicht die ganze Wegrichtung sichtbar wird.

Das beständige »Hineinsprechen« des Göttlichen in der menschlichen Vernunft, der höchsten Stufe seiner Entfaltungen, das »Teilhaben am göttlichen Licht«, das »in der Vernunft leuchtet«, dies ist es, was Erkenntnis erst möglich macht, wenn sie auch stets nur in Annäherung an die göttliche Wirklichkeit möglich ist. Wie das Göttliche sich auf allen Stufen, auf allen Ebenen der Natur entfaltet, so wirkt es sowohl in der menschlichen Vernunft ebenso wie in den Dingen der Natur, wie in dem in ihr wirkenden Gesetz des Alls, »nach dem die Natur entsteht, sich bewegt und das wirkt, was das Gesetz der Natur vorschreibt, in dem nichts anderes lebendig ist als die Kraft jener Vernunft, die Schöpfer von allem ist.«[30]

Voraussetzung des Erkennens der Natur, ihrer Vielheit und ihrer Gegensätze, ihrer Übereinstimmungen und ihrer Unterschiede ist ferner die Einheit, die Sinne, Verstand und Vernunft zusammenschließt. Auf jeder ihrer Stufen ist Erkenntnis nur möglich, wenn sie dem Gegenstand angemessen sind, wenn aber auch eine die andere einbezieht. Auch insofern ist die Einheit des menschlichen Geistes das Abbild der göttlichen Einheit. Der »Zusammenfall der Gegensätze« in Gott bestimmt auch die Struktur des menschlichen Geistes, der auf Grund seiner Gotthaltigkeit die Struktur der coincidentia oppositorum enthält als Erkenntnisform eines ganzheitlichen Denkens. Sie ist das Strukturgesetz der überrational gerichteten Vernunft, aber dieses durchwirkt mit seiner einigenden Tendenz den menschlichen Geist als Ganzes, auch den Bereich des einteilenden Verstandes und der abbildenden Sinne, ohne indes ihre Eigengesetzlichkeit aufzuheben. Denn indem seinerseits jetzt der trennende und gliedernde Verstand das zusammenfallende Denken der Vernunft auseinanderlegt – wie die Welt die Ausfaltung der Einheit Gottes ist –, ist selbst er bei allem Trennen und Unterscheiden, Vergleichen und Abgrenzen dennoch auf Einheit und Zusammenhang bedacht.

Womit der deutsche Denker, sich ganz und gar befreiend von dem sperrigen scholastischen Denkkorsett und den den Griechen als »Irrtümer« kräftig angekreideten Zwangsformen veralteter und als fremd empfundener dualistischer Tradition seit Platon und Aristoteles, einer Erkenntnistheorie eigenen europäischen Stils weit vorarbeitet. Ja auf Grund einer demgegenüber neuen Denkart schließt er eine eigentümliche europäische Sicht der Wirklichkeit auf und bricht einem Ganzheitsdenken überall dort die Bahn, wo er dem dualistischen Denkschema seine entschiedenste Absage erteilt.

Dies ist kein Zufall: Hier wandelt der Deutsche aus innerster Wesensnotwendigkeit durchaus den gleichen Weg wie der Schotte Eriugena fünfhundert Jahre vor ihm. Sie beide ihrer und noch der kommenden Zeit weit voraus, die dem zerspaltenen Dualismus so zäh und nachhaltig verhaftet bleibt, den die bestellten geistlichen Erzieher dem Abendland nun schon seit Jahrhunderten fortdauernd so gründlich einbleuen, daß es selbst heute noch an seinen Striemen leidet.

Wie Nikolaus von Kues mit der von ihm wieder neu erweckten, in seiner Zeit einsam dastehenden Wirklichkeitssicht einer späteren, sich mehr oder weniger offen auf ihn berufenden Forschergeneration das Feld bereitete und der sich hier und dort und endlich stürmisch ketzerisch zu Wort meldenden, in seinen Spuren wandelnden Wissenschaft den Samen streute, so sind auch die grundstürzenden Konsequenzen aus dieser neuen Denkart, die sich ihm für die Naturerkenntnis daraus ergeben, sensationell in jener noch ganz am scholastischen Zügel gehenden Zeit und frühe Neulandgewinnung für eine viel spätere Zukunft.

Und auch dies wiederholt sich: Auch das Werk dieses Ketzers wurde von seinen Zeitgenossen kaum zur Kenntnis genommen. Ja, er hatte – bedenkt man das Schicksal mancher seiner späteren Schüler – das Glück, daß Papst und Kurie sich mehr für Homer und Vergil interessierten als für die Reinhaltung des Wortes Gottes und der Botschaft Christi von dem »unchristlichen Gift an Irrtum und Tücke« seiner offensichtlichen Ketzerei, so daß nur die Pfeile aus dem scholastischen Köcher eines aufgeregten Heidelberger Theologen ihn trafen. Freilich bedeckte die Kirche, der dieser Ketzer von hohen Graden in den höchsten Stellen diente, die Schriften ihres Kardinals mit Schweigen.

Worin aber besteht jene Neulandgewinnung?

Daß sein Denken der Natur *eine neue Würde* gibt, ihr die pralle Wirklichkeit und Konkretheit verleiht, ihr *immanente Eigensetzlichkeit* zuspricht, eint ihn grundsätzlich mit Eriugena. Sich der Natur um ihrer selbst willen zu nähern, sie mit den eigenen Augen zu betrachten, sie nach ihren Ursprüngen und Gesetzen zu befragen, ist seine noch betontere Forderung. Wenn Cusanus auch – nicht anders als ein Aristoteles – nicht selbst Forscher und Astronom ist, sich eher gedanklich und allenfalls laienhaft Experimenten hingibt, so stößt er doch bewußt mit seinem ganzen Werk seine Zeit, ja, das Volk selbst auf die Notwendigkeit einer Erfahrungswissenschaft hin und bahnt ihr den tragfähigen Weg.

Den sich allein heilig und im Besitz der Wahrheit dünkenden Klerikalen, die mit ihrem Bücherwissen geistige Inzucht treiben, nimmt er die Wissenschaft aus den Händen, um sie dem als unheilig und unwissend geltenden *Laien*, der für ihn nicht weniger göttlichen Ursprungs ist, zu übergeben, auf daß er sich der Naturerfahrung ohne Mittler öffne. Wie sollen denn Buchgelehrte Laien belehren? Diese hochmütigen Scholastiker, deren Augen vom Lesen des Aristoteles kurzsichtig geworden sind für das vor ihrer Nase Liegende? Diese hochgebildeten Redekünstler und Disputierer, die mit großem Wortschwall das letzte Korn aus dem trokkenen Stroh ihres toten Bücherwissens herausdreschen? In seinem Dialog »Der Laie und die Weisheit« läßt der Cusaner einen Laien auf dem Forum Romanum auftreten, einen »schlichten und ungelehrten Menschen«, der einen von Studium und Gelehrsamkeit aufgeblähten Lehrer der Redekunst in ein Gespräch verwikkelt. Ihm wirft der Laie vor:

»Die Lehrmeinung überlieferter Autorität hat dich an der Leine so wie ein Pferd, das von Natur frei ist, an die Futterkrippe gebunden, nur das frißt, was ihm vorgesetzt wird. Dein Geist nährt sich von den geltenden Autoritäten, einer ihm fremden, nicht naturgemäßen Nahrung...

Du ließest dich von Autoritäten führen und verführen. Irgend jemand schrieb etwas nieder, und du glaubst ihm. Ich aber sage dir: Die Weisheit schreit draußen auf den Gassen.«[31]

»Nicht aus deinen Büchern«, antwortet der Laie dem Gelehrten auf die Frage, woher ihm sein Wissen komme, habe er Wissen geschöpft, sondern aus denen, die »Gott mit eigener Hand geschrieben hat« und die man »allerwegen« lesen kann, selbst hier auf dem Forum. Der Laie wird zum Entdecker der Welt- und Naturwirklichkeit.

Gegen den Dünkel der vermeintlich Alles-Wissenden, sich mit dem vollen Besitz endgültiger Wahrheit Brüstenden, setzt er die Erkenntnis:

Da es in der Welt keine absolute Genauigkeit geben kann,

vielmehr nichts dem absoluten Maß ganz entspricht – zumal ja nicht ein Ding einem anderen vollkommen gleicht –, ist eine letzte »*Ungenauigkeit*« in der Wirklichkeitserkenntnis nicht zu umgehen. Darum darf sie nie ausruhen. Sie muß immer neu fragen, neu forschen, neu streben, im Erforschen der Natur immer weiter fortschreiten, um sich ihr immer noch besser anzunähern. Vor allem die auf Erfahrung angewiesene *Wissenschaft* muß *stets in Werden und Entwicklung* bleiben. Und der Cusaner selbst macht damit Ernst.

Seine visionäre Sicht dieser in einer neuen Würde leuchtenden Natur führt ihn noch weiter: zu einem alleszertrümmernden Umsturz des seit zweitausend Jahren unbefragt geltenden, nahezu kritiklos-andächtig übernommenen Weltbildes. Er fegt allen Schmutz von der als böse, unrein, niedrig, befleckt und befleckend verdächtigten, verachteten Welt. Selbst *Vergänglichkeit und Tod* sind nicht mehr Signum ihrer Minderwertigkeit. Die Erde nicht mehr das Unterste, Niederste eines grausamen Bergsturzes. »Die Behauptung ist nicht wahr, die Erde besitze die geringste Würde und nehme den untersten Platz ein.«[32] Sie ist auch weder Mitte der Mitte. Noch ist sie unbewegt. »Die Alten sind an das hier Gesagte nicht herangekommen« – weil sie auf eine andere Weise dachten. »Auch ist die Erde nicht eine Kugel, wie einige gemeint haben, wenngleich sie zur Kugelgestalt neigt«, ohne doch die reine, mathematische Gestalt der Kugel zu besitzen.

Was aber setzt er, nachdem er den Schutt beiseitegeräumt hat, an die Stelle der in Scherben liegenden Welt der Griechen und der Bibel, in der die Menschen des Abendlandes durch kirchliche Unterweisung und die der Meister der Scholastik gelernt hatten, sich selbst als das Erbarmungs- und Erlösungsbedürftigste, als Sünder, als Elende, mit Pindar als »Eintagsfliegen«, schattengleich, »ein Nichts« zu verstehen? In wenigen Worten enthüllt sich die unerhörte Fruchtbarkeit seiner neuen Art zu denken. Im Beginn seines großartigen 12. Kapitels der »Wissenden Unwissenheit«, »Von der Beschaffenheit der Erde«, gießt er in einem Sturz das Neue aus, an das »die Alten nicht herangekommen sind«:

»Uns ist jetzt klar, daß sich die *Erde in Wahrheit bewegt*, mag uns dies auch nicht so erscheinen. Denn Bewegung nehmen wir *nur durch Vergleich mit Ruhendem* wahr. – Jedem, mag er sich nun auf der Erde, der Sonne oder auf einem anderen Stern befinden, scheint es, als wäre er selbst in einem gleichsam unbeweglichen Mittelpunkt und als bewege sich alles andere. Er würde sich daher gewiß entsprechende Himmelspole setzen, je nachdem, ob er auf der Sonne, dem Monde oder dem Mars weilte. Auf diese Weise wird der Weltbau gleichsam überall seinen Mittelpunkt und nirgendwo seinen Umfang haben.«

Fortgetrieben ist die ängstliche Bedenklichkeit des Ptolemäus, oberster Autorität in Sachen Astronomie, der eine etwaige Bewegung der Erde mit dem Einwand zu erledigen glaubte, »alle Tiere und was sonst auf der Erde nicht niet- und nagelfest ist, würde, in der Luft schwimmend, hinter ihr herabfallen«.

Ja, die Erde ist selbst bewegt. Und sie selbst ist *ein Stern unter anderen Sternen!* Unter Sternen, deren es unzählbare gibt. Ein Stern, der seinerseits nicht nur Einwirkungen von anderen Gestirnen empfängt, sondern wie sie *eigene Ausstrahlung* auf andere Himmelskörper aussendet. »Nur weil wir uns im Mittelpunkt vorkommen, in dem die Einflüsse zusammenfließen, erfahren wir nichts von der Ausstrahlung der Erde, die wir vom Mond oder anderen Gestirnen aus erkennen würden.«[33] Alles wirkt auf alles. Nichts wäre ohne alles andere es selbst.

Wie die Erfahrung lehrt, ist die Erde kleiner als die Sonne, was uns durch den Schatten und die Finsternis bekannt ist. Doch sie ist größer als der Mond, wie es die Erfahrung der Mondfinsternis bewiesen hat, größer auch als der Merkur; größer vielleicht auch als andere Sterne. Und wie kein einzelnes Ding einem anderen gleicht, wenn sie auch von gleicher Art sind, so gleicht auch nicht ein Stern dem anderen, seis in seiner Bewegung, seiner Beschaffenheit, seinem ausgesandten Licht, seiner Wärme, seiner gesamten Ausstrahlung. So gleicht auch die Erde ihrer Qualität nach zwar allen anderen Sternen, ohne in der Quantität mit irgendeinem anderen übereinzustimmen.

Aber wohin führte das? Mußte das nicht bedeuten, daß auch *auf anderen Sternen menschenähnliche Wesen* wohnen, wenn auch

Wesen anderer Art? »Jene Bewohner anderer Sterne, wie auch immer sie beschaffen sein mögen«, sind jedenfalls ungleich den vernünftigen Wesen hier auf der Erde.

In seinem gigantischen Anstürmen gegen die allgemein eingefleischten Dogmen bleibt so weder das geozentrische Weltbild verschont noch läßt der Cusaner einem heliozentrischen Weltmodell auch nur die geringste Chance! Noch läßt er das die Fortschritte in der Astronomie schwer behindernde Dogma von der mathematisch exakten Kreisbahn der Himmelskörper unangefochten, demgegenüber er als erster in der schöpferischen Fruchtbarkeit seines Denkens das Modell der *ovalen Ellipsenbahn* in Betracht zieht! Die – widerwillig – nachzuweisen erst 200 Jahre später Keplers revolutionäre Tat ist. Oder etwa die dogmatisch festgeschriebene Behauptung der Griechen, alle Kausalität komme »von oben«, die einen Kometenschweif von Irrtümern nach sich gezogen hatte. Die unangezweifelte These der Alten, »die Welt sei zwischen einem körperlichen Umfang und einem Mittelpunkt eingeschlossen«, zerschlägt der Cusaner kurz und bündig: »Alles dies entbehrt der Wahrheit!«

Nichts steigt »von oben« herab in ein Unten – weder Gott, der Geist oder eine Weltseele, noch die Ideen, die Formen oder die »Wirklichkeit«, um die unten harrende Weltmaterie zu bestimmen. Es gibt sie nicht, die Kette geradliniger Kausalität, die von oberhalb, außerhalb in die Naturdinge hineinwirkt. Vielmehr ist die gesamte Natur ein einziger *Wirkzusammenhang* der Bewegung *wechselseitiger, wenn auch gegensätzlicher Verknüpfung aller Dinge zur Einheit*, so daß alles ein All ausmacht. Die Elemente und das aus den Elementen Bestehende haben an der Bewegung teil wie alle Glieder an der Bewegung des Herzens. Nur der Gestirne am Himmel? Wieso nicht genau so die der Erde und auf ihr? Sie ist *nicht Mittelpunkt der Welt*, so wenig der Fixsternhimmel ihr Umfang ist. Noch hat die Welt irgendwo neben oder außerhalb der Erde einen Mittelpunkt oder einen Umfang außerhalb der von den Alten her als kompakte Himmelsschalen vorgestellten Fixsternsphären. Ihr Mittelpunkt ist überall, ihr Umfang nirgends. Darum ist die Welt zwar nicht unendlich wie allein das Göttliche – aber *ohne Grenzen*.

Doch »wo immer einer sich befindet, er wähnt sich im Mittelpunkt«, er glaubt sich selbst in Ruhe und unbewegt, auch wenn sein Standort sich in Wahrheit gleichmäßig fortbewegt. »Denn«, und hiermit nimmt Nikolaus Cusanus das klassische *Relativitätsprinzip* vorweg, »Bewegung nehmen wir nur durch Vergleich mit Ruhendem wahr«. Und wie fünfhundertsechzig Jahre später das Beispiel vom Blick aus dem Eisenbahnfenster auf den Nachbarzug mit zu den Grundlagen der Speziellen Relativitätstheorie Einsteins herhalten wird, so fährt der deutsche Kardinal um 1440 in seiner »Wissenden Unwissenheit« fort:

»Wenn nämlich jemand, der sich mitten auf dem Wasser in einem Schiff befindet, nichts vom Fließen des Wassers wüßte und die Ufer nicht sähe – wie sollte er merken, daß das Schiff sich bewegt? Jedem, mag er sich nun auf der Erde, der Sonne oder einem anderen Stern befinden, scheint es, als wäre er selbst in einem unbewegten Mittelpunkt und als bewegte sich alles andere. Er würde sich daher gewiß entsprechende Himmelspole setzen, je nachdem ob er auf der Sonne, dem Monde oder dem Mars weilte. *Auf diese Weise wird der Weltbau gleichsam überall seinen Mittelpunkt* ... haben.«[34]

Womit der Cusaner bereits den nächsten Schritt tut, den Newton später nicht mitmachen wird, mit dem hingegen Einstein den Sprung zu seiner Theorie ansetzen wird: Also gibt es *keinen absoluten Bezugspunkt*, kein »Koordinatensystem«, das vor anderen ausgezeichnet wäre.

Die Relativität – so erkennt der Cusaner – betrifft jedoch nicht allein die Bewegung: Es gibt auch kein absolutes Maß für Raum oder Zeit. Schon die Annahme der Astronomie ist irrig, durch die Sonnenbewegung könne die Bewegung aller Planeten gemessen werden.

Die jubelnde Erkenntnis, daß »es *eine* umfassende Welt gibt«, in der die Einflußbeziehungen aller Sterne wechselseitig sind »derart, daß die eine nicht ohne die andere sein kann«, hat für den Cusaner noch eine weitere Konsequenz: »Wir werden uns nicht überzeugen können, daß etwas in strengem Sinne vergänglich sei.« Uraltes griechisches Symptom für die »Unwürde der Erde«

seit Parmenides' und Platons Verweisen alles Werdens und Vergehens in das bloße Scheinsein einer trüben Sinnenwelt, wobei sich der tiefsitzende Schauder des Mittelländers vor Hinfälligkeit und Verweslichkeit in das Bewußtsein der Sicherheit über die Beständigkeit alles Überirdischen rettete: sei es »der Unsterblichen« – was bezeichnenderweise bei den Griechen zum volldekkenden Synonym für die Götter werden konnte –, sei es des Fixsternhimmels.

Ganz anders der Deutsche. Nach seiner festen Überzeugung geht alles Irdisches wie Überirdisches, die Erde und, was ihr entstammt, ebenso die Gestirne, »in eine immer andere Seinsweise über, wenn die in einem Individuum gleichsam zusammengezogenen Einflüsse sich auflösen, so daß zwar *eine so oder so bestimmte Seinsweise vergeht,* für den Tod aber kein Raum bleibt, wie Vergil sagt. Denn der Tod scheint nichts anderes zu bedeuten als dies: daß das Zusammengesetzte sich in das auflöst, woraus es zusammengesetzt ist. Und wer kann sagen, daß es eine derartige Auflösung nur bei den irdischen Dingen gibt?«

Welch unerhörter Gedanke in jener Zeit der starren, immer schärferen Abgrenzungen! Nicht für die »Welt unter dem Mond«, die sublunare, irdische, sondern für das ganze Universum, das die allgemein unvergänglich geglaubten Himmelskörper jetzt mitumfaßt, gilt:

»Indem das Eine sich im größten Gegensatz der Kräfte manifestiert, entsteht, indem jedes das sich Gleiche und dem anderen Entgegengesetzte wirkt, ein Kampf der Kräfte und aus diesem immer neue Zeugung und Zerstörung.«

Nie endende Bewegung ist alles. Sie kommt nicht von außerhalb, nicht von oberhalb der Welt. Sie wohnt der Natur selbst inne, wirkt in und aus ihr selbst, in und auf der Erde nicht anders als in anderen Weltkörpern. Sie sind ja *nicht* – wie Aristoteles es wollte, der Pseudo-Dionysius mit Hilfe seines Puppenspiels konkret ausführte, worauf Thomas von Aquin ausdrücklich bestand und noch Kepler 170 Jahre später nicht verzichten wird – durch außerweltlich eingreifende Instanzen, unbewegte bewegende Formen oder den Anstoß, den »Impetus« gebende Intelligenzen in Bewegung gesetzt worden. Was ist das: Bewegung? Nur, wie noch Thomas sie definiert, ein passives Bewegtwerden? Statt eine den Dingen zukommende Qualität, wie jetzt der Cusaner sie versteht, auch hierin Neuland gewinnend. Ebenso, wie wenn er in seinem Gedankenexperiment in seiner Schrift »Vom Globusspiel« feststellt: Eine Kugel, einmal in Bewegung gesetzt, würde *nicht von sich aus zur Ruhe kommen*, wenn nicht äußere Kräfte sie beeinflußten und hemmten. Womit er der Mechanik Galileis die Bahn bereitet.

Aus der kaum übersehbaren Fülle der Erkenntnisse des Nikolaus von Kues sind es diese, die für alle künftige Naturwissenschaft aus europäischem Geiste von grundlegender Bedeutung wurden:

1. Diese metaphysisch begründete, innere *Einheit* der gesamten Natur bei all ihrer unendlichen Mannigfaltigkeit von Individuellem und gleichwohl voller *Übereinstimmung ihrer Elemente* und der *in allem waltenden Gesetze auf allen Gestirnen* – zu denen seit des Cusaners spekulativer Großtat auch die Erde zählt und von denen keines vor den anderen ausgezeichnet ist – bedeutet, was unerläßliche Voraussetzung einer entstehenden Naturwissenschaft sein muß: die *durchgehende Gleichartigkeit, Gleichgesetzlichkeit und immanente Bewegtheit* des gesamten Universums.

2. Eine weitere Konsequenz, die bereits Eriugenas Weltschau zog: Die Natur dient nicht mehr dazu, Gott, seine Urheberschaft, seine Allmacht und seine Weisheit zu beweisen. Sie wird – wie der Mensch auch – nicht mehr von Gott aus und in bezug auf ihn definiert, gegen ihn »abgegrenzt«. Noch bestimmt sich ihr Wesen und ihre Funktion aus dem Bezug auf den Menschen. Das heißt: Sie ist *nicht mehr äußerster, niederster Gegen- und Widerpart zu Gott, noch ist sie geschaffen um des Menschen willen*, für ihn und zu seinem Nutzen, »damit« sie ihn nähre, kleide und ihm diene, der über sie herrschen solle.

Eine Zeitwende bricht an: Die Natur hat jetzt Wert, Wesen und Bewegung in sich selbst!

»So leuchtet«, darauf legt der Cusaner besonderes Gewicht, »auch das Licht kraft seines Wesens, nicht *damit* ich sehen kann, sondern diese Teilhabe entsteht erst sekundär: wenn ich mich des Lichtes zum Zweck des Sehens bediene.«[35] Weder ist es der Mensch – wie Euklid fälschlich meinte –, dessen Augen Sehstrahlen aussenden auf die Dinge, noch hat Gott Sonne, Mond und Sterne an die Veste des Himmels geheftet, wie die Bibel lehrt, »damit« sie ihm, dem Menschen leuchten.

Der Ort des Menschen in der Natur ist nicht mehr maßgebend, weder für ihn selbst noch für die Erde. Das ausschließliche Bezogensein der Naturdinge auf ihn und auf einen menschlichen »Zweck« hin entfällt. Die Natur ist befreit von ihrem Los des Objektseins, frei für die Objektivität wissenschaftlicher Forschung.

ERSTES BEFRAGEN DER NATUR

Wenn wir von dieser Gipfelhöhe herabsteigen dorthin, wo in Europa die ersten zaghaften, barfüßigen Schritte in Richtung auf eine Naturwissenschaft getan wurden, wird erst deutlich: in welch mühsamem Weg, auf welch geröllreichem Boden, bei welch schneidendem Gegenwind sie unternommen werden mußten. Sie konnten nur im Ausbrechen des Verstandes vor sich gehen aus dem festummauerten Gefängnis in die lockende Freiheit einer natürlichen Zuwendung zur Natur, in ein Gelände, auf dem alles unbekannt war, zu einer Zeit, als noch kein Pfad gebahnt, für das kein Schuhwerk und kein Werkzeug geschaffen waren und noch ungewiß das Ziel und der Weg, der zu ihm führen könnte.

Wir werden Zeugen der ersten tastenden Schritte. Und es ist ein Protest, der sie beflügelt. Er richtet sich zunächst, noch bevor Aristoteles das große Sagen hat, gegen den Wunderglauben, der seinen übernatürlichen Nebel über alle Dinge gebreitet hat. Bevorzugtes Objekt ist die Schöpfungsgeschichte zu Beginn des 1. Buches Mosis in der Gestalt, in der Kirchenlehrer wie der hl. Isidor von Sevilla das Sechstagewerk des Schöpfers dem Abendland mundgerecht gemacht hatten. In einer Form, in der sich biblische Offenbarung, symbolische oder allegorische Interpretation mit Rationalem mischte. Stein des Anstoßes werden immer erneut die Verse 6 und 7 der Genesis, Kapitel 1:

»Und Gott sprach: Es werde eine Veste zwischen den Wassern, welche die Wasser voneinander scheidet. Da machte Gott die Veste und trennte die Wasser unterhalb der Veste von den Wassern oberhalb der Veste.«

Was hatte der Bischof von Sevilla daraus gemacht? Daß ein wassererfüllter Himmel sich oberhalb des Firmanents befindet und oberhalb seiner sich mit hoher Geschwindigkeit drehenden Himmelssphären, ist für ihn unbezweifelbar. Aber wie können sich diese Wasser dort halten, zumal die Drehung sie noch weiter ausbreiten mußte? Isidor hatte für eine physikalische Erscheinung die für den gläubigen Christen einzig mögliche Erklärung gefunden: ein Wundereingriff der göttlichen Allmacht. Die Lösung ist ebenso einfach wie vollkommen:

»Derjenige, der alles aus dem Nichts schaffen konnte, konnte er nicht diese Wasser am Himmel befestigen, indem er ihm die Festigkeit des Eisens verlieh? – Die Schwierigkeit läßt sich durch die göttliche Allmacht lösen: Die Wasser werden an ihrem Ort durch den Willen Gottes zurückgehalten, wobei er sich eines Verfahrens bedient, das den Menschen unbekannt ist.«[36]

Da melden sich drei Stimmen, die dieses Bibelwort auf neue, eigene Weise zu interpretieren suchen. Und wir erleben mit, wie sie an die Stelle von reinen Offenbarungswahrheiten Vernunfteinsichten und, wenn auch in noch bescheidenem Maße, Erfahrungswissen einsetzen.

Kurze Zeit nach Eriugena schreibt ein Unbekannter, der ebenso wie der Pseudo-Dionysius mit dem Namen einer angesehenen Persönlichkeit hofft, Aufmerksamkeit zu erregen. Er schmückt sein Traktat »Von der Verfassung der himmlischen und der irdischen Welt« mit dem klangvollen Namen des berühmten Engländers Beda Venerabilis, des Verehrungswürdigen, der um 700 wie eine Säule der Gelehrsamkeit in England aufragte.[37] In diesem Werk des Pseudo-Beda herrscht eine andere Luft. An die Stelle symbolischer und allegorischer Interpretationen, Berufung auf die Schrift und einfacher Glaubensbekundungen sind klare, natürliche Erklärungen getreten, die sich auf Vernunft und beobachtete Erfahrung stützen. Wo der Pseudo-Beda sich den Schöpfungssatz der Genesis vornimmt, schlägt er drei physikalische Hypothesen vor. Zweifel an der Offenbarung kommen ihm indes nicht. Beachtenswert ist seine erste Lösung: Diese Wasser drehen sich mit so großer Geschwindigkeit, daß sie gar nicht fallen können, wie jeder feststellen könne, der mit einem vollen Gefäß experimentiere. »Je schneller die Bewegung der Umdrehung, die die Hand dem Gefäß verleiht, um so weniger kann es von dem Wasser verlieren, das es enthält.« Diese Beobachtung ist bereits in Griechenland gemacht worden, aber es ist fraglich, ob dem Pseudo-Beda eine entsprechende Schrift zugänglich war.

Auch für seine zweite Hypothese beruft er sich auf natürliche Ursachen. Sie »besteht darin, den Fall zu setzen, daß die Wasser oberhalb des Himmels in der Form von Dampf bleiben, ähnlich den Wolken, die wir dort oben schweben sehen«. Und schließlich: »Nimm an, daß durch die Entfernung von der Sonne, welche die Hauptquelle der Wärme ist, der wäßrige Teil des Himmels gefroren ist und fest zusammenhängt.«[38]

Derselbe Bibeltext hat zwei zu gleicher Zeit lebende Männer zu eigenen Stellungnahmen herausgefordert. Sie sind auf demselben, vom Pseudo-Beda eingeschlagenen Wege schon ein bedeutendes Stück vorangekommen: Der Normanne Wilhelm von Conches (1080–1154), Schüler Bernhards von Chartres, des Vorstehers der Philosophenschule dortselbst, der 1122 eine eigene Schule in Paris eröffnet und über zwanzig Jahre leitet, und der aus Rittergeschlecht stammende Thierry von Chartres (gest. 1155), ein jüngerer Bruder Bernhards und Naturphilosoph von hohen Gnaden, dessen Schriften auch in der Bibliothek des Nikolaus von Kues stehen und dessen geometrische Symbolik deutliche Spuren in seiner »Wissenden Unwissenheit« hinterlassen hat.

An der Lehre der Bibel von den Wassern oberhalb und unterhalb des Firmaments haben sich immer wieder die Geister gerieben und voneinander geschieden. Hören wir Wilhelm von Conches:

»Gewisse Personen behaupten, über dem Äther befinde sich gefrorenes Wasser, das sich unseren Augen als Schicht darstelle, über der sich die wirklichen Wasser befänden; sie zitieren, um ihre

Meinung zu stärken, die Hl. Schrift. Aber wir werden zeigen, daß dies *im Widerspruch zur Vernunft* ist und infolgedessen nicht sein kann. Wir werden auch zeigen, wie jene Verse in der Hl. Schrift verstanden werden müssen. Wenn es an jenem Ort gefrorenes Wasser gäbe, würde dies eine gewichtige und folgenschwere Sache sein. Aber der Ort des Schweren ist die Erde. Außerdem, wenn sich in dieser Gegend gefrorene Wasser befänden, wären sie ja dem Feuer benachbart, und es könnte sie folglich nicht geben. Denn wenn sie dem Feuer benachbart wären, das heiß und trokken ist, während gefrorenes Wasser kalt und feucht ist, fänden sie sich unmittelbar an ihrem Gegensatz, so daß es zwischen ihnen keine Verbindung, nur Kampf gäbe. Genauer: das Wasser würde seine Festigkeit verlieren, oder besser: es löschte das Feuer aus. Wenn aber Feuer und Firmament fortbestünden, könnte es dem gefrorenen Wasser nicht benachbart sein, und es müßte etwas zwischen Feuer und Wasser geben. Aber was sollte das sein? Ein Element? Aber keins der Elemente findet sich oberhalb des Feuers. Ein sichtbarer Körper? Aber wieso sieht man ihn nicht? Es bleibt dabei, daß es in dieser Gegend gar kein gefrorenes Wasser gibt!... Ich weiß wohl, was sie (die Theologen) sagen: ›Wir wissen nicht, wie es wirklich ist, aber wir wissen, daß Gott es so machen *kann.*‹ Die Erbärmlichen! Was ist elender, als tatsächlich zu sagen: Gott kann eine Sache machen, und nicht feststellen zu können, daß diese Sache überhaupt existiert, keine Beweisgründe seiner Existenz zu besitzen, noch einen nützlichen Zweck im Hinblick darauf zu zeigen, daß sie sein wird!...

In der Tat, Gott macht nicht alles, was er kann – um mit einem Bauern zu sprechen, er könne aus einem Baumstumpf ein Kalb machen. Hat er das jemals getan? –

Daß sie doch die Ursache aufzeigten, aus der es kommt, wie sie behaupten. Oder besser: daß sie aufhörten zu urteilen, daß es so ist.

Und übrigens: wenn es schon kein gefrorenes Wasser in dieser Gegend gibt, wird es kein anderes Wasser dort geben.«[39]

»In dem Bibelvers: »Er hat die Wasser geteilt, die sich unter der Veste des Himmels befinden, von denen, die sich darüber befinden«, deutet Wilhelm das Wort »Veste« als Luft, die sich über den Wassern auf der Erde, aber unterhalb des Wassers in Form von Wolken ausbreitet.

Doch was Wilhelm von Conches noch mehr beschäftigt, nein, was ihn tief erregt, das ist die Sucht, »glauben zu wollen, ohne zu verstehen«, was natürlicher, physikalischer Erklärung bedürftig wäre. Geistliche haben ihn deshalb schon mehrfach vermahnt. Das aber nimmt ihm keinesfalls den Mut, sich zur Wehr zu setzen. Und hier reißt er den ganzen Widerspruch auf zwischen Glaubenswahrheit und Naturwahrheit:

»Während in der Schrift gesagt wird, *daß* eine Sache geschaffen sei, und wir erklären, *wie* sie beschaffen ist – worin widerspricht unsere Sprache der Schrift? Wenn ein Weiser mir sagt, *daß* ein Ding geschaffen ist, und wenn ein anderer, indem er das gleiche behauptet, es mir *erklärt,* welchen Widerspruch gibt es zwischen ihnen?

Aber jene wissen nichts von den Kräften der Natur. Sie wollen, daß alle anderen an ihre Unwissenheit gebunden bleiben. Sie wollen uns das Recht bestreiten, nach den Ursachen zu suchen, und uns dazu verdammen, wie dumme Bauernlümmel in einem Glauben ohne Verstand zu verharren...

Wir fordern, bei allem nach den Ursachen zu suchen. Doch wenn die Ursache einer Sache uns entschlüpft von dem, das die Schrift behauptet, so sollen wir uns dem Heiligen Geist anvertrauen und dem Glauben.

Wenn sie aber wissen, daß einer forscht, schreien sie, er sei ein Ketzer.«[40]

Der Geruch der Ketzerei, die scholastische Theologen ihm anhängen wollen, weil er das Recht des Verstandes beansprucht, die Behauptungen der Autoritäten zu analysieren und zu prüfen, weht bis in seine Schrift mit dem allein schon verdächtigen Titel »Von der Philosophie über die Welt« hinein, wenn er sich über ihre Autoritätshörigkeit zur Wehr setzt:

»Wenn sie etwas finden, das nicht schon irgendwo geschrieben steht, verlangen sie, daß man mich der Häresie beschuldigt. Nicht deshalb, weil ein Satz bis jetzt nicht geschrieben wurde, ist er eine

Ketzerei, sondern in Wahrheit, weil er gegen den Glauben geht.«[41]

Demgegenüber trennt er als erster klar die Position des Philosophen von der des Physikers:

»Für den Physiker zeigt die Philosophie die notwendigen Voraussetzungen. Der Physiker nimmt sich die möglichen Erklärungen vor. – Als Philosoph stellen wir fest, was notwendig ist, als Physiker, was wahrscheinlich ist, aber nicht notwendig.«

Im Hinblick auf die Sternkunde unterscheidet er drei Methoden, durch die dieselbe Frage erörtert werden kann: die mythische, die astrologische und die astronomische.

»Einige sprechen von den Sternen auf mythische Art, wenn sie erzählen, daß der Stier, mit dem Jupiter Europa entwendet hat, in ein Sternbild des Tierkreises verwandelt wurde, und die anderen Zeichen entsprechend behandeln. Diese Art, über die Dinge des Himmels zu handeln, ist legitim – ohne sie wüßten wir weder, in welchem Teil des Himmels sich ein bestimmter Tierkreis befindet, noch wieviel Sterne er umschließt, noch wie sie angeordnet sind.«[42]

Und dann zeigt sich, daß dieser klare Kopf, was in seiner Zeit ungewöhnlich ist, scharf zwischen Astrologie und Astronomie zu unterscheiden weiß:

»Eine Frage nach astrologischer Methode behandeln, heißt sagen, was in den Himmelskörpern zu sein scheint, *ob diese Erscheinungen nun mit dem übereinstimmen, was ist, oder nicht;* viele Dinge scheinen dort zu sein, weil der Blick uns trügt. Eine Frage nach astronomischer Methode behandeln, heißt, sagen, *welche Dinge in Wirklichkeit sind, ob sie erscheinen oder nicht.* «[43]

Nach Wilhelm von Conches erfaßt der Astronom wie der Philosoph die *Tatsachen* und *formuliert ihre Gesetze, die notwendigerweise von der Natur der Dinge selbst* herrühren. Der Physiker – der zu jener Zeit ganz von der griechischen Elementenlehre beherrscht ist – sagt nur Wahrscheinlichkeiten aus. Der Astrologe sagt nur Scheinhaftes.[44]

Die Aufgabe, die Genesis physikalisch zu erklären, stellt sich auch Thierry von Chartres, und er löst sie auf geniale Weise. Er ist ein Studiengenosse Wilhelm von Conchems, und nach dem Tod seines Bruders Bernhard treibt es ihn, sein Lehramt in Chartres an den Nagel zu hängen und wie Wilhelm nach Paris zu gehen, wo er zu den berühmtesten Magistern zählt. Sein »Werkchen über das Werk der sechs Tage« beginnt er mit seiner klaren, knappen Absichtserklärung:

»Ich schlage vor, den ersten Teil der Genesis *der Physik gemäß* darzulegen... Ich werde damit anfangen, indem ich einige Worte sage, welches die Absicht des Verfassers (Moses) war und welches der Nutzen des Buches. Ich werde darauf zur Darstellung des Textes in seinem geschichtlichen Sinn kommen, so daß ich absolut die *allegorische und moralische Interpretation vermeide,* welche die heiligen Kommentatoren ausführlich zu verfolgen pflegen.«

Darauf entwirft er in großen Zügen die Entstehung des Universums aus rein physikalischen Ursachen, und zwar auf Grund *eines einzigen Prinzips:* des Feuers (so wie die moderne Physik auf Grund der Energie). Mit der Schöpfung der Materie, der Elemente, beginnt ein gewaltiges Spiel der Kräfte *aus sich selbst.* Mit dem Augenblick der Schöpfung hebt das Feuer an, sich selbständig um sich selbst zu drehen. Und im Rhythmus von sechs Umdrehungen des Feuers, die sechs Tagen, sechs Schöpfungstagen entsprechen, vollzieht sich das große kosmische Werden – *ohne Eingriff eines jenseitigen Gottes, aus seiner eigenen Kraft, seiner eigenen Energie, aus seiner eigenen Bewegung.* Das Feuer allein wirkt alles kraft seiner zwei Eigenschaften: Licht und Wärme. Das Licht durchdringt die reine Luft, ohne sie zu erhitzen. Erst wenn es auf etwas Festes, auf Wasser oder Erde trifft, teilt es ihm seine Wärme mit.

»Und indem es das Wasser erwärmt, zerteilt die Hitze es in ganz winzige Tröpfchen, und durch seine Bewegung erhebt es diese Tröpfchen über die Luft. Wie sich dies im Dampf eines Wasserkessels zeigt, so wird es ebenso durch die Wolken am Himmel bewiesen. Die Wolke und der Dampf sind nichts anderes als eine Verbindung sehr feiner Wassertröpfchen, durch ihre Wärme in die Luft emporgestiegen.

Wird die Kraft der Hitze stärker, so geht diese ganze Tröpfchenaussammlung ganz über in den Zustand reiner Luft.

Schwächt sie sich ab, so schlagen sich diese sehr winzigen Tröpfchen nieder und werden zu dicken Tropfen – das ist der Regen. Finden die sehr feinen Tröpfchen sich durch den Wind zusammengepreßt, ist das der Hagel.

Indem die Wärme einen Teil des Wassers in Form des Dampfes über die Luft emporhebt, hatte sie die Masse des flüssigen Wassers (auf der Erde) vermindert. Die feste Erde besitzt nun nicht mehr eine ununterbrochene Oberfläche, sondern einzelne Inseln. Ebenso wie wenn ein Regenguß sich auf einer Tischplatte ausbreitet und man Feuer der Oberfläche des Wassers nähert und es dazu kommt, daß die Hitze in der flüssigen Schicht die Wasserdichte verringert. Das Wasser aber zieht sich wieder zusammen. Es sammelt sich in bestimmten Regionen. Man sieht Flecken erscheinen, die von der trocknenden Oberfläche des Tisches gebildet werden. – Ebenso hat die Luft zwischen den oberen Wassern und den unteren Wassern, von einer starken Hitze bewegt, die feste Erde in eine Anzahl von Inseln zerschnitten.

Dadurch aber, daß die Wärme die Luft mit der Feuchtigkeit einer Erde mischt, die das Wasser kaum verlassen hat – durch diese beiden Kräfte, sage ich, hat die Erde die Fähigkeit empfangen, Gräser und Bäume sprießen zu lassen…«[45]

Schon nachdem das Firmament seinen Ort gefunden hat, bildet sich durch die höchste Hitzekonzentration eine Zusammenziehung der Wasser, die sich angehäuft haben, und aus ihm die Sterne. Erst nachdem die Wärme einen Grad erreicht hat, der Leben möglich macht, bringt sie im Wasser Fische und Wassertiere und in der Luft Vögel hervor, bis endlich die Lebenswärme Tiere und Menschen erzeugt.

Gegenüber dem statischen Schöpfungsakt der Bibel, gegenüber dem unbewegten Seienden griechischer, statisch-räumlicher Kosmologie ist die Weltentstehung bei Thierry von Chartres voller innerer Dynamik, wie sie bei Eriugena mächtig durchbrach. Ja, alles Seiende ist durch Bewegung, durch ein Spiel natürlicher Kräfte entstanden, die in der »Materie« selbst liegen, hierin ganz dem großen Schotten gemäß. Nachdem Gott die Materie geschaffen hat, ist es allein die Rotation des »Feuers«, die Werden, Leben, Entwicklung in Gang setzt und einen Kosmos schafft als ein zeitliches, unaufhörliches Geschehen. »Weder Descartes noch Laplace«, erklärt der Franzose Duhem, »übertreffen diesen kühnen Rationalismus des Thierry; sie werden, damit die Welt sich organisieren könne, eine Gabe beanspruchen, die der Meister von Chartres nicht forderte; sie werden nicht allein Materie verlangen, sondern auch Bewegung fordern. Erst Kant wird die Rolle des Schöpfers auf den Grad zurückführen, auf den Thierry sie beschränkte.«[46]

Es ist unübersehbar, und der Argwohn der Geistlichkeit, die erregten kirchlichen Maßregelungen und die beginnenden Prozesse sind deutlichste Zeichen: Etwas Neues, eine Blickwendung von beunruhigendem Ausmaß hat eingesetzt. Seit der schottische Hofgelehrte die Vernunft aufgerufen hatte, den Dingen der Natur unmittelbar nachzuspüren und nicht davon abzulassen, war eine gefährliche Sucht ausgebrochen, *verstehen zu wollen statt zu glauben.* Seit der Ketzerei Eriugenas treten andere und immer mehr in seine Fußstapfen. Man begnügt sich nicht mehr damit, zu glauben, weil Gott allein es schon wissen wird und auf Grund seines Wollens kraft seiner Allmacht alles machen kann, was er will. Es genügt nicht mehr, dem »ungeübten kindlichen Sinn mit biblischen Allegorien und Bildern zu Hilfe zu kommen, um ihn zur Nahrung des Glaubens wenigstens mit Milch abzuspeisen« – man verlangt endlich nach »Speise«. Im Gegenteil, die Bibel gibt den Anstoß zu neuer Anstrengung.

Man nimmt nicht mehr hin, wenn jemand sagt, *daß* es so geschaffen ist und welche moralische Nutzanwendung dem zukommt – man will wissen, *wie* es beschaffen ist. Man fragt nach den Ursachen und sucht nach natürlichen Erklärungen. Allgemeine Richterin ist die Vernunft, unterstützt von der an Beobachtungen gewonnenen Erfahrung. Denn diese Beobachtungen haben nicht nur für den täglichen Alltag Bedeutung: der *Wasserkessel* wird zum *Modell für kosmische Vorgänge!* Am verdunsteten Tropfen auf der Tischplatte läßt sich ablesen, was mit der Erdkruste geschah! Das in der kreisend geschwungenen Flasche nach außen geschleuderte Wasser belehrt über die Rotation flüssiger Stoffe! Bloße Beobachtung wird zur Erfahrung.

Die Ursachen des unaufhörlichen Geschehens werden nicht in einer Überwelt oder in übernatürlichen Eingriffen Gottes oder höherer Intelligenzen gesucht. Sondern *in der Natur* selbst entdeckt, die einen *einheitlichen Wirkzusammenhang zwischen irdischem und kosmischem Geschehen* bildet! *In* sich selbst enthält sie Kräfte der Bewegung und des Werdens und bedarf der Wunder nicht – ihre Wunderbarkeit ist Selbstoffenbarung ihres göttlichen Grundes! Ein ganz neuer Klang kommt in die Sprache dieser von der Einheit und Wunderbarkeit der Natur Ergriffenen. Die »Physik«, die Thierry darlegt, so sagt er selbst, hat Sinn und Nutzen darin, »Gott durch seine Werke zu erkennen«.

Wie der Dichter fragte:

»Wer saget mir die Art und Weise,
wie Natur wirkt natürlich Ding?«

und sich selbst antwortete:

»Natur ist so fest,
daß Gott *in ihr* sein Wesen treibt.
Was die Himmel geheimnisvoll umschließen,
das alles hat Natur aus sich hervorgebracht.«[47]

So erblickt der deutsche Eriugena-Schüler Honorius von Regensburg in der Natur selbst das neue Feld des menschlichen Geistes für die Erkenntnis des Göttlichen:

»Es ist die Natur der Dinge, die uns erleuchtet über die Art und Weise, in der das Universum gebaut ist.«[48]

Dieses Universum, das er im europäischen Protest gegen den herrschenden Dualismus wie sein Meister Eriugena und wie dreihundert Jahre später der Cusaner als eine alle inneren Gegensätze umfassende Einheit bewundert:

»Die Natur der Dinge fordert, daß alles Zwiespältige im Universum von sich aus durch Gegensatz und Ähnlichkeit den Einklang herstelle.«[49]

Worauf es ankommt, ist, dies klar zu sehen: Die Zuwendung zur Natur ist nicht etwa eine bloße Blickschwenkung von einem Objekt zum anderen, von Gott fort zur Natur, zur bloßen »Welt« als seinem Widerpart. Die Natur ist für sie alle vom Göttlichen durchdrungen und von göttlicher Art, *Wesens*einheit von Gott und Natur. Diese Zuwendung zur Natur entsteht aus dem eigentümlich europäischen Protest, der aus einem *religiösen* Denken stammt, wenn auch *aus einer anderen Religiosität* als der christlichen. Gerade dies – das spüren die aufgeschreckten Vertreter der Kirche mit feiner Witterung – macht sie ja so verdammenswürdig. So gefährlich.

Nichts bezeichnet diesen Zusammenhang der werdenden Naturerkenntnis als eines religiös begründeten Befragens der Natur, das als Konkurrenz für das Christentum und darum als »Ketzerei« betrachtet wurde, als die Antwort Wilhelms von Conches auf die Ketzeranklage der Geistlichen. Als sie ihm vorhalten, er habe sich in der Bibel Auskunft über den Ursprung des Menschen zu holen, erwidert er:

»Den *Urgrund der Dinge* suchen und die *Gesetze ihrer Entstehung,* das ist die große Aufgabe des Gläubigen, die wir in brüderlicher Zusammenarbeit unserer Neugierde unternehmen müssen.«[50]

Auch ihm – wie seinem Freund und Kollegen Gilbert von Porrée, einem der bedeutendsten Lehrer an der Schule von Chartres und Bischof von Poitiers, der das Zusammenfallen von Seinsgrund und Dasein in Gott, dem göttlichen Urgrund der Natur lehrt – bringt sein freier, von Eriugena beeinflußter Standpunkt eine Klage wegen Ketzerei ein. Warum? Weil er an die Erschaffung des Menschen aus einem Erdenkloß unmöglich »glauben« konnte.

WASSER AUF DIE MÜHLEN DER WISSENSCHAFT

»Die Astronomie, die Grundlage der Wissenschaft, wem würde ich sie lieber überreichen als dir, der du in unserer Zeit der vornehmste Anker der zweiten Philosophie (des Quadriviums, der Freien Künste) bist, denn sie stützt unerschütterlich die hin und her wankenden Studien durch alle Arten von Stürmen«, liest im Jahre 1144 in Chartres der schon betagte Meister Thierry in einem Brief, der den Weg von Spanien her über die Pyrenäen zu der Stätte der Weisheit an den Ufern der Eure, nur 75 km von Paris entfernt, zurückgelegt hat. Dem Schreibem ist ein dickes Manuskript beigefügt. Und weiter heißt es:

»Ich will dir die Voraussetzungen der Astronomie an die Hand geben, dir, der du der unvergleichliche Vater der lateinischen Studien bist. Ich könnte dir nichts Besseres anbieten und wüßte nichts, was dir willkommener sein könnte. Ich möchte, daß man durch dich erfährt, welches Dünkels man sich strafbar gemacht hat, nämlich diejenigen, die sich herausgenommen haben, die Wissenschaft der Astronomie zu betreiben, ohne überhaupt die Anfangsgründe gelernt zu haben. Schließlich wünschte ich, daß diese Arbeit meines Mitbruders Robert von Rétines, der den Lateinern den Schlüssel zur Wissenschaft des Himmels anbietet, durch deine heilige Autorität bestätigt werde, bevor sie in die Hände der Neugierigen gerät.«[51]

Wer ist der Absender dieses Briefes und der Verfasser der umfangreichen Schrift? Der Briefschreiber nennt sich Hermann der Schwabe oder der Dalmate; zur Unterscheidung von einem anderen Hermann, den wir noch kennenlernen werden, als der Zweite bezeichnet. Hermann II. hat seine Bildung und sein Wissen an der Schule von Chartres geschöpft als Schüler des von ihm hochverehrten Thierry. Zur Zeit unternimmt er mit seinem aus Brügge stammenden Freund Robert von Rétines, der ihn seit ihren gemeinsamen Studien in Chartres begleitet, lange Reisen durch dieses an Geheimnissen reiche Spanien, das sie beide dermaßen fesselt, daß sie nicht mehr von ihm loskommen.

Dort, »an den Ufern des Ebro« hat der Abt von Cluny, Peter der Ehrwürdige, wie er berichtet, die Freunde getroffen: Die »beiden sehr feinen und sehr belesenen Männer« seien in zwei Sprachen geübt und befaßten sich mit Übersetzungen aus dem Arabischen ins Lateinische und mit eigenen Schriften. »Ich habe mich«, erzählt der in so enger Nachbarschaft mit dem Herrschaftsgebiet des Islams wirkende Abt von Cluny in dem Vorwort seines Traktats »Gegen Sekten und Ketzer der Sarazenen« –

»an Männer gewandt, die die arabische Sprache beherrschten,

und ich habe sie durch meine Bitten und Geschenke überredet, den Koran zu übersetzen. Diesen Christen habe ich einen Sarazenen beigegeben mit dem Namen Mohammed und Peter Abu Daud, einen Juden aus Toledo. Dort haben sie die Bibliothek dieser barbarischen Rasse durchstöbert und zum Gebrauch der Lateiner einen dicken Band herausgegeben. Das war das Jahr, als ich nach Spanien ging und eine Unterredung mit Alfons dem Siegreichen hatte, nämlich 1141.«

Toledo, die hochgebaute Sadt auf dem rotbraunen Felsen, umklammert von den Schluchten des Rio Tajo, hatte in der dreihundertfünfzig Jahre währenden arabischen Herrschaft eine große Blütezeit erlebt, eine Blüte der Baukunst und der Wissenschaften. Seit 1085, nachdem das Kalifat von Cordoba in mehrere kleine Königreiche zerfallen und Toledo, die Hochburg arabischer Wissenschaft, dem christlichen König Alfons VI. von Kastilien, dem großen Bewunderer arabischer Lebensform und Bildung, der sich stolz »Beherrscher der Angehörigen beider Religionen« nennt und eine arabische Königstochter aus Sevilla zur Frau nimmt, in die Hände gefallen ist, gleicht die Tajostadt mit ihrem unzerstörten Bestand an arabischem Schrifttum einem Honigtopf, der wissensdurstige Christen aus aller Herren Länder wie Wespen anlockt.

In einer für das Zeitalter der schärfsten religiösen Gegensätze ganz ungewöhnlichen Teamarbeit von Christen, Arabern und Juden, wie sie auch das von Abt Peter von Cluny zusammengestellte Übersetzerquartett durchführt, werden in Toledo die unübersehbaren Geistesschätze der auf arabisch vorliegenden griechischen Werke sowie die selbständigen wissenschaftlichen Werke der Araber durch die 1125 von Erzbischof Raimund organisierte Übersetzerakademie für das lernbegierige Abendland bereitgestellt. Und Cluny ist es, das zugleich die Mitra für die jetzt kastilisch und christlich gewordene Stadt vergibt.

Bei ihrem Stöbern in den reichbestückten arabischen Bibliotheken überall in den eroberten Gebieten sind Hermann und Robert fündig geworden. Nicht nur den Koran, das offenbarte Wort Allahs, bringen sie für Peter von Cluny ins Lateinische. Sie sind bald hier, bald dort und entfalten, selbst während Hermann II. in Leon als Lehrer, Robert in Pamplona als Diakon wirken, eine rastlose Übersetzertätigkeit. Sie übertragen vor allem astronomische und astrologische Schriften. Darunter befinden sich sowohl arabische Originalschriften als jene arabischen Übersetzungen aus dem Griechischen, die von islamischen Gelehrten in systematischer Suche aufgefunden waren und dank ihrer Rettung vor dem Vergessen auf diesem Wege dem Abendland bekannt werden.

Die Handschrift, die Hermann II. seinem verehrten Thierry von Chartres sendet, ist die Schrift des Ptolemäus, des im 2. nachchristlichen Jahrhundert lebenden Ägypters, der das griechische Wissen im Bereich der Astronomie und Astrologie zu einem geschlossenen Weltbild zusammenfaßte und durch eigene Gedanken und durch astronomische und geographische Tafeln ergänzte. Hierbei handelt es sich noch nicht um sein »Großes Werk«, das mit dem arabischen Artikel »al« versehen als »Almagest« die anerkannte, dogmatische Autorität des ganzen Mittelalters bis ins 17. Jahrhundert werden wird. Das Buch des Ptolemäus, das mit Hermanns Widmung zu Thierry gelangt, hatte der Araber Abu 'l-Kassim Maslama um das Jahr 1000 ins Arabische übersetzt und kommentiert; es handelt »Über die Planisphäre«, ein astronomisches Gerät zum Messen von Winkeln.

Doch mit welchen Schwierigkeiten haben die Übersetzer zu kämpfen! Man kennt sie: die Umsetzung von einer in die andere Sprache, zumal das semitische Arabisch und das indogermanische Latein einander in Bau und Bedeutung sich grundsätzlich unterscheiden, das Fehlen treffender Fachausdrücke bei den Gelehrten des Abendlandes, so daß oft die arabischen aushelfen müssen, der grundverschiedene Charakter arabischer und lateinischer Ausdrucksmittel, zumal wenn die Übersetzung über das Hebräische oder Kastilianische gehen muß.

»Du weißt«, stöhnt Hermann in einem Schreiben an den »untrennbaren Gefährten meiner Studien und einzigen Teilhaber meiner Arbeiten und Unternehmungen«, »wie schwer die Aufgabe ist, die darin besteht, diesen Fluß der Worte, der bei den Arabern Brauch ist, umzuformen in etwas, was lateinischer Art entspricht.« Um wieviel mehr stößt ihn, wie er bekennt, »die unerträgliche Weitschweifigkeit und Unmäßigkeit« ab, mit denen der zum Islam konvertierte persische Jude Abu Maschar – der für den Lateiner jetzt Albumassar heißt – seine Astrologie mit einem abstrusen Mischmasch, wahllos mit fremden Erkenntnissen zusammengerührt, serviert hatte. Sie sollte dem sterndeutersüchtigen und unkritischen Abendland zu einer Lieblingslektüre werden. Dafür entschädigte wenigstens die darin verirrte exakte Beschreibung von Ebbe und Flut, die für das lateinische Mittelalter klassisch wird.[52]

Noch ein anderer Lehrer von Chartres, Bernhard Silvestris, empfängt mehrere Produkte aus Hermanns und Roberts sprudelnder Übersetzertätigkeit. Einen Traktat des Abu 'l-Kassim Maslama über das Astrolab und andere Schriften, der Bernhard zu einem eigenen Werk anregt, »Experimentarius des Bernhard Silvestris«, in dem er die arabischen Autoren interpretiert. »Nicht, daß ich es erfunden habe«, setzt er ehrlich hinzu, er habe sich ganz an den arabischen Text gehalten.[53]

So wird Chartres in der Tat das früheste Sammelbecken für die ersten Vorboten der bald aus Spanien hoch heranrollenden Woge griechischer und arabischer Wissenschaft, die seit Anfang des 12. Jahrhunderts über das lernbegierige, unter versteinerten Dogmen ausgedörrte Abendland hingehen wird. Dies ist noch nicht die mächtige Flut, die mit den großen Werken der Aristoteles, Ptolemäus, Euklid, der Avicenna, Algazali und Averroes den aufnahmebereiten Boden düngen wird, oder der Rhases und Albucasis, der Geber, Alhazen, Alkindus, Alfarabius, Albiruni und unzähligen arabischen Ärzte und Experimentatoren, die Wasser auf die Mühlen der europäischen Wissenschaft gießen werden. Die Übersetzertätigkeit in Spanien steckt noch in ihren Anfängen, Gerhard von Cremona beginnt erst in zehn Jahren in Toledo in Kaiser Friedrich I. Barbarossas Auftrag mit der Übersetzung des »Almagest« und siebzig weiterer großer arabischer Werke in die Gelehrtensprache des Abendlandes.

Das heißt nicht, daß nicht schon aus Salerno und Sizilien erste Früchte der arabischen Medizin über die Alpen importiert werden. Das leidenschaftliche Interesse erregen aber zur Zeit die vielen nützlichen und sehr begehrten Produkte technischen Erfindergeistes der Glaubensfeinde und ihrer handwerklichen Kunstfertigkeit wie Uhren und Meßgeräte aller Art, Mühlen, Hebegeräte und astronomische, physikalische und medizinische Instrumente. Hier staunend aufgenommen als Werkzeuge einer ersten Anstrengung zur Naturerfassung durch den Menschen, der sich selbst als Werk und Werkzeug Gottes und der Natur begreift. Bevorzugtes Meßinstrument in Chartres, Reims und Köln ist das Astrolab.

Warum aber vor allem in Chartres?

OASEN NATURZUGEWANDTER STUDIEN

Mit der Gründung der Schule von Chartres hatte Fulbert (gest. 1028) im Jahr 990 einer abseits vom kirchlichen Dogma angesiedelten Philosophie eine Heimstätte geschaffen. Hier galten seitdem auch Nichtgeistliche als Organe der Offenbarung. Hier herrschte nicht unbeschränkt und absolutistisch eine Theologie, der alle Philosophie untertan wäre, der alles weltliche Wissen zu dienen hätte. Wie hatte Hermann II. an Thierry von Chartres schreiben können? »Die Astronomie, die Grundlage der Wissenschaft...« Hier hatte sie ihr eigenes Gewicht, ja weiterreichende Bedeutung, sie war selbst ein Weg zur Gotteserkenntnis. Als der Schwabe seine Lehrer und Studiengenossen von Spanien aus so reich mit Auskünften über das Astrolab versieht, kommt er in Chartres einem längst vorhandenen Verlangen entgegen.

Denn seit ihrer Gründung ist die Schule von Chartres im Besitz der Handschrift eines gewissen Gerbert »Über den Nutzen des Astrolabs«. Als kostbares Dokument bewahrt Fulbert von Chartres dieses äußerst anrüchige Werkchen seines einstigen Lehrers, das zu allem auch noch mit arabischen Wörtern nur so gespickt ist.

Ein seltsames Schicksal hatte diesen Gerbert (gest. 1003) vom Findelkind an der Pforte des Klosters Aurillac in der Auvergne zum Freund Ottos des Großen und der Kaiserin Adelheid, zum Erzieher des französischen Thronfolgers, dessen Vater, Hugo

Capet, ein Neffe Kaiser Ottos I. war, zum Lehrer und Vertrauten Kaiser Ottos III. und mit kaiserlicher Unterstützung unter dem Namen Silvester II. im Jahr 999 zum Papst gemacht. Und selbst als Papst hatte er nie ganz den Geruch eines heidnischen Zauberers und Teufelanbeters von sich abstreifen können. Für einen Stellvertreter Gottes das Verdammungsurteil. In Rom sollte er mit seinem arabischen Teufelswerkzeug, dem Astrolabium, die Höhe der Sonne und ihre Tages- und Nachtbögen gemessen haben.

Die Geschichte dieses Mannes ist bezeichnend für den Abscheu und Schauder vor der Wissenschaft, mit dem die Kirche und ihre Geistlichkeit die Gläubigen verstört hatten und die nach weltlichem Wissen Strebenden warnten und abschreckten. Womit hatte Gerbert von Aurillac derart fatale Verdächte herausgefordert, ein unheimlicher Magier und Schwarzkünstler zu sein?

Durch wen anders als durch die Araber konnte er in sein unchristliches Treiben eingeweiht worden sein? Nächtlich floh er aus dem Kloster nach Spanien – berichtete die beredte Propaganda –, von der Absicht getrieben, beiden Sarazenen Zauberei und andere Künste zu studieren. Dort erlernte er die Beschwörung teuflischer Mächte aus der Hölle und, was an Schädlichem und Nützlichem die sträfliche Neugier von dort zutage fördert. Einem greisen Zauberer listete er ein peinlich gehütetes Buch der geheimen Magie ab und verpfändete dem Teufel seine Seele, auf daß der ihn vor der Rache des betrogenen Zauberers schütze.

Und worin bestand jenes »Zauberwerk«, das der größte Gelehrte seiner Generation den Feinden der Christenheit abgewonnen hatte?

Von einem Grafen Borell, dem der aufgeweckte Knabe bei einem Besuch im Kloster Aurillac, das ihn erzogen hatte, aufgefallen war, in die Spanische Mark geholt, hatte Gerbert sich unter der Anleitung des weltkundigen, erst kürzlich aus Cordoba von politischer Mission für den Grafen zurückgekehrten Bischofs Hatto von Vich mit der Mathematik und der Astronomie beschäftigt, wie der Bischof sie sich im Austausch über die Grenzen hinweg von arabischen Gelehrten und Büchern angeeignet hatte. Als erster Abendländer rechnet Gerbert mit den durch die Araber übernommenen indischen Zahlzeichen von 1 bis 9, ohne indes die in Spanien zur Zeit noch unbekannte Null, die erst ein volles Rechnen ermöglicht, zu kennen.[54] Er verfaßt eine Schrift »Über die Regel des Tafelrechnens«, in der er die fremdartigen Zeichen anstelle der römischen Zahlschrift ihre seltsame Rolle auf dem Rechenbrett spielen läßt – jene Ziffernschrift in westarabischer Gestalt, die später das Vorbild für unsere heutigen »arabischen Ziffern« lieferte.

Als Lehrer und späterer Erzbischof von Reims und von Ravenna verfaßt Gerbert eine Anzahl von Schriften über Mathematik und Astronomie, über Uhren und über Musik. Er behandelt in seiner Korrespondenz arithmetische und geometrische Probleme. Er schreibt über philosophische Fragen und zitiert einen großen Abschnitt aus Eriugenas IV. Buch, der »Einteilung der Natur«, ohne den Autor freilich zu nennen. Er beschwört – eine frühe Schwalbe, die in dieser winterlichen Erstarrung noch unmöglich einen Sommer bringen konnte – seine gelehrten Zeitgenossen, den scholastischen Fremdkram in die Ecke zu werfen. Dafür sollten sie sich lieber entschlossen an die sorgfältige Erforschung der Natur machen und zu dem Zweck auch mathematische Studien aufnehmen. Ein erster hoffnungsvoller Rufer in noch dunkler Nacht, gegen den man sich nur durch seine Dämonisierung helfen konnte.

Allein in Chartres lebt, gehütet durch seinen getreuen Schüler Fulbert, dieser weltoffene, über das engumzirkte Denken seiner Lehrzunft kräftig hinausgeschrittene Geist fort, der inspiriert war von dem weiten Atem der arabischen Welt, aber auch verwurzelt war in der religiösen Welt Eriugenas. Ein Faust des frühen Mittelalters, dessen in ungewöhnlichem Maße stupide Stubengelehrsamkeit sich nur aus einem Bund mit dem Teufel erklären konnte.

Auch als »Scholastikus von Reims«, wie Gerbert sich von 972–991 nennt, während er dort Schule hält, läßt er die Verbindung mit der Spanischen Mark und zu den von dort herübersprudelnden Quellen arabischer Wissenschaft nicht abreißen. 984

schreibt er an einen Lopez von Barcelona und bittet ihn, den von ihm übersetzten Traktat über arabische Astronomie nach Reims zu schicken. Hierauf fußend verfaßt er seine Abhandlung »Über den Nutzen des Astrolabs«, in dem er das Instrument beschreibt, das er selbst in Händen hält, wie er es von seinen Studien bei Bischof Hatto mitgebracht hat.

Dieser Traktat leitet eine hundert Jahre darauf immer dichter werdende Kette von Schriften über arabische astronomische Instrumente und Meßgeräte ein. Unter ihnen wird vor allem das Astrolab, mit dem sich der Auf- und Untergang der Gestirne, von Sonne und Mond im Handumdrehen berechnen läßt und das somit die Dienste einer ständig arbeitenden Taschenuhr versehen kann, zum heißbegehrten Souvenir der Spanienreisenden und auserlesener Liebling der abendländischen Sternkundigen.

»Ich würde dir gern mein Astrolab schicken«, schreibt Rudolf von Lüttich, ein besonders geliebter Schüler Fulberts von Chartres, an seinen ebenfalls in Chartres ausgebildeten, deutschen Freund Ragimbald nach Köln, »damit du darüber urteilen kannst, aber es dient mir als Modell. Wenn du wissen willst, was das ist, ein Astrolab, komm zur Messe des hl. Lambert! Du wirst es nicht bereuen. Es wird nützlich für dich sein, einfach ein Astrolab zu sehen.«[55]

Zwei andere Deutsche bereichern jetzt das Schrifttum über das Astrolabium, Ascelin der Deutsche aus Augsburg und Hermann der Gelähmte oder Hermannus Contractus (1013–1054).[56] Dieser Unglückliche ist der Sohn eines schwäbischen Grafen von Wolverad, der durch eine bei der Geburt erworbene Rückenmarkverletzung von Kindheit an derart gelähmt bleibt, daß er ohne Hilfe nicht imstande ist, seine Körperlage zu verändern, und nur mühsam verständlich sprechen kann. Als Siebenjährigen hat man den ständig an den Tragstuhl gefesselten Grafensohn in das Kloster auf der Reichenau gebracht, wo er noch sein einundvierzigstes Jahr erlebt.

Und merkwürdig genug: Gerade dieser schwer Körperbehinderte, der selbst nicht reisen kann, fängt wie eine Membran viele Schwingungen des arabischen Geistes auf. Als erster stellt er dem

Abendland die arabischen Quadranten, Sex- und Oktanten vor und die tragbare »Reisesonnenuhr« in Zylinderform. Waren es von arabischen Universitäten heimkehrende Studiosi, die auf der Reichenau Herberge gefunden und hier die merkwürdigen Instrumente und einen Schwall arabischer Redewendungen und Fachausdrücke hinterlassen hatten, mit denen die Weitgewanderten ihre Reden zu schmücken liebten? In Hermanns Büchern finden sie, meist verstümmelt und bis zur Unkenntlichkeit entstellt, ein bizarres Weiterleben. Oder waren arabische Manuskripte in seinem Besitz, deren Lektüre sich nicht nur in seinem buntgescheckten Wortschatz, sondern auch im Inhalt seiner eigenen, vielbenutzten Lehrbücher über den Abacus, das Rechenbrett, über praktisches Rechnen und über das Astrolab niedergeschlagen hat? In ihnen wimmelt es von arabischen Wörtern.

Wie es zur Abfassung seines Traktats über das Astrolab gekommen ist, hat ein unbekannter Kenner der Zusammenhänge auf ein Blatt der in Oxford liegenden Handschrift Hermanns des Lahmen notiert:

»Gerbert hat ein gewisses Buch über das Astrolabium verfaßt, das im vorliegenden Band im Anschluß an dieses folgt. Jenes Buch ist wirr bis zum Übermaß. Es lehrt nicht, wie man das Instrument herstellt, sondern nur die Kunst, sich seiner zu bedienen. Berengar jedoch, der das Buch gelesen hatte, kannte die Kunst, es zu bedienen, aber er verstand nicht, es zu konstruieren. Er bat daher seinen Freund Hermann, ihn die Konstruktion dieses Instruments zu lehren. Auf seine Bitte verfaßte Hermann das vorliegende Buch und setzte an die zweite Stelle das Buch Gerberts. Er schickte seiner Schrift ein Vorwort voraus, in dem er das Wohlwollen Berengars erfleht und auf seine eigene Ohnmacht anspielt[57].«

Mit folgender erschütternden Anrede, durch die der Galgenhumor der liebenswürdigen Geistes in jenem geschundenen Körper blitzt, widmet Hermann das Buch dem Freunde:

»Hermann, Fußsohle der Armen Christi, der Philosophie langsamer folgend als ein kleiner Esel, nein – richtiger: als eine Schnecke, an seinen lieben Berengar, ewiges Heil in dem Herrn.«

Ohne von der angeschlagenen Tonart abzugehen, fährt Hermann fort:

»Oft haben mich meine Freunde gebeten, zu versuchen, über Gerberts Messung mit dem Astrolab zu schreiben. Sein Buch befindet sich tatsächlich hier in den Händen der Unsrigen, aber es ist wirr und daher dunkel und oft verstümmelt. Sie hatten mich deshalb gebeten, etwas Klareres und Vollständigeres zu verfassen. Bis jetzt entzog ich mich dem, sei's wegen meiner Unkenntnis, sei's wegen meiner Trägheit, die ach meine vertraute Begleiterin ist. Aber endlich, vor allem durch deine drängenden Bitten angefeuert, habe ich es mit Genehmigung meiner Trägheit und Faulheit geschafft. Möge die Liebe meiner Freunde nachsichtig mit mir sein, der seinen kraftlosen Rücken nicht schont, sondern ihm gern so schwere Last aufbürdet. Empfange also die einfachen Maße dieses fraglichen Instruments, auf welche Weise ich sie auch beschrieben haben mag.«[58]

Auch sein Freund Berengar von Tours (999–1088) ist ein Schüler Fulberts von Chartres. Auch er wird noch zweimal, 1050 in Vercelli und 1059 in Rom, zusammen mit Eriugena als Ketzer angeklagt und verurteilt. Was noch nach 700 Jahren den Dichter des »Nathan«, Lessing, in Berengars Verteidigung zu jenem Wort hinreißen wird, das über vielen Kapiteln dieses Buches stehen könnte:

»Das Ding, was man Ketzer nennt, hat eine sehr gute Seite. Es ist ein Mensch, der mit seinen eigenen Augen wenigstens sehen wollte. Die Frage ist, ob es gute Augen gewesen, mit welchen er sehen wollte. Ja, in gewissen Jahrhunderten ist der Name Ketzer die größte Empfehlung, die von einem Gelehrten auf die Nachwelt gebracht werden konnte.«[59]

Der am weitesten herumgekommene Schüler von Chartres ist zweifellos der Engländer Athelhart von Bath (um 1090–nach 1160) aus der Nähe von Bristol im Südwesten Britanniens. Ihn treibt es, obwohl sein Lehrer ihm nahelegt, sich in Frankreich niederzulassen, auf die Reise durch die lockenden arabischen Länder, von der er erst nach sieben Jahren mit wissenschaftlicher

Ausbeute nach England zurückkehrt, die sich sehen lassen kann. Er hat sich nicht damit begnügt, als Zaungast der arabischen Welt von dem durch die Christen wiedereroberten Toledo aus ihre Hinterlassenschaft zu bestaunen und sie dem sich verschlafen die Augen reibenden Abendland als Morgengabe zu präsentieren. Hermann II. und Robert waren solche Zaungäste geblieben. Auch Gerbert hatte aller Legende zum Trotz Andalusien, den arabischen Teil Spaniens, nicht betreten.

Athelhart von Bath aber hat die märchenhafte Wunderwelt der angeblichen Teufelsanbeter, Zauberer und Totenbeschwörer mit eigenen Augen sehen wollen, die christlicher Glaubenshaß gerade in der anbrechenden Zeit der Kreuzzüge in den schwärzesten Farben gemalt hatte als Land der Menschenopfer für den von einer Legion von Teufeln bewachten goldenen Götzen Mahomet. Er hat im Lande selbst die arabische Sprache erlernt und sich von der sinnenberauschenden Schönheit dieses Paradieses der Dichter, Sänger, Baumeister, Stuckschnitzer und der Wissenschaftler gefangennehmen lassen, und er hat die Freiheit ihres Geistes geatmet.

Ihn zieht es, auch andere Länder dieser fremden Welt kennenzulernen. Er bereist Süditalien und Sizilien und den Osten bis Bagdad und Kleinasien. In Cordoba stößt er um 1120 auf eine arabische Ausgabe der »Elemente« des Euklid – er schickt sie, von ihm als erstem ins Lateinische gebracht, an Thierry von Chartres. Er findet und übersetzt das kleine Rechenbuch des al-Chwarismi, das als »Liber Algorizmi« das Abendland das praktische Rechnen mit den zehn indischen Ziffern und dem Stellenwertsystem lehrt,[60] wie der bedeutende Mathematiker es für seine arabischen Landsleute in ein klar verständliches, leichtanwendbares System gebracht hatte. Al-Chwarismis astronomisches Tafelwerk mit trigonometrischen Tabellen und einer theoretischen Astronomie geht in lateinischer Übersetzung und Bearbeitung durch Athelhart gleichfalls in Thierrys Besitz über.

Auf seiner Hin- und Rückreise macht Athelhart Station in Salerno, wo die berühmteste Medizinschule des Abendlandes – und das ist kein Zufall – unmittelbar vor den Toren der arabischen

Welt blüht. Wo Wilhelm der Eroberer, späterer König von England, von seiner Kriegsverletzung kuriert, bei der Rückkehr vom Kreuzzug und sein Sohn, der vor Jerusalem verwundete Graf Robert von der Normandie, mit seinen Gefährten einkehrt und das Beispiel gibt für die angeschlagene Creme der abendländischen Ritterschaft.

Ihr Ruf hat sich nicht nur im »Armen Heinrich« des Hartmann von Aue niedergeschlagen, ihn befestigt auch das Loblied des versgewandten deutschen Archipoeta, der noch ganz erfüllt von seinem Medizinstudium an der Ärzteschule am Golf von Paestum, in Köln seinem Gönner, dem Kanzler Reinald von Dassel, ihr überschwengliches Loblied singt:

»Jeder weiß es: unsterblich durch seinen Ruhm ist Salerno, der den gesamten Erdkreis, den Kranken zum Heile, umfließt! Ruhm auch gebührt – ich gesteh es – dem Unterricht in Salerno.«

Das jähe Aufblühen der angeblich von einem Griechen, einem Römer, einem Araber und einem Juden gegründeten Schule um die 80er Jahre des 11. Jahrhunderts hat seine Ursache in dem Wirken eines Mannes, dessen Leistung ihn in Salerno anfangs als einen der größten Mediziner aller Zeiten ausweist, die sich jedoch nach vierzig Jahren als ein Plagiat größten Stils herausstellt.[61] Das Abendland, das von dem großangelegten geistigen Diebstahl weder erfährt noch in der Lage ist, ihn zu entdecken oder seine Ausmaße zu beurteilen, wird ihn enthusiastisch als einen der Seinen feiern und sich nur zu gern an seinem Narrenseil führen lassen.

Konstantin von Afrika, lautet sein Steckbrief, um 1020 vielleicht als Christ in Karthago im heutigen Tunesien geboren. Als Reisender in Drogen und Arzneimitteln mit der arabischen Heilkunde in engster Berührung und an allen ihren Stätten zu Hause. Auf einer seiner Reisen gelangt er in das eben von den Normannen den Arabern abgewonnene Salerno und damit zum erstenmal auf den Boden der »Franken«. Beeindruckt von dem himmelweiten Abstand zwischen arabischer und abendländischer Heilkunde, sammelt er einige Semester an arabischen Ärzteschulen arabische Kenntnisse und in den Büchervierteln die wichtigsten arabischen Medizinwerke, mit denen unterm Arm er jetzt nach Salerno zurückkehrt. Im nahegelegenen Monte Cassino fließt ein Grundlagenwerk, ein Spezialwerk nach dem anderen aus seiner Feder: über Chirurgie, Harn- und Fieberlehre, Diätetik, Augenheilkunde, ein umfassendes Werk der »ganzen Kunst« der Medizin, ein originelles »Reisebuch Viaticum«. Welch ein Geist! Unglücklicher Zufall, daß ein Student von Salerno das Werk eines berühmten Arabers wiedererkennt, daß es einem Arzt aus Pisa, der ein arabisches Standardwerk übersetzt, Wort für Wort bekannt vorkommt!

Aber Dementis haben noch kürzere Beine als geschickte Lügen. Wer erfährt schon, daß der hochberühmte Konstantin von Afrika kein Meister war, sondern ein gerissener Händler, der der alten Ware durch neue Verpackung ein frisches Aussehen gegeben hatte? Als Athelhart von Bath Salerno, wo er selbst eifrig studiert, den Rücken kehrt, bringt er von dort mit zurück nach Frankreich und England die lateinischen »Traktate von Johannitius und Konstantin von Afrika, von denen Wilhelm von Conches eine so große Sache machte«.[62] Hier zeigt sich: »Johannitius«, mit arabischem Namen Hunain ben Ischak, ist bereits identifiziert, doch die – ungenannte – Schrift Konstantins segelt unter falscher Flagge durchs Mittelalter. Durch einen Schüler Wilhelms von Conches und Gilberts de la Porrée, laufen sie zusammen mit dem Araber Alpetragius, auf arabisch Al-Bitrudschi – und Ptolemäus bereits in eine Enzyklopädie »Über die Eigentümlichkeit der Dinge« ein, die, in alle Volkssprachen übersetzt, in unzähligen Auflagen abgeschrieben und gedruckt wurde.

Doch Athelhart von Bath begnügt sich nicht damit, griechischen und arabischen Werken Eingang in die gelehrte Welt des Abendlandes zu verschaffen. Er hat sein Wissen in eigenen Werken ausgebreitet: in »Fragen der Natur«, in »Die Regeln des Abacus«, einem Traktat über praktische Arithmetik, und in »Von Demselben und dem Verschiedenen«. Wie er hier dem Mit-sich-Identischen, Gott, das Verschiedene, die Natur, einander gegenüberstellt, so unterscheidet er die ihnen entsprechenden Wissenschaften der Philosophie, die das Identische an den Dingen betrachtet, und der Philocosmie, die das Besondere, Individuelle untersucht. Zur Philocosmie zählt er die Astronomie, die, wie er schreibt, »in der einen Hand die Alhidade hält – dies der arabische Name für den drehbaren Meßradius eines Winkelmeßinstruments mit Gradskala –, in der Linken das Astrolab«.

Doch abgesehen von solchen Oasen welt- und naturgewandter Studien, wie Chartres, die Reichenau, Salerno, Toledo sie darstellten – wo wagte sich in jener dogmatischen geistigen Enge ein Blick auf die Dinge selbst? Wo war es erlaubt, »mit eigenen Augen wenigstens sehen zu wollen«? Der soeben aus der Freiheit des arabischen Geisteslebens in die Heimat zurückgekehrte Athelhart von Bath lehnte sich enttäuscht und zornig auf gegen die Behinderer jeder Naturerkenntnis und ihre autoritäre Knebelung des Verstandes. Ein Stoßseufzer, den fünfzig Jahre nach ihm sein Landsmann, Roger Bacon, dem nicht nur der Geist, sondern auch der Leib gefesselt wurde, aus der Tiefe seiner Pein wörtlich wiederholte:

»Wenn wir versäumen würden, die wunderbare, vernünftige Schönheit des Universums, in dem wir wohnen, kennenzulernen, würden wir verdienen, aus ihm hinausgeworfen zu werden gleich einem Gast, der nicht in der Lage ist, das Heim zu würdigen, in dem man ihn empfängt.

Ich habe nämlich etwas von den arabischen Meistern über die Führung durch den Verstand gelernt. Du aber folgst dem Bild einer Autorität, wie gefesselt an einem Halfter... Wenn Tiere im Halfter irgendwohin geführt werden, dann können sie nicht unterscheiden, wohin und weshalb sie geführt werden, und sie folgen allein dem Strick, mit dem sie gehalten werden. So führt auch die Autorität der Schriften nicht wenige von euch, die ihr Gefesselte seid, durch eure tierische Leichtgläubigkeit.«[63]

All diese Stromstöße aus der arabischen Welt tragen dazu bei, die brisante Atmosphäre langsam weiter aufzuladen, bis der nun mächtig hereinströmende Brennstoff der arabischen Wissenschaft die Initialzündung bringen wird, die eine eigene, europäische Wissenschaft in Gang setzt.

INITIALZÜNDUNG DURCH DIE ARABISCHE WISSENSCHAFT

DIE GRUNDLEGENDE VERSCHIEDENHEIT GRIECHISCHER UND ARABISCHER WISSENSCHAFT

Wie gesagt: Sowohl griechische als arabische Werke werden seit Gerberts Zeiten etwa um 970 in Barcelona, seit Konstantin von Afrika um 1080 in Monte Cassino und Palermo und seit 1085 in Toledo, in großem Stil aber seit 1125 aus dem Arabischen in die Gelehrtensprache des Abendlandes gebracht. Wieso aus dem Arabischen?

In der Schule haben wir gelernt: Die Araber waren die Mittler des Griechenerbes. Ein Wort, das, obwohl zutreffend, durch seinen Anspruch auf Ausschließlichkeit des stets eingefügten »nichts als« Anlaß zur Verfälschung geschichtlicher Tatsachen gegeben hat.

Es ist wahr: Die Araber haben Europa das Erbe der Antike vermittelt, nachdem sie, was von dem Zerstörungswerk der Jahrhunderte und der christlichen Eiferer übriggeblieben war, in einer der größten systematisch durchgeführten Such- und Rettungsaktionen in der Geistesgeschichte[1] dem völligen Vergessen und Untergang entrissen haben. Die weitverstreuten und zum Teil schon morschen Papyri und Pergamente haben sie teils in der Jahrhundertarbeit besonderer, von den Kalifen in Bagdad eingerichteter Übersetzerakademien in sorgfältigen, nachträglich überprüften und verbesserten Übertragungen für den allgemeinen Gebrauch in der Umgangssprache zugänglich gemacht. Nicht nur für eine kleine geistige Elite über dem Volk. Teils sind sie durch einzelne nach Gutdünken in ein eher abenteuerliches Arabisch gebracht worden. Daß in jedem Fall die Umsetzung aus einer Sprache und Denkstruktur in eine ganz fremde, andersartige Sinnverzerrungen – wie Hermann II. einsah – niemals ausschließt, konnte zusätzlich die Korrektheit der Wiedergabe beeinträchtigen.

Dieses Erbe Griechenlands und teilweise auch Indiens lieferte die wichtigste Grundlage für die Entwicklung der arabischen Kultur, von unschätzbarer befruchtender Bedeutung für das Volk, das eben erst – in der ersten Hälfte des 7. Jahrhunderts – aus der

Wüste aufgebrochen war und ein Weltreich gegründet und das damit eine Gigantenlast auf seine Schultern geladen hatte.

Hier brachten die griechischen und die indischen Samen in vergleichsweise erstaunlich kurzer Zeit einen überwältigenden Ertrag, nachdem die griechische Hochkultur längst verdorrt war.

Woher dieser Reichtum des Wachsens und Blühens in der islamischen Welt innerhalb von ein, zwei Jahrhunderten? Hatten etwa die Römer oder die Perser, denen allen das gleiche Wissensgut verfügbar war, etwas Vergleichbares hervorgebracht? Hatte Byzanz die Hinterlassenschaft, zu der es doch sprachlich den Zugang besaß, auch nur genutzt? Hatten die christlichen Sekten Syriens und Mesopotamiens, die doch im Besitz der Erbschaft waren, das Überkommene wiederbelebt?

Kein anderes Volk fand sich, das schöpferisch weiterbaute. Durch Jahrhunderte schien es, als sollte die Geisteswelt der Antike endgültig untergegangen sein und für immer verschwunden wie die der Azteken und Majas. Jahrhundertelang beschränkten sich diejenigen, die das Erbe in Händen hielten, auf bescheidenste Pflege, wo sie es nicht in ihrem heiligen Glaubenseifer zerstörten und verbrannten. Wie in den wiederholten planmäßigen Vernichtungsaktionen mit Genehmigung und Wissen des byzantinischen Kaisers durch fanatische Christen in der Metropole des Hellenismus, in Alexandrien – lange bevor im Jahr 642 die Araber in Alexandrien einziehen, denen man die recht schlechte Legende der Bibliothekenzerstörung mit nachhaltigem Erfolg angehängt hat.

Im Gegenteil war es echt arabische Toleranz, die den Eroberer Ägyptens, den Feldherrn Amr, bewog, nicht nur jede Plünderung und weitere Zerstörung eroberter Städte zu verhindern, sondern in dem mit allen Unterworfenen geschlossenen Vertrag ausdrücklich die Ausübung ihrer angestammten Kultur zu garantieren. Um das Ausmaß dieser im Abendland unerhörten Toleranz zu erfassen, die das Folgende erst verständlich macht, mag hier das Muster dieser arabischen Friedensverträge im Wortlaut stehen:

»Dieser Vertrag schließt alle christlichen Untertanen, Priester, Mönche und Nonnen mit ein. Er bewilligt ihnen Sicherheit und

Schutz ihrer Kirchen, Wohnungen und Wallfahrtsplätze, sowie denen, die diese Plätze besuchen, den Georgiern, Abessiniern, Jakobiten, Nestorianern und allen, die den Propheten Jesus anerkennen. Alle verdienen Rücksicht, weil sie früherhin vom Propheten (Mohammed) mit einem Dokument beehrt wurden, worunter er sein Siegel drückte und worin er uns ermahnt, barmherzig zu sein und ihnen Sicherheit zu gewähren.«[2]

Unsere scheinbare Abweichung vom Thema führt jedoch geradenwegs zu ihm hin und zu unserer Frage nach dem ungewöhnlich raschen Aufschwung der islamischen Kultur zurück. Es war eben diese Toleranz,[3] welche die islamische Welt dafür aufschloß, bei ihrer Suche nach Wissen auch aus den heidnischen Quellen zu trinken. Hatte der Prophet sie nicht geradezu aufgefordert: »Empfange Wissen sogar von den Lippen eines Ungläubigen«? Während der Apostel Paulus die »Weisheitssuche der Heiden« verunglimpfte, Tertullian höhnte: »Welche Übereinstimmung findet sich denn zwischen der Akademie und der Kirche? Was hat Athen mit Jerusalem zu tun?« und Kirchenvater Augustin »die heidnische Neugier« als eine gefährliche Krankheit abtat, hatte Mohammed »den Gläubigen, sowohl Männern als Frauen«, das Streben nach Wissen geradezu als eine religiöse Pflicht auferlegt: »Suche Wissen von der Wiege bis zum Grabe«, hatte er gesagt, denn »wer nach Wissen strebt, betet Gott an«. Das Studium der Wissenschaft hat für ihn »den Wert des Fastens, die Lehre der Wissenschaft den Wert eines Gebets«. Erkenntnis der Schöpfung vermochte für ihn, den Araber, die Ehrfurcht vor dem Schöpfer nur zu vertiefen. Für ihn erleuchtete das Wissen die Straße des Glaubens – »auch wenn es aus China kommt«!

Zur Toleranz und zur Aufforderung des Propheten brachte der Islam aus sich eine dritte Quelle für dieses rasche Erblühen der Kultur bei. Denn die Araber waren eben nicht lediglich bienenfleißige Sammler, die verrottende Papyrus- und Pergamentrollen retteten, die den kostbaren, ererbten Wissensstoff in systematischen Suchaktionen und als Reparationszahlung bei Friedensschlüssen[4] zusammentrugen und schulmäßig in die Sprache des Korans übertrugen. Und nichts als das! Der neue Wissensfundus war kein Museumsschatz, noch galt er elitären Kreisen über dem Volk als Liebhaberei zur geistigen Befriedigung. Alle Gebiete, auf die ihre eigenen Bedürfnisse und Notwendigkeiten ihres religiösen und sozialen Lebens die Muslime wiesen, stellten ganz praktische Aufgaben: die Pflege des religiösen Kultes, die Einhaltung und Ausübung der religiösen Pflichten eines jeden einzelnen, die Hygiene und Gesundheitsführung im heißen Klima dazu in Städten von Hunderttausenden oder Millionen Einwohnern, die Verwaltung, Versorgung, Verteidigung, das Verkehrs- und Nachrichtenwesen, das Reisen durch Wüsten und über ferne Meere.

Den Koran in seiner Sprache sprechen und lesen zu können, war ohnehin für alle Gläubigen des weiten islamischen Reiches – und nur sie waren steuerfreie Vollbürger des Staates und daher erstrebenswertes Vorbild – selbstverständliches Gebot, das alle einigende Band und erste Grundlage aller Bildung. Schon die Ausübung der kultischen Pflichten erforderte, die täglichen fünf Gebetszeiten, den Fastenmonat und die religiösen Feste durch Messung des Standes der Sonne und des Mondes täglich neu zu errechnen, die astronomischen Meßinstrumente nicht nur zu konstruieren, eine geeignete Zahlschrift und anwendbare Rechenkunst zu entwickeln. Jeder Muezzin einer Moschee, jeder Reisende mußte imstande sein, mit den komplizierten Instrumenten umzugehen und an jedem beliebigen Ort des Weltreichs die Gebetszeiten und die Gebetsrichtung nach Mekka zu bestimmen. Im unendlichen Raum von Wüste und Meer, durch den die Handelskarawanen und Dhaus zogen, galt es mit ihrer Hilfe aus dem Firmament die Richtung zu lesen. In den Millionenstädten zumal im heißen Klima kam es darauf an, Ansteckungen und Seuchen zu verhindern, genügend viele und große Krankenhäuser zu bauen, Ärzte auszubilden und zu prüfen, die Lebensmittel einer Überwachung zu unterwerfen und Heilmittel bereitzustellen.

Dies nur ein unvollkommener Katalog arabischer Bedürfnisse, der nicht leere Idealforderungen enthält, sondern die tatsächliche Praxis arabischen Alltagslebens auffächert, wie der Koran als das religiöse und weltliche Gesetzbuch sie den Gläubigen abverlangt.

Und praktische Handhabung des Wissens war das Gebot der ersten Stunde – und blieb der ständig Impulse gebende Faktor des überraschenden Aufschwungs dieser Zivilisation auf allen Gebieten, weil sie einem Wesenszug der arabischen Denkart entspricht. Sie war auch der Motor arabischer Wissenschaft.

Und hier bereits wird deutlich: Eine Kluft tut sich auf zwischen arabischen und griechischen Wissenszielen und zwischen den Wegen, die zu ihnen führten.

Erachtete der freie Grieche die körperliche Arbeit – für die menschliche Arbeitskraft ohnehin reichlich und preiswert zu haben haben war – wie die Hand- und Feldarbeit des Bauern oder des Sklaven eines unabhängigen Geistes für unwürdig, galt ihm die praktische Anwendung der Erkenntnis als Entweihung des Denkens und Verunreinigung des hohen Ideals der Anschauung der reinen Ideen, so kommt sie gerade dem pragmatischen Realismus des Arabers entgegen. Und nur darum konnte er sie so vielfältig nutzen. Ja, hier liegt die Wurzel einer besonderen Art der Wissenszuwendung, aufgrund deren die Araber ihrerseits wissenschaftlich geschichtlich bedeutsam und von entscheidendem Einfluß auf das Abendland werden konnten.

Gerade dank dieses Unterschieds zwischen den Wegen griechischer und arabischer Wissenschaft, der – wie wir noch sehen werden – weit in ihre Methode und Ergebnisse reicht, sind die Araber mehr als lediglich die Vermittler des Griechenerbes geworden. Mehr als die Briefträger der Antike, deren ganzes Verdienst, wie man meint, sich darin erschöpft hätte, dem Abendland die griechische Post zugestellt zu haben. Dank ihres von den Griechen verschiedenartigen Denkstils haben sie sich nicht damit zufriedengegeben, das Wissen der Antike papageienhaft nachzusprechen. Sie haben Eigenes und Neues geschaffen.

Erben sind wir alle. Erben, »Vermittler« sind auch die Griechen. Sie selbst geben es zu. Auch sie sind gründlich in orientalischen Kulturen in die Schule gegangen und haben manches von ihnen gelernt, was die Geschichte mit einem griechischen Urhebernamen etikettiert wie etwa den »pythagoreischen« Lehrsatz. Sie sind keineswegs, wie es oft heißt, Anfang des Denkens oder

Wissens. Auch sie haben das Fremde aufgegriffen – aber sie haben mit ihrer Weise des Greifens und Begreifens das ihnen wichtig Erscheinende ausgewählt und es mit ihrem Griff umgeformt zu etwas Eigenem, typisch Griechischem. Der Stolz, der sich über die »barbarischen« Urheber emporhebt, brüstet sich in Platons Dialog »Epinomis«: »Was die Hellenen auch immer übernommen haben, zu höherer Vollendung haben sie es stets entwickelt.« Woher dieses Erbe, diese Geistesfunken, die jetzt bei den Griechen zündeten?

Thales und Pythagoras, Demokrit und Eudoxos verdanken ihre astronomischen und mathematischen Kenntnisse den Ägyptern, Babyloniern, Assyrern und Phönikern. Als Angehörige der seebefahrenen, handeltreibenden Ionier in den Hafenplätzen der Küste Kleinasiens, die lange Zeit selber unter der Herrschaft des lydischen und des persischen Reiches stand, im ganzen Orient weit herumgekommen und mit Kultur und Wissenschaft der angrenzenden und bereisten Länder vertraut, erstaunten sie ihre griechischen Landsleute gebührend: Was ihnen und noch Generationen später überwältigenden Eindruck machte, das war etwa die Vorhersage einer Sonnenfinsternis, die Thales aufgrund assyrischer und babylonischer Beobachtungen der Anzahl der Mondperioden und ihrer Verarbeitung in Tabellen für die Vorausberechnung von Mond- und Sonnenfinsternissen richtig für das Jahr 586 angekündigt hatte.[5] Das waren Vermessungen auf der Erde und dem Meer durch Winkelparallaxe und das Rechnen mit Dreiecken, wie die Ägypter es seit Jahrhunderten pflegten, und anderes.

Merkwürdig aber und fremdartig erschien Pythagoras, der sich in orientalische Gewänder hüllte und, wie eine Büste ihn zeigt, seinen Kopf mit einem Turban zu schmücken pflegte, seinen Zeitgenossen. Der geheimnisvolle Gründer eines esoterischen Bruder- und Schwesternordens galt ihnen weniger als wissenschaftlicher Kopf denn als religiöser Prophet. War er nicht ein Wirrkopf? Auf seinen Reisen hatte er das Pech und das Glück, in die Gefangenschaft des persischen Eroberers Kambyses zu geraten und für sieben Jahre unfreiwillig nach Babylon gebracht zu werden, wo er von den chaldäischen Magiern in babylonische Zahlenlehre, Zahlenmystik und Zahlenmagie eingeweiht wurde. So kehrt der von fremden Mysterien Umwitterte turbangekrönt mit »allerlei halbverstandener Gelehrtheit über Götter und Sterne, Tonleitern, heilige Zahlen und geometrische Berechnungen«[6] heim und ließ sich in Kroton in Süditalien nieder. Erst spätere Schüler wie Philolaos und Archytas waren es, die eine logische Zahlentheorie, Geometrie und Akustik aus der Essenz seiner im Osten gesammelten »Vielwisserei ohne Verstand« bereiteten, wie Heraklit gespottet hatte. So daß »pythagoreisch« auf der ersten Stufe besser heißen muß »babylonisch«.[7] Was sowohl für den Lehrsatz gilt, der mit dem Namen des Pythagoras verbunden ist, als auch für die in der pythagoreischen Musiklehre bedeutende »Goldene Proportion«.

Aber es geht uns nicht darum, Wissens*inhalte* auf ihrem Weg durch die Geistesgeschichte zu verfolgen, sondern um die *Denkform*, die *Denkstrukturen*, unter denen sie hier und dort auftreten. Worauf es hier ankommt, ist dies: *Jede* Zeit, *jedes* Volk ergreift den ihm zugänglichen Wissensstoff. Und sofern er in schöpferische Hände fällt, verarbeiten sie das Ergriffene selbständig weiter, formen es um nach ihrem inneren Gesetz.

Nicht nur führen die Griechen im Gegensatz zu Ägyptern und zu Babyloniern Aufgaben, die diese praktisch oder mittels Zahlenrechnen lösten, *geometrischen* Lösungen zu, was ihrem ausgeprägten *Raumsinn* entspricht. Die Geometrie befriedigt ihre Leidenschaft für »geistig wahrnehmbare Raumfiguren«. Wo Ägypter und Babylonier Rechenformeln fanden, z. B. zum Berechnen von Flächen- und Rauminhalten etwa eines Pyramidenstumpfes, da *beweist* der Grieche die Formeln streng logisch aus »Axiomen«, das heißt, unmittelbar einsichtigen Grundsätzen und den vorhandenen Lehrsätzen. Er baut sie ein in ein kristallklares, geschlossenes und übersichtliches System, das jede Ungenauigkeit, jeden Zweifelsschatten und Dunkelstellen der sinnlichen Anschauung ausschließt.

Thales, oder die Mathematiker, die die ihm zugeschriebenen Sätze formuliert haben, erkannte hinter den Rechen*regeln* die *all-*

gemeinen Lehrsätze. Über Pythagoras, dessen Name hier für die Pythagoreer steht, urteilt aus dem Abstand von tausend Jahren Proklos in einem Geschichtsaufriß der Mathematiker – und dies ist echt griechisch gedacht: »Seine Untersuchungen galten ihren (der Zahlen) *obersten Prinzipien*, und seine theoretischen Forschungen bewegten sich *frei von materiellen Einflüssen* im Bereich des *reinen Denkens*.«[8] Konnte sich dieses Denken treffender selbst charakterisieren? Genau dies entspricht dem griechischen Strukturgesetz, wie wir oben sahen:

Überall schwingt griechischer Geist seinem Wesen gemäß sich über das sinnlich Gegebene, das Einzelne, Individuelle, Veränderliche hinweg zum unmittelbar Bleibenden, Allgemeinen, hinaus über die staubigen Straßen einer trüben, die Sinne trügenden Erfahrung, ihm nur als täuschender Schein oder Zufall bewußten Tatsachenwelt zur *geistigen Anschauung der reinen Idee* – frei von materiellen Einflüssen... zu den obersten Prinzipien... im Bereich des reinen Denkens.

Dies macht die Eigenart und großartige Leistung des griechischen Geistes aus. Sie alle, die ägyptische, die babylonische – die sich voneinander gleichfalls charakteristisch unterscheiden –, die griechische Geisteskultur ebenso wie ihre Wissenschaft, sie sind *jede ein Wesen für sich*: so gut wie die arabische und die mitteleuropäische es sind und ihrer Schöpfer ureigener, unverwechselbarer Ausdruck.

Ein tiefeingewurzeltes Vorurteil ist von hier aus grundsätzlich auszuräumen. Nur wenn wir die Eigenart der Menschen selbst und ihre jeweilige Denkstruktur ins Auge fassen, können wir sie von der ihnen zugeschobenen, erniedrigenden Rolle als bloße »Vermittler« befreien, rein passiv dies oder jenes Kulturgut empfangen zu haben – sei es ein Element der Baukunst, wie die Säule oder der Spitzbogen, sei es eine Gattung der Poesie wie der Minnesang, sei es eine mathematische Formel wie die Goldene Proportion – und es durch die Kette der Hände wie einen Eimer weitergereicht zu haben, die sich aber – während man alles Schöpfertum an einen einzigen Ort der Weltgeschichte, bei den Griechen, häuft – schelten lassen müssen, nichts zur Geisteskultur beigetragen zu haben. »Die Geschichte der Wissenschaft«, sagt der Wissenschaftstheoretiker Johannes Lohmann, »kann erst geschrieben werden, wenn erkannt ist, daß diese Geschichte primär bedingt ist durch die *Form* des Wissens und nicht durch dessen Stoff.«[9]

Der aber tut den anderen Völkern unrecht, der die eine Geisteskultur mit dem Maßstab einer anderen mißt. Wenn es der herrschende Zug des griechischen Geistes war, in genialer Intuition die idealen Formen, die ewig unveränderlichen, für ihn allein als objektiv geltenden Ideen zu schauen, die Gegenstände ordnend unter *Begriffe* zu bringen und durch »*Definitionen*« sauber »abzugrenzen«, – wenn es sein Ziel war, die festen *Relationen*, die Verhältnisse und Beziehungen, der Dinge untereinander und ihre klar logische Ordnung in der reinen *Theorie* zu finden, nach *allgemeinen Sätzen, Beweisen* und *logischen Schlüssen*, – wenn er dabei den mühseligen Barfußgang der Erfahrung und die »materiellen Einflüsse« als Beschädigung des reinen Denkens, der vernunftmäßigen Erkenntnis fürchtend, geradenflugs sogleich dem Olymp der allgemeinen Gesetze zustrebte, so hat er damit sein Höchstes und für alle Zeit Maßsetzendes geleistet. Und verfehlt ist es dann, an ihm den Mangel an konsequenter Beobachtung der Natur oder gar an experimentellen Verfahrensweisen zu rügen.

Natürlich haben auch Griechen beobachtet und hier und dort Versuche gemacht. Aristoteles, für den die Sinnenwelt weniger mangelhaft war als für die Platoniker, hat dazu aufgefordert, nicht mehr nur »nach Begriffen«, sondern auch »nach Tatsachen« zu folgern und neben der Intuition – aperia – sich an die empiria, an die »Erfahrung« zu halten. Wobei er freilich unter Empirie durchaus nicht dasselbe verstand wie die heutige Wissenschaft, geschweige wie die Araber oder bereits Erfahrungswissenschaftler wie Friedrich II. von Hohenstaufen, der dem Fürsten der Naturphilosophie ankreidete, sich nicht selbst um die Objekte seiner Forschung gekümmert zu haben, oder gar wie Galilei.

Natürlich hat Aristoteles sich in der Zoologie um Erkenntnis des Einzelnen bemüht, aber die Struktur der griechischen Wissenschaft ist dadurch nicht verändert worden. Die griechische Astronomie, Physik, Musiktheorie, Alchemie, Medizin, Zoologie, Botanik bleiben vorwiegend philosophisch und damit konsequent griechisch. Letzten Endes kam für den betrachtenden Sinn des Griechen Wahrheit nicht dem »sinnlich Wahrnehmbaren« zu, allein dem *»geistig Wahrnehmbaren«*, über das er sich in einsehender Schau der *»Theoria«* Rechenschaft ablegt.

Der griechische Geist hat dank der ihm eigentümlichen Denkstruktur der Welt mit seiner *Begriffsbildung* ein reiches philosophisches, logisches und wissenschaftliches Instrumentarium geschenkt – das man bis heutzutage für das absolute, allen Menschen »natürliche« und selbstverständliche genommen hat: die Bildung der Urformen seines abstrahierenden und klassifizierenden Denkens: des Begriffs, der Definition, des Prinzips, der Idee, der Theorie, des Gesetzes mit dem Gedanken der Gesetzmäßigkeit. Von ihm haben alle Nachfahren mehr oder weniger gezehrt. Er hat anderes Denken mitgeprägt und umgeprägt, ja es zeitweise sich entfremdet wie in der Scholastik. Er ist aber auch seinerseits durch fremde Sprache und fremde Denkstruktur umgeprägt worden wie im Hellenismus, aufgelöst, in umgekehrte Richtung verkehrt worden. Sowohl durch das neuzeitliche Europa, aber auch bereits durch die Araber.

Ebenso verfehlt ist es aber auch, wie bisher geschehen, die Araber mit einem am griechischen Geiste gewonnenen Maßstab zu messen. Was besagt es für die arabische Denkart und Kultur, wenn man ihnen einen Mangel an intuitiver, kontemplativer Weltbetrachtung und philosophischer Seinsdeutung, an Zahlenspekulation und Zahlentheorie, an der großen künstlerischen Form der Tragödie vorrechnet, ja, das gänzliche Fehlen des Dramas sowie der plastischen Kunst?

Die Araber sind eben andere Wege gegangen als die Griechen.

Und ebensowenig geht es an, die arabische Wissenschaft als papageienhafte Nachahmung der griechischen abzutun. Sie erschöpft sich ebensowenig in sklavischer Übernahme und Weitergabe des Griechen- und Indererbes, wie die Leistung des Thales und der Pythagoreer sich im Nachsprechen ägyptischer und babylonischer Erkenntnisse erschöpft hat. Auch die arabische Wissenschaft ist ein Wesen eigener Art.

Wer aber weiß bei uns überhaupt, welche Wege die Araber gegangen sind? Und was sie auf ihren Wegen gefunden haben? Was macht die Eigenart arabischer Wissenschaft aus?

DER CHARAKTER DER ARABISCHEN WISSENSCHAFT

Im Sumpfland des Irak, dort wo Euphrat und Tigris miteinander vermählt als Schatt el-Arab, als Araberstrom, ihre riesigen Wassermassen schwerfällig und träge dem Persischen Golf entgegenwälzen, liegt, von Dutzenden von Wasserarmen umschlungen, Basra. Hier hatten die Araber kurz nach dem Tod des Propheten (632) eins der riesigen Heerlager errichtet. Von hier erficht ein aus allen arabischen Stämmen gebildetes Heer unter Führung eines Gefährten des Propheten 637 den Entscheidungssieg über die persische Übermacht. Von hier aus unterwerfen und besiedeln sie das persische Chorassan. Damals schnitt der Golf tief hinein in das Schwemmland Mesopotamiens bis dorthin, wo die mächtigen Ströme sich vereinigen und mit ihnen ständig sintflutartige Überschwemmungen jenes fruchtbare Gebiet geschaffen haben, in dem man den Garten Eden mit seiner paradiesischen Üppigkeit vermutet.

Mit Hilfe eines komplizierten Systems von Entwässerungs- und Bewässerungswerken, von Dämmen und Kanälen haben die Araber die Marschen zu einer Kornkammer und zu einer der größten Dattelpflanzungen der Erde gemacht. Hier liefen die großen Karawanenstraßen wie Strahlen in einem Brennpunkt zusammen, von wo die Waren, in Basras Hafen auf Dhaus und hochseegängige Dschunken verladen, auf große Fahrt geschickt wurden und die ankommenden fernöstlichen Güter auf Kamelrücken in alle Richtungen des jungen arabischen Weltreichs zogen.

Noch bevor das goldene Bagdad am Tigris von den ersten Abbasiden erbaut und zur geistigen Metropole und Millionenstadt aufstieg, war Basra, dieser mächtige Verkehrs- und Handelsknoten, das geistig regste Zentrum einer stürmisch aufblühenden Kultur.

Für unaufhörliche Stürme sorgten hier innere Stammesfehden, Aufstände gegen die ungewohnte Staatsgewalt, Aufsässigkeiten Unzufriedener der durch nachlassende Eroberungen zur Untätigkeit gezwungenen Kriegerkaste, religiöse und soziale Spannungen zwischen Muslimen und Nichtmuslimen, ja, Gegensätze unter muslimischen Gläubigen selbst, dazu das Aufeinanderprallen arabischen und persischen Geistes.

Und gerade diese Reibereien mit dem Zwang zur Auseinandersetzung innerhalb des Islams und seine Vertretung und Verteidigung gegenüber Fremden, bekam ihm ausgezeichnet. Sie schärften die Waffen des Verstandes und zwangen, in geistigen Gefechten nach allen Seiten hin Stellung zu beziehen und sich des eigenen Standorts zu vergewissern. Dank der nie erlahmenden geistigen Spannung wurde Basra der Akkumulator eines äußerst aktiven Geisteslebens.

Zuerst hier finden sich Ende des 8. Jahrhunderts führende Männer der Schiiten, einer der beiden Hauptkonfessionen des Islams, in einem Geheimbund zusammen, um sich für die Auseinandersetzung mit den orthodoxen Sunniten zu rüsten. In ihren Diskussionen erarbeiten die »Lauteren Brüder«, wie sie sich nennen, ein religiös-philosophisches Lehrgebäude mit einer wissenschaftlichen Enzyklopädie, dazu bestimmt, weitere Volkskreise zu erreichen und zu unterrichten. Eine geschickt angelegte Werbung großen Stils. An dieser ersten arabischen Enzyklopädie der Wissenschaften arbeiten mehrere Generationen, ohne ihre Namen preiszugeben. In ihren aus 55 Abhandlungen zusammengefaßten »Gesprächen der Lauteren Brüder« suchten sie das gesamte verfügbare Wissen ihrer Zeit unter einem einheitlichen Gesichtspunkt entsprechend ihrer schiitisch-ismailischen Überzeugung zu ordnen. Diese »Gespräche«, dazu einzelne Traktate über Physik, Chemie, Pharmakologie, Botanik, Mathematik, Astronomie sollten als Lehrmaterial in weite Kreise hineinwirken.

Zu dem Zweck gründeten sie in Basra die ersten Schulen, die neben dem Koranunterricht, dem Lesen und Schreiben der arabischen Sprache, wie er allgemein in den Moscheen gepflegt wurde, Wissen in verschiedenen, der Lerneignung angepaßten Klassen vermittelten. Damit gaben die Lauteren Brüder von Basra der Entwicklung des islamischen Bildungswissens kräftige, weithin und nachhaltig wirkende Anstöße.

Noch eine zweite geistige Bewegung, die überregionale und anhaltende Bedeutung gewann, entsprang, bereits in omaijadischer Zeit, d.h. noch vor 750 n.Chr., diesem brodelnden Schmelztiegel der Gegensätze. Ihre Anhänger nannten sich »Mutasiliten«, d.h. die sich Absondernden oder Zurückhaltenden. Immer bedrohlicher nämlich sickerten in den Islam und in das Denken der Gebildeten dualistische Tendenzen aus den zoroastrischen und manichäischen Religionen Persiens ein. Die mit der Einheit und Einzigkeit Allahs ganz unvereinbare, scharfe Aufspaltung Gottes in die anfangslose Zweiheit einer guten und einer bösen Kraft – Ahura Masda und Ahriman – ja, die absolute Trennung von Schöpfer und Geschöpf riefen die Abwehr innerhalb des Islams hervor und die sehr aktive Mutasila auf den Plan. Das Böse gibt es für sie nur im menschlichen Bereich als Folge des freien Willens.

Gegen die brutalen dualistischen Aufspaltungslehren setzten die – fälschlich als bloße Rationalisten und Freidenker verschrieenen – Mutasiliten den Glauben an die *Einheit Gottes* und an die *Wesenseinheit der göttlichen und der menschlichen Vernunft.* Dank dieser Einheit besitzt der Mensch Willensfreiheit und damit sittliche Verantwortung. Dank ihrer auch die Einsicht in die Weltwirklichkeit, die Erkenntnis der Natur. Gott darf für die Mutasiliten nicht menschlich vorgestellt werden. Es sei denn in allegorischer Weise durch die Einfachen, Unwissenden. Seine Wahrheit liegt außerhalb menschlicher Vorstellbarkeit. Allah ist für sie unkörperlich, allgegenwärtig und überall zugleich.

Der bedeutendste Führer der Mutasiliten war Ibrahim an-Nassam (gest. 836), den einer seiner Schüler mit diesen Worten würdigte:

»Gäbe es keine Theologen, so ginge das Gros aller Völker zugrunde. Gäbe es keine Mutasila, so ginge das Gros aller Bekenntnisse zugrunde. Und wenn ich nun auch nicht sage: Gäbe es nicht die Anhänger Ibrahims und Ibrahim selber, so ginge das Gros der Mutasila zugrunde, so sage ich doch: Er hat ihnen die Pfade gebahnt und ihnen die Dinge erschlossen.«

Denn Ibrahim war es, der von seiner religiösen Sicht aus die Blicke auf die Erkenntnis der Dinge gelenkt hatte, »wie Augen und Ohren sie wahrnehmen«, und auf die kritische Vernunft. Wissen und Gewißheit kann der Mensch nicht durch das Nachsprechen von Autoritäten erlangen, welche es auch seien – *»die erste Vorbedingung des Wissens ist der Zweifel«*!

Mit diesem in der Zeit des herrschenden Autoritätsglaubens erstaunlichen Wort wies Ibrahim an-Nassam Generationen arabischer Wissenschaftler den Weg. Damit wurde der Boden bereit gemacht für eine Erfahrungswissenschaft, die denn auch hier in Basra zuerst, sodann in Bagdad am Kalifenhof al-Manssurs, der Verbindung zu zwei Schülern Nassams unterhielt, emporzuschießen begann und vor allem unter dem Kalifen al-Mamun eine reiche Blüte entfaltete. Dies ist kein Zufall. In der Tat hatte dieser größte Förderer der Wissenschaften, der selber der Mutasila zuneigte, ihre Lehre zur Staatsdoktrin erhoben.

Der Forschung und Wissenschaft widmeten die Abbasiden eine Akademie, die sie »Haus des Wissens – Bayt al-Hikma« nannten. Was meint dieses arabische »Hikma«? »Die Erkenntnis der besten Sache vermittelst des besten Wissens«, »die Erforschung der wirklichen Natur der Dinge, wie sie in sich sind, soweit das dem Menschen möglich ist«. Und das ist ein Programm. Im Bagdad al-Mamuns empfängt die arabische Wissenschaft ihr eigentliches Gesicht. Hier machte er sich bemerkbar, ein durchaus neuer wissenschaftlicher Sinn, der nichts für bewiesen hinnimmt, was nicht die Erfahrung erhärtet hat.

Doch bevor wir fortfahren, müssen wir uns einer Frage stellen, die sich längst aufgedrängt hat. Was berechtigt uns, von »arabischer« Wissenschaft und von »arabischer« Kultur zu sprechen? Waren unter all denen, die die arabische Kultur groß gemacht und ihre Wissenschaft zur bedeutendsten ihrer Zeit und für die Dauer von sieben Jahrhunderten entwickelt haben, nicht allein Araber, sondern auch Perser, Inder, Syrer, Ägypter, Berber und Westgoten? Doch sie alle waren geeint durch die von allen Gläubigen geforderte und von allen Bürgern des Weltreiches gesprochene arabische Sprache, die ja nicht leere Hülse, sondern Ausdruck einer bestimmten Mentalität ist und als solche das Denken mitprägt, geeint durch die arabische Religion, die bei aller Vielfalt ihrer »Bekenntnisse« die Grundlage blieb, geeint durch das von allen angestrebte arabische Vorbild und durch die unerhörte Prägekraft des arabischen Geistes, der derselbe war in Bagdad wie in Fes, in Damaskus wie in Cordoba und allein durch seine immense räumliche Breite wie durch seine zeitliche Dauer die Stärke seiner Selbstidentität bewiesen hat. Diese Selbstidentität ist noch heute mit Händen greifbar.

Wir sprechen daher von Arabern und arabischer Kultur, wie man von amerikanischer Kultur spricht. Und wir nennen einen Avicenna oder Rhases aus persischen, durch mehr als dreihundert Jahre bereits im islamisch-arabischen Reich lebenden Familien so wenig einen Perser, so wenig man Eisenhower einen Deutschen oder Kennedy einen Iren nennt.

Nicht die persische Kultur hatte einen Rhases oder Avicenna hervorgebracht – die islamisch-arabische Kultur war es, die Männer persischer Abstammung zu Außerordentlichem befähigte. Das arabische Reich mit seiner Toleranz anderen Religionen gegenüber[10] war es, in dem die christlichen Sekten wie die Nestorianer, die vom byzantinischen Staat und der Staatskirche unterdrückt worden waren, jetzt plötzlich zu gedeihen begannen, ebenso wie die Juden, die im westgotischen Reich von seiten der Kirche schweren Verfolgungen ausgesetzt gewesen waren.

Dies führt uns unmittelbar an den Kern des Themas zurück. Raffen wir einmal in einem Knoten zusammen, was das Entstehen dieser arabischen Wissenschaft förderte und sie in eine ganz andere Ausgangsposition stellte, als das Abendland sie bot.

Eine große Aufgeschlossenheit, die sich in dreifacher Richtung öffnete, schuf das Klima, in dem Wissenschaft gedeihen konnte – und dies macht zugleich verständlich, warum sich die Entwicklung im Abendland so hartnäckig verzögerte und der Vogel der Minerva erst in der Dämmerung seinen Flug begann:

1. die großzügige Toleranz gegenüber dem Fremden, selbst in religiösen Dingen, die Toleranz gegenüber dem »Wissen von Ungläubigen – selbst wenn es aus China kommt«;

2. die Bereitschaft des Propheten, über die Offenbarung und über die eigene religiöse und weltliche Wegweisung hinaus menschliche Vernunfterkenntnis nicht nur zuzulassen, sondern zu ihr aufzufordern, selbst »die Tinte des Schülers« für heiliger zu erklären »als das Blut des Märtyrers« – anstatt die Gläubigen in dogmatischer Enge gegen jeden Windstoß luftdicht und bakterienfrei abzuschließen, wie die christliche Kirche es tat;

3. das Drängen zur Lebenswirklichkeit, die tätige Zuwendung zu den praktischen Notwendigkeiten, die zu einer Annäherung zwischen Theorie und Praxis führte, wie sie für den realitätsfernen, zwischen windstillen Säulen wandelnden Griechen ebenso undenkbar war wie für die in fruchtlose Disputationen verbissenen Buchgelehrten der abendländischen Scholastik, die beide Handarbeit als unter ihrer Würde erachteten.

Damit hing aber ein Viertes eng zusammen: die Bereitschaft zum Zweifel, die Entschlossenheit, sich von fertigen Dogmen und Meinungen nicht überreden zu lassen, die Aufgeschlossenheit, den Nebel grauen Bücherwissens mit Sinnen und Verstand zu durchdringen und nach dem Zeugnis der eigenen Augen und Ohren aufzuklären. Freilich waren bei der außerordentlich großen Anzahl von Wissenschaftlern der arabischen Welt – die Register pflegen viele Hunderte an Astronomen, Ärzten und Mathematikern namentlich aufzuzählen – die Fähigkeiten zu selbständiger und souveräner Kritik nicht gleichmäßig verteilt. Doch das kühne, in den Anfängen, um 700 gesprochene Wort Ibrahims an-Nassams: »Die erste Vorbedingung des Wissens ist der Zweifel« steht in der arabischen Geschichte keineswegs einzig da. Und überall dort, wo echte Fortschritte über »die Alten« hinaus getan wurden, hatte der Zweifel die Sicht freigefegt auf die Dinge.

Diese Einstellung zum antiken Erbe umreißt der sogenannte »erste Philosoph der Araber«, der selbst aus Basra stammende al-Kindi (gest. 873). Er ist Abkömmling des südarabischen Stammes der »königlichen« Kinda, die schon vor dem Islam staatsgründend gewirkt hatten, und Angehöriger des ehemaligen Fürstenhauses von Bachrein. In ihm lebt derselbe stolze und unabhängige Geist, der es sich leisten kann, dem Fremden offen ohne Unterwerfung und Kriecherei zu begegnen, aber ebenso, sich die Freiheit zum eigenen Standpunkt vorzubehalten:

»Die Wahrheit setzt niemanden herab, der sie sucht, sondern adelt einen jeglichen. Man muß sie nehmen, wo immer sie zu finden ist, sei es in der Vergangenheit oder bei fremden Völkern. Mir scheint es richtig, zuerst vollständig aufzuführen, was die Alten über einen Gegenstand gesagt haben, und sodann, was sie zu sagen unterlassen haben, entsprechend unserem Sprachgebrauch und den Gepflogenheiten unserer Zeit zu vervollständigen.«

Der der Autorität der Griechen nichts verdanken wollte, was er nicht geprüft und anerkannt hatte, war ein vielseitiger Geist. Am Hofe al-Mamuns verfaßte er 265 Schriften, unter denen sich Abhandlungen befinden über die Rückläufigkeit der Planeten, über Gravitations- und Fallgesetze, studiert an aus der Höhe herabfallenden Körpern, über Wettervorhersagen, über Mathematik, Wehrwissenschaft und Musiktheorie. Er führte die Winkelmessung mit Hilfe des Zirkels in die Geometrie ein, berechnete spezifische Gewichte von Flüssigkeiten und beschrieb als erster die für das Abendland bedeutsam gewordene mensurale Musik. Auf ihn geht die Notenschrift zurück, die Hermann der Lahme auf der Reichenau von ihm übernimmt. Der große Philosoph, der sich den Dingen des Lebens so offen zuwandte, verschmähte es nicht, sich außerdem mit der Destillation von Parfüms zu befassen.

Seine Stellungnahme zur Autorität jeder Art umriß kurz und bündig der Arzt und Wesir aus Granada, Ibn al-Chatib:

»Es muß immer unser Grundsatz sein, daß ein Beweis, der aus der Überlieferung entnommen ist, eine Änderung zu erdulden hat, wenn er in klarem Gegensatz zur Evidenz unserer Sinneswahrnehmung steht.«[11]

Damit ist die Sinneserfahrung eindeutig zur Richterin über ererbtes Wissensgut gesetzt worden. Dieser arabische Arzt erkannte als erster das Wesen der Infektionskrankheiten, die von den Griechen als Ausdünstungen der Erde, vom christlichen Abendland als Strafen Gottes erklärt wurden. In einer klar und logisch durchdachten Abhandlung führte er die Pestepidemie auf die Ansteckung durch Berührung mit Kranken oder seinen Ausscheidungen zurück:

»Die Existenz der Ansteckung steht fest durch die Erfahrung, die Forschung, die Sinneswahrnehmung, die Autopsie und verbürgte Zeugnisse: diese Faktoren erbringen den unumstößlichen Beweis. Die Tatsache der Infektion bestätigt sich dem Forscher, der darauf achtet, wie derjenige, der mit von der Krankheit Betroffenen in Kontakt gerät, ebenfalls krank wird, wohingegen der, der keine Berührung mit ihnen hat, davon frei bleibt; wie ferner die Übertragung der Krankheit in einem Haus oder Quartier durch ein Kleid oder ein Gefäß zustande kommt; ... ferner ist erwiesen die Ansteckung durch einen Ankömmling aus einem verseuchten Land in einer Hafenstadt und durch die Immunität isolierter Personen ...«[12]

Dies war ein unschätzbares Verdienst der arabischen Medizin, das schon bald nachweisliche Auswirkungen auf das von Epidemien geschüttelte Europa hatte, einer ihrer besonders wichtigen Fortschritte über die Antike hinaus: daß sie die Pest, die Lepra, die Pocken, die zeitweise ganze Völker dezimierten, nicht als giftige Miasmen betrachtete wie die Griechen, nicht als Züchtigung des zornigen Gottes, die durch Gebet und Bußprozessionen abgewandt werden könnten, wobei sie sich erst recht verbreiteten, oder als Wirkung von Sternkonstellationen – sondern erkannte, daß sie durch Berührung übertragen und verschiedene Krankheitsbereitschaft voraussetzten und so wirksame Abwehrmaßnahmen einführten durch Isolation, Desinfektion und Impfung mit abgeschwächten Krankheitserregern, ja bereits seit langem »Antibiotika« durch Züchtung von Schimmelstoffen auf der Grundlage von Penicillium und Aspergillus verwendete.

Diese kritische Offenheit bewährte sich nicht nur in den praktisch bezogenen Wissenschaften. Einer der frühen, an der Akademie in Bagdad beschäftigten Übersetzer antiker Werke, der sich als Mathematiker und Astronom einen Namen macht, Thabit ben Kurra (836–901), schreibt in einem Brief an seinen Übersetzerkollegen Ischak ben Hunain in vorbildlicher wissenschaftlicher

Disziplin über die Tafeln des Ptolemäus, dem er einen »Irrtum« nachweist:

»Freilich sind wir noch nicht in der Lage, eine solche Frage bündig zu entscheiden, eine sachliche Entscheidung würde vollkommen sein, wenn wir in der Zeit zwischen Ptolemäus und heute eine Beobachtung der Sonne besäßen. Wenn du eine bei den griechischen Autoren findest, bitte ich dich, es mich wissen zu lassen, damit ich mir darüber ein sicheres Urteil bilden kann. Ich werde hinzufügen, daß, wenn dieser Punkt entschieden ist, ich ihn hier behandeln würde. Aber er ist noch dunkel und scheint eine einfache Vermutung zu sein. Folglich kann dieses Buch es nicht zulassen. Denn ich will meinerseits nichts übernehmen, was nicht gesichert und von jedem Zweifel frei ist.«[13]

Thabits Ruf reicht weit ins Mittelalter, wo außer seinen mathematischen auch vier seiner astronomischen Schriften übersetzt und in zahlreichen Kopien verbreitet wurden. Ja, ein fernes Echo seines Ruhmes hallt sogar in der Gralsepisode von Wolframs Parzifal nach.[14]

Doch während das Abendland noch geschlossen im Schlepptau der Autoritäten segelt, ständig daran gehindert, sich auf die eigenen Füße zu stellen, werden in der arabischen Welt immer wieder Stimmen hörbar wie »Ich kann Aristoteles hierin nicht folgen«, »Ich habe beobachtet«, »Ich selbst habe gesehen«. »Denn bei unserem größten Respekt vor Galen – was wir mit unseren eigenen Augen sehen, ist glaubwürdiger.« Die sich vornehm zurückhaltende Kritik des in fast allen Hauptstädten lehrenden Arztes Abd al-Latif (1162–1231) ist auch hier zugleich das Bekenntnis zur eigenen Erfahrung. Galen (129–199) hatte gelehrt, der Unterkiefer sei aus zwei Knochen zusammengefügt.

»Wir aber sahen Tausende von Knochen und Gebeinen. Wir untersuchten sie aufs genaueste und gewannen einen Haufen Wissen aus diesem Studium, ein Wissen, wie wir es niemals aus dem Studium von Büchern erlangt hätten. Da hatte uns nun Galen gelehrt, der Unterkiefer bestehe aus zwei Knochen, die durch eine Naht verbunden seien. Wir aber untersuchten zweitausend und sahen nicht einen einzigen Unterkiefer, der aus zwei Knochen bestanden hätte. Er ist *ein* Knochen, ohne jegliche Naht.«

Und siehe da, auch das Kreuzbein besteht nicht aus sechs Knochen, wie Galen behauptet hatte –

»doch die Beweise, die uns die Sinne liefern, sind viel überzeugender als die, die nur auf Autorität gegründet sind.«[15]

Es ist falsch, was Galen gelehrt hat, meldet sich auch sein Arztkollege aus Kairo, Ibn an-Nafis (gest. 1288), der in Wahrheit als erster den Irrtum Galens, das Blut trete durch Löcher der Herzscheidewand von einer Kammer in die andere über, entdeckt und berichtigt durch seine Erforschung des kleinen Blutkreislaufs mit Hilfe der Sektion, eine Entdeckung, die der Spanier Michael Servet sich dreihundert Jahre später plagiatorisch und als reine Theorie zu seinem beinahe unsterblichen Ruhm an den Hut steckt. Ibn an-Nafis schreibt:

»Um den Gebrauch eines jeden Organs zu beschreiben, stützen wir uns auf eine sorgfältige Beobachtung und ein ehrliches Studium ohne Rücksicht darauf, ob diese zu den Lehren derer passen, die uns vorhergegangen sind oder nicht.

Diese Poren des Herzens existieren gar nicht, und seine Substanz ist dort dick. Es gibt keinen Zweifel, daß dieses Blut, nachdem es verdünnt worden ist, durch die Lungenarterie zur Lunge fließen muß, um sie zu durchdringen und sich mit der Luft zu mischen…«[16]

Der bedeutendste der arabischen Botaniker und Pharmakologe, Ibn al-Baitar (1197–1248) aus Andalusien, dem es mit einem riesigen durch Beobachtungen und Versuche untermauerten Material pflanzlicher, tierischer und mineralischer Stoffe gelingt, den Griechen Dioskurides aus dem Felde zu schlagen, hat sein Vorgehen und Umgehen mit seinen Forschungsprojekten und mit den benutzten Quellen am klarsten dargestellt, so daß wir ihm dabei über die Schulter blicken können:

»Beim Abfassen dieses Buches hat mich die Absicht geleitet

1. einen vollständigen Überblick über die einfachen Heilmittel zu geben. Das Buch enthält alles, was in den fünf Büchern von Dioskurides und in den sechs Büchern Galens zu finden ist… Bei jeder Angabe, die ich mache, habe ich auf ihre Urheber verwiesen;

2. in allem, was ich hier über alte und moderne Autoren bringe, nur das zu geben, was ich durch persönliche Beobachtung und Versuche als korrekt festgestellt habe, und fortzulassen, was ich nicht als zutreffend bestätigen konnte oder was sich als der Wirklichkeit widersprechend herausstellte;

3. Wiederholungen zu vermeiden, ausgenommen dort, wo es für die Klarheit der Beschreibung notwendig war;

4. das Buch alphabetisch einzurichten, um es dem Studenten zu erleichtern, schnell aufzufinden, was er sucht;

5. die Aufmerksamkeit auf jedes Heilmittel zu richten, das bisher falsch angewendet oder durch antike oder moderne Ärzte, die sich allein auf Bücher gestützt haben, falsch beschrieben worden ist;

6. die Namen der verschiedenen Drogen in verschiedenen Sprachen mit genauer Rechtschreibung und Aussprache in jedem Einzelfall aufzuführen, in dem ich mich während meiner Reisen im Lande Rom persönlich vergewissert habe.«[17]

In der Tat, der Zweifel ist die Vorbedingung des Wissens, der Anstoß zum selbständigen Forschen, die Entbindung des eigenen Wesensausdrucks. Das Gesicht der Wissenschaft, das jetzt sichtbar wird, ist durch Erfahrung und Beobachtung der Natur selbst geprägt. Aber durch sie nicht allein. Die selbständigen Leistungen, die der arabische Geist überall da entwickelt, wo er sich von den fremden Gerüsten losläßt und im offenen Wasser freischwimmt, reichen um ein Beträchtliches weiter. Was er an Neuem, Eigenem schafft und womit er den tiefsten Eindruck auf das Abendland macht, es entscheidend anregt und befruchtet, das ist die Erfindung und systematische Durchführung des *Experiments* im strengen Sinn.

Wohl schärft sich schon unter den Wissenschaftlern des Hellenismus – jenes durch die Eroberungen Alexanders des Großen eingeleiteten Zeitalters der Verschmelzung der griechischen Kultur mit der orientalischen – der Sinn für exakte Untersuchung und Einzelbeobachtung. Die Berührung des Griechentums mit dem Orient in einem Zeitraum vom Tode Alexanders 323 v. Chr.

und des Aristoteles 322 v.Chr., seinem Lehrer, bringt bis zur Zeitwende eine kräftige Blüte der Wissenschaften hervor, um dann in den folgenden sechs Jahrhunderten bis zur Heraufkunft des Islams mehr und mehr steril und müde zu werden. Indem Ungriechisches, Orientalisches auf das Griechische okuliert wird, bricht ein ganz neues, ungriechisches Wachstum hervor. Die Wissenschaften sind nicht mehr Zweige der Naturphilosophie, sie werden zu selbständigen Einzelwissenschaften mit mehr oder weniger neuen, mathematischen Methoden.

Da ist Hipparch (190–125 v. Chr.) von Nicäa aus Kleinasien, der sich in unendlicher Geduld, Sorgfalt und Genauigkeit auf die Beobachtung von tausend Lichtpunkten am nächtlichen Himmel, ihre Vermessung und Verzeichnung in Sternkatalogen und Sternkarten einläßt. Welch ungriechisches Unterfangen!

Da ist Aristarch von Samos (um 230 v. Chr.), der Größe und Entfernungen von Sonne und Mond rein empirisch angeht, was ihn bereits auf die Annahme einer Mittelpunktsstellung der Sonne führt. Aber wen interessiert dies in dem griechisch beeinflußten Klima, das die Mittelpunktsstellung des Menschen inmitten der Kreisbahnen der Gestirne verlangt?

Auf der anderen Seite haben wir den im Mittelalter so hoch hinaufgelobten Ptolemäus (ca. 87–165 n. Chr.), der, eher ein Sammler und systematischer Verarbeiter von vorliegendem Wissen und manchem Aberglauben sich als Astronom und Geograph vorwiegend der Beobachtungen und Berichte anderer bedient, ein Stubengelehrter, dem die inzwischen dreihundert Jahre alten Sternkataloge des Hipparch und ein gelegentliches Gedankenexperiment den Abstieg zur Ebene eigener Erfahrung ersparen.

Ganz im Gegensatz zu dem Libyer Erathostenes (273–192 v. Chr.), dem Begründer der mathematischen Geographie, dessen geniale Methode, den Erdumfang zu messen, ihn als Meister der angewandten Mathematik zeigt und als durchaus ungriechischen Forscher in offener Feldarbeit.

Ungriechisch auch der Sizilier Archimedes (287–212 v. Chr.) und der Ägypter Heron (um 100 v. Chr.), die dank ihrer starken Praxisnähe, gepaart mit einem kräftigen schöpferischen Vorstellungsvermögen, zu den großen technischen Erfindern mechanischer Gesetze und Gerätschaften werden.

Doch wenn auch die Waage zwischen reiner und angewandter Erkenntnis sich hier und dort auf die Seite der praktischen Verwendung neigt, so muß sich aufs Ganze gesehen die Praxis doch dem Theoretisieren und der gedanklichen Spekulation unterordnen. Und Männern wie Hipparch, Aristarch, Archimedes und Heron gelingt es kaum, in einer Umwelt Schule zu machen, in der noch immer Geistesarbeit der Beruf des Freien ist und sich von dem Schmutz der Handarbeit enthebt, für die man sich Sklaven hält, jedoch einer Technik darum nicht dringend bedarf.

Objekt aller Forschung werden die Einzeltatsachen aber erst bei den Arabern. Erst hier wird der zuverlässige, geduldige *Aufstieg vom Einzelnen zum Allgemeinen*, das induktive Verfahren ausgebaut und zur durchgängigen wissenschaftlichen Methode. In unermüdlichen Beobachtungen und Messungen werden die Tatsachen eingekreist. In zahllosen, mit unendlicher Langmut planmäßig angelegten, *unter verschiedenen Bedingungen wiederholten Experimenten* werden Regel- und Gesetzmäßigkeiten gewonnen, Theorien überprüft, berichtigt oder ersetzt aus der Freiheit des Denkens, deren Stachel der Zweifel bleibt.

In der bei den Arabern überall spontan auftretenden Hinwendung zur planmäßigen Beobachtung der Tatsachen und zum Experiment kommt eine eigentümliche Denk- und Verhaltensweise zum Ausdruck, die für den vorwiegend passiv betrachtenden Griechen[18] aus ihrer Distanz zur praktischen Anwendung unverständlich war. Und wo der naturoffenere Aristoteles sich auf »Erfahrungs«-Tatsachen einließ, zog er allzu schnell voreilige Folgerungen aus unzulänglichen Beobachtungen und ohne sie im Versuch nachzuprüfen. Ja, »Erfahrung« ist für den Griechen gar nicht dasselbe wie das, was der Araber – geschweige das, was die moderne Naturwissenschaft darunter verstehen. Als »Erfahrung« gilt ihm nur, »was sich durch das Denken bewältigen läßt«, durch Vergleichen, Unterscheiden, das das widerspruchsfrei Identische, Allgemeine feststellt, wobei es das Besondere, Individuelle eliminiert, beseitigt.

Jede Gestalt, auch jede Denkgestalt, als die wir hier das arabische Denken betrachten, erweist ihr Strukturgesetz, indem wir es von einem anderen abheben. Denn was ist spezifisch arabisch? Um den Charakter der arabischen Wissenschaft zu verstehen und ihre Sonderart gegenüber der griechischen, müssen wir hier einen kurzen Abstecher in noch unbegangenes Gebiet machen.

Während der Grieche dazu neigt, vom Sinnlichen als dem Zufälligen zu abstrahieren, vom Individuellen abzusehen, um zum abstrakten Begriff aufzusteigen, steht für den Araber das *Besondere*, die *Individualität* im Vordergrund seiner Aufmerksamkeit. Dies zeigt schon die Sprache, die ja stets unmittelbarer Ausdruck der jeweiligen Denkart ist.

Zwar ist die arabische Sprache einer hohen Abstraktion fähig, was ihr ermöglicht hat, die meisten philosophischen und wissenschaftlichen Fachausdrücke selbständig zu formulieren. Aber sie bildet wie wenig andere eine Unzahl von Bezeichnungen, die denselben Gegenstand unter den verschiedensten Blickwinkeln, von den verschiedensten Seiten und mit meist verschiedenen Eigenschaften packen. Die arabisch-semitische Sprache stellt dafür ein jeweils gleichbleibendes Gerüst von drei Konsonanten zur Verfügung, einen Wortstamm, aus dem sie in unendlichen Variationen und Kombinationen von Vokalen, von Akzenten, von Längen und Kürzen eine unendliche Vielzahl von *individuellen Besonderheiten* herausmeißelt. Etwa wenn sie das dreikonsonantige Thema »Pferd« zu Bedeutungsvariationen abwandelt wie Roß, Gaul, Mähre, Hengst, Stute, Fohlen, Wallach, Rappe, Schimmel und so fort – wobei unser Vergleich infolge der Unterschiede im Bau semitischer und indogermanischer Sprachen doppelt hinkt, da wir für jede besondere Bedeutung auf ein neues Wort angewiesen sind, die arabische Sprache dagegen alle Bedeutungsschattierungen aus einer Wurzel zu immer neuen bildet, so daß ihr Reichtum an Sonderbedeutungen den unsrigen weit übertrifft.

Hier ist die scharfäugige, *aufmerksame und zugleich geduldige Beobachtung* des Wüstenbewohners am Werk, dessen zwar unvergleichlich großartige, aber dinglich beschränkte Welt durch das hellsichtige Erfassen des besonderen Gesichts, der eigentümlichen, individuellen Physiognomie eines Blicks, einer Spur im Sand, der Gangart eines Kamels oder eines Menschen, der Bewegung einer Frau Farbe, Duft und Gestalt erhält. Hierher gehört die große Rolle der bereits in vorislamischer Zeit hochstehenden arabischen Dichtkunst und das Entzücken über die Treffsicherheit eines geglückten Ausdrucks, der nie das Allgemeine, sondern immer *den besonderen Umriß* mit knappen Strichen festhält.

Die Echtheit solcher Eigentümlichkeit der arabischen Denkstruktur erweist sich dadurch, daß derselbe Raster sich über ganz verschiedene Ausdrucksbereiche des arabischen Geistes legen läßt. In diesem Sinn für das Besondere, Individuelle wurzelt auch die arabische *Toleranz*, die bei Wahrung des eigenen Standpunktes andere Meinungen und Überzeugungen, andere religiöse oder völkische Individualitäten zu akzeptieren bereit ist und ihnen das Recht auf Ausübung ihrer Kulte einräumt. Von hier die vielfältig bewiesene Ritterlichkeit des Arabertums,[19] die nicht eine allgemeine, gleichmacherische Verbrüderung meint, so wenn der Emir Usama ibn Munkidh einem fränkischen Kreuzfahrer erklärt, der sich erfreut zeigt, in ihm »auch einen Ritter« zu finden: »Ich bin ein Ritter im Sinne meiner Rasse und meines Geschlechtes.« Aus allem spricht die Neigung, *in Individualitäten zu denken, das Einzelne in seiner Eigenart zu sehen und anzuerkennen.*

Im Unterschied zu den Griechen, die aufgrund ihrer dualistischen Sicht auch die Menschheit in das scharf einseitig belichtete Entweder-Oder von Hellenen oder Barbaren einteilten. Im krassen Gegensatz auch zum Auserwähltheitswahn des dualistischen Christentums, das nur Gläubige oder Ungläubige kennt, und zu seinem intoleranten Anspruch, allein selig zu machen, den eigenen Standpunkt absolut zu setzen und den zu verfolgen, der ihn nicht teilt. Während auch innerhalb des Islams eine Vielfalt von Bekenntnissen existiert, ohne daß mörderische Religionskriege um sie geführt wurden.

Das dualistische Denken hat die unausweichliche Neigung, scharfe Kontraste zu schaffen, alles auf einander ausschließende Widersprüche zu bringen – auf den sogenannten »kontradiktorischen Gegensatz«, für den es »entweder weiß oder schwarz« gibt.

Ein scharfer Schnitt trennt Geist und Materie, Form und Stoff, aber auch Theorie und Praxis. Entsprechend gibt es für das arabische Denken »sowohl weiß wie nicht-weiß«. Es akzeptiert eine Vielfalt, in dem das eine dem anderen sein Recht läßt.

Während im Dualismus griechischer wie christlicher Prägung die Gegensätze sich unversöhnlich ausschließen und der eine sein Gegenteil übertrifft an Realität, an Wert und an Rechten, »vereinbart« arabisches Denken das Verschiedene miteinander. Und wie für dieses etwa hohe Geistigkeit und Sinnlichkeit, Glaubensernst und Weltfreude, Religiöses und Weltliches keinen Widerspruch enthalten,[20] sich vielmehr *miteinander vereinbaren*, so greifen auch *Theorie und Praxis* – die für den Griechen ohne Beziehung bleiben – hier ineinander: in seiner Zuwendung zur Natur.

Und dies ist es, was die Eigenart der arabischen Naturforschung und Naturwissenschaft ausmacht. In ihnen trifft diese *Einstellung zur Wirklichkeit* mit ihrer *Verbindung von Theorie und Praxis* zusammen mit dem *Sinn für die Individualitäten des Seins.* Die Einzelwesen und Einzeltatsachen zu beobachten, sie als Besonderung des Allgemeinen in ihrem Sosein zu erblicken – dies fesselt den Araber. Denn »überall, wo immer ihr euch hinwendet«, hält die Natur ihm Gottes Antlitz entgegen.

Strebt das *griechische* Denken zum *»reinen Begriff«*, in dem der Verstand aus dem Gegebenen alle Eigenschaften, alle Qualitäten, die die Sinne ihm anbieten, Farbe, Wärme, Geruch, Gewicht, Helligkeitsgrad, Geschwindigkeit der Bewegung usf. *abstrahiert*, es alles Individuellen beraubt, so zieht das *arabische* Denken *aus der Erfahrung* der Sinne *»empirische Begriffe«*[21] durch *geduldige Beobachtung*, durch *Vergleichung der Gegenstände unter verschiedenen Bedingungen*, wobei der Verstand ihm die Form der Allgemeinheit gibt.

»Sabr«, »Geduld« gehört zu den höchsten Tugenden des Muslims. Mit hingebungsvoller Ausdauer und dem Spürsinn für feinste Unterschiede widmet er sich der wissenschaftlichen *Einzelfrage* – nicht etwa in einer, nicht in einem Dutzend, nein, in hundert und Hunderten von Untersuchungen. »Wir fuhren hinaus und sahen Tausende von Knochen und Gebeinen«, teilt der Anatom aus dem Kreis um Sultan Saladin, Abd al-Latif, mit, der auf einer Sammelstätte von Gebeinen weit vor den Toren Kairos gleich zwei Irrtümer des römischen Arztes Galen über den Bau des Skeletts nachprüft und berichtigt. »Wir untersuchten sie aufs genaueste und gewannen einen Haufen Wissen aus diesem Studium, ein Wissen, wie wir es niemals aus dem Studium von Büchern erlangt hätten... Wir aber untersuchten über zweitausend Knochen...«

Der große andalusische Astronom As-Sarqali (1029–1087) stellt in Toledo nicht weniger als 402 Beobachtungen an, in denen er als erster nachweist, daß die Veränderung der Erdferne der Sonne, die die Griechen für unverrückbar gehalten hatten, sich dem Vorrücken der Tages- und Nachtgleichenpunkte, der sogenannten Präzession der Nachtgleichen, anpaßt. As-Sarqalis Werk wurde mit dem latinisierten Verfassernamen Arzachel von Gerhard von Cremona übersetzt, noch 1530 von Coppernicus zusammen mit einer Schrift Al-Battanis – des vom Mittelalter gefeierten Albategnius – in seinem berühmten »De revolutionibus orbium coelestinum« zitiert.

Der Idealfall aber, wo Theorie und Praxis wechselseitig aufeinander bezogen sind und sich aufs innigste verzahnen, wo Theorie durch Praxis nachgeprüft oder nachgewiesen, wo aus der Praxis Theorie gewonnen wird, die wieder in praktische Anwendung umsetzbar ist, das ist das *Experiment*: die planmäßig veranstaltete, unter verschiedenen, künstlich hergestellten Bedingungen wiederholte Beobachtung von Naturvorgängen, die grundsätzlich wiederholbar sein muß.

In seinen unermüdlichen Naturbeobachtungen und Messungen und in den unter wechselnden Versuchsanordnungen wiederholten Experimenten kommt aber ein weiterer Zug des arabischen Geistes zur Geltung: die Neigung zu *rhythmischer Wiederkehr des Gleichen*, der nüchterne Rausch der Monotonie der unendlichen Wiederholung des immer gleichen Themas – sei's in der Musik, der Dichtung, der bildenden Kunst.

Wieder erleben wir, daß derselbe Raster der Bewußtseinsstruktur sich über alle Ausdrucksbereiche legen läßt: Schon in der Kasside, der traditionellen Gedichtform der arabischen Frühzeit, hat der Araber, den das Baugesetz seiner eigentümlichen Wortbildung ohnehin geradezu zum Reimen herausfordert, bei dem Wechsel des Wortstammes in schier unbegrenzter Folge gleicher Vokale die immer wiederkehrenden, immer gleichklingenden *Endreime* »wie ein Geschmeide aus Perlen zur Halskette« aneinandergereiht. Mit der unaufhörlichen rhythmischen Wiederholung ein und desselben Reims hat der Araber das getreue Abbild der *Arabeske* in jenem spezifisch arabischen Flächenornament in seiner mathematisch-abstrakten Gestalt geschaffen. Wie in der Kasside so ist in der Arabeske eine »künstlich« vereinfachende »Veranstaltung« am Werk, die die natürlichen Formen etwa des ägyptischen oder persischen Blatt- und Pflanzenornaments ihres sinnlichen Darstellungswertes entkleidet. Um eine Mitte kreisend setzt sich die Arabeske in streng geometrischen Linien fort, verschränkt sich in immer neuen Mitten und pflanzt sich derart ins unendliche Undsoweiter fort.

Wie das Eine, allgegenwärtig und unendlich, wie ein und dieselbe Ordnung, ein und dasselbe Gesetz aller Schöpfung zugrunde liegt, so addiert sich in strengem Rhythmus die Arabeske aus sich selbst heraus in grenzenloser Zahl. Sie ist »ohne Anfang und ohne Ende«, und geböten nicht die Grenzen der Fläche des Kunstwerks ihr Einhalt, sie überliefe alle Ränder nach allen Seiten. Ebenso wie in der Musik die unaufhörliche *Reihung desselben Tonornaments* irgendwann einmal abbricht ohne »Schluß«, ohne Kadenz oder Koda, wie unser Ohr sie erwartet.

Und es hat einen tiefen Sinn, daß Goethes Wort, das er der arabischen Dichtform gewidmet hat, ebenso für die Arabeske gilt – wie er die Natur zum Vergleich heranholt:

Daß du nicht enden kannst, das macht dich groß,
Und daß du nie beginnst, das ist dein Los.
Dein Lied ist drehend wie das Sterngewölbe,
Anfang und Ende immerfort dasselbe,
Und was die Mitte bringt, ist offenbar
Das, was zu Ende bleibt und Anfang war.

Doch noch eine vierte Eigentümlichkeit des arabischen Geistes kam der Ausbildung seiner Erfahrungswissenschaft und des Experimentes zugute. Dies ist ein ausgeprägter *Sinn für Zahlengrößen* und die Freude an rechnerischen Problemen. Ja, die Araber selbst haben überhaupt aus der nur mystischen, nur Eingeweihten zugänglichem Gebrauch dienenden Ziffernschrift der Inder mit den neun Ziffern und der von ihnen erfundenen Null das handliche, systematisch durchgestaltete Werkzeug des praktischen Zählens, Rechnens und einer Arithmetik geschliffen, dem die Zukunft gehören sollte. Damit taten sie den entscheidenden Schritt über Babylonier, Griechen und Römer, selbst über die mathematisch so begabten Inder und die im byzantinischen und persischen Reich tätigen christlichen Lehrstätten Syriens und Mesopotamiens hinaus.

Es beginnt im Jahr 773, als in Bagdad der Inder Kankah dem Beherrscher der Gläubigen eine astronomische Schrift überreicht, die sogleich übersetzt wird und großes Interesse erregt. Der hochgebildete Kalif al-Mamun beauftragt den Mathematiker al-Chwarismi, einen Auszug aus dem Buch zu verfassen, und dieser ruft eine Revolution hervor. Revolutionär ist schon der Gedanke, die allgemein verbreiteten griechischen und römischen Buchstabenzahlen durch eine ganz andere Zahlschrift zu ersetzen. Wie ungeschickt und grobschlächtig war die römische Zahlenschrift, bestehend aus einzelnen Buchstaben wie I, V, X, L, C, D und M, die durch bloße Vermehrung – z.B. XXXIII – gebündelt wurden! Mit ihr war kaum ein einfaches Rechnen wie Multiplizieren und Dividieren möglich, geschweige höhere Rechenarten. Wie klar und elegant dagegen die »Stellenwert«-Schrift, die durch die Stellung der neun Zeichen und der Null den jeweiligen Wert der Ziffern anzeigte und auf diese Weise ins Unendliche fortgesetzt werden konnte, ohne daß ein neues Zeichen eingeführt werden mußte! Sie erlaubte, komplizierteste Rechenoperationen durchzuführen.

Nicht den syrischen Gelehrten, die schon in vorislamischer Zeit von den indischen Zeichen Kenntnis hatten, erst den Arabern gingen Sinn und Bedeutung der Null auf, dieses geheimnisvollen

Zeichens, deren Erfindung durch die Inder gewiß zu den genialsten der Menschheit gehört. Erst der Mathematiker und Astronom am Hof des 7. Abbasidenkalifen al-Mamun, al-Chwarismi (787–847), schliff sich diese seltsamen Kleinodien zu kristallener Klarheit von vielfältigem Nutzen zurecht. Erst der mathematische Verstand der Araber brachte es fertig, obwohl gänzlich unvorbereitet, einen für ihn fremden Denkprozeß zu verstehen, nachzuvollziehen und in kürzester Zeit weithin durchzusetzen. Einen Prozeß, der im Abendland seit der ersten Bekanntschaft mit dem berühmten Rechenbuch al-Chwarismis, das seit 1143 als »Liber Algorismi« durch das Mittelalter geistert, mit den jetzt sogenannten »arabischen Ziffern« (von ar. as-sifr, die Leere) vier bis fünf Jahrhunderte bornierter Ignoranz und grotesken Widerstandes, dramatischer Kämpfe und hemmender Mißverständnisse bedurfte.[22] Mit dem geheimnisvollen Wort »Algorithmus« für ein zur Regel gewordenes Rechenverfahren erlaubte sich das Abendland eine Mystifikation, die viele gelehrte Wortdetektive immer von neuem auf das griechische Glatteis lockte, bis sich herausstellte, daß in ihm der Name al-Chwarismis verballhornt worden war.[23]

Hier herrscht nicht die abstrakte Luft der Zahlentheorie und Zahlenspekulation der Griechen, hier führen handfeste, Schritt für Schritt vorgetragene Rechenbeispiele aus der Praxis, und zwar, wie al-Chwarismi selbst betont, »die allergewöhnlichsten Fälle« in das im Alltag angewandte Rechnen hinein. Erst durch ihn wurde die Arithmetik für den praktischen Gebrauch und für die Wissenschaft erschlossen und systematisch ausgebaut. Sein kleines Buch der Rechenkunst gibt er den Bankhaltern, Kaufleuten, Vermessungsbeamten und Testamentsvollstreckern in die Hand, um sie erst einmal das Zahlenschreiben, das Addieren und Subtrahieren, das Halbieren und Verdoppeln, das Multiplizieren und Dividieren und das Bruchrechnen mit der neuen Ziffernschrift zu lehren.

Die Lust an rechnerischen Aufgaben und die zahllosen Bedürfnisse praktischer Anwendung spornten zu weiterer Entwicklung an. Der Astronom und Mathematiker al-Kaschi führte die Arithmetik zu hoher Vollendung, in seinem »Schlüssel zur Arithmetik«

gab er dem Stellenwertsystem die letzte Vollkommenheit, indem er als erster Brüche in Stellenschrift umsetzte und das Rechnen mit Dezimalbrüchen »hinter dem Komma« lehrte. Eine Leistung, ohne die heute weder die Eierfrau noch der Milchmann auskämen und das Logarithmenrechnen unmöglich wäre.

Jede Konstruktion, jede der verwickelten astronomischen oder physikalischen Berechnungen waren auf ein ausgebildetes Ziffernrechnen angewiesen. Und allem, was sich berechnen ließ, gaben die Araber sich offensichtlich mit Leidenschaft hin. Die Besessenheit für »die schönste der Disziplinen«, das Rechnen, führte sie an arithmetische Probleme heran, die den größten Mathematikern der Antike unlösbar erschienen wären.

Das klingt überraschend. Denn »Arithmetik« ist ein griechisches Wort. Es bedeutet »das Vergnügen, mit Zahlen umzugehen«. Aber dieser Umgang mit den Zahlen war für die spekulativ veranlagten Griechen ein reiner Gedankenluxus. Als das aufgeklärte Kind der Zahlenmystik befaßte ihre Arithmetik sich mit Zahlentheorie und Zahlensymbolik, mit Zahlenreihen und Zahlenverknüpfungen. Aber doch nicht mit dem Zahlenrechnen, mit dem der Händler auf dem Markt zu tun hatte. Rechnen mit den Buchstaben des Alphabets, die eigentliche Rechenkunst, fiel für sie unter das weniger und sehr spät bebaute Feld der Logistik.

Gerade hier zeigt sich der tiefgehende Wesensunterschied von griechischem und arabischem Denken von einer neuen Seite. Das von ihnen ausgebildete neue Instrument leistete den Arabern nützliche Dienste bei ihren astronomischen Beobachtungen mit Hilfe der von ihnen mit viel technischem Erfindergeist konstruierten oder verfeinerten Meßgeräte für immer neue und immer bessere astronomische Tafelwerke, Kalender und Jahrbücher. Es kam auch ihren Messungen und Berechnungen bei physikalischen Experimenten zugute. Errungenschaften, aus denen die Fortschritte resultieren, die die Araber über die Antike hinaushoben und aufgrund deren sie die europäische Wissenschaft anregten und bereicherten.

SELBSTÄNDIGE WISSENSCHAFTLICHE LEISTUNGEN DER ARABER

Die Araber haben nicht nur das Erbe der Griechen vor Untergang und Vergessen gerettet – was man ihnen bisher als alleiniges Verdienst großmütig zugibt –, und sie haben es nicht nur systematisch gesichtet, geordnet, mit eigenen Erkenntnissen versehen an das Abendland weitergegeben, so daß unzählige arabische Lehrbücher bis ins 16. und 17. Jahrhundert den bevorzugten Lehrstoff an den Universitäten abgegeben haben – was man gern unter den Tisch fallen läßt. Sie wurden – was in geringstem Maße in das Bewußtsein des Abendlandes gelangte oder überhaupt verdrängt wurde – die Begründer der experimentellen Chemie und Physik, der Algebra, der Arithmetik im heutigen Sinne und der sphärischen Trigonometrie, der Geologie, Soziologie und Religionsphilosophie.

Neben zahllosen wertvollen Einzelentdeckungen und Erfindungen in allen Erfahrungswissenschaften, oft vom Abendland plagiiert und europäischen Autoren untergeschoben, haben sie der Welt das vollständig ausgearbeitete Handwerkszeug an die Hand geliefert: ihr Zahlensystem und Zahlenrechnen und ihre Methoden naturwissenschaftlicher, speziell experimenteller Forschung, die für die Entwicklung eigener europäischer Wissenschaft von gar nicht zu überschätzendem Wert wurden. Betrachten wir nur einzelne Persönlichkeiten, die aus der Menge der ungewöhnlich zahlreichen namentlich bekannten Wissenschaftler herausragen.

Mit Basra, der Hafenstadt am Schatt al-Arab, dem Araberstrom, in dem Euphrat und Tigris zusammenfließen, verbindet sich auch der weltweite Ruhm zweier der großen arabischen Naturwissenschaftler, die als die Begründer ihrer Wissenschaft zu gelten haben: der experimentellen Chemie und der experimentellen Physik, speziell der Optik.

Hinter den Schleier zu blicken, der die geheimnisvolle Gestalt des Mannes tausend Jahre und mehr verbarg, den das zaubergläubige Abendland unter dem Namen »Geber« ob der krausen, ihm untergeschobenen Schriften als den größten Magier aller Zeiten auf den glitzernden Thron der Alchemie hob, ist bis heute noch nicht restlos gelungen. War er der Sohn eines in Basra lebenden Apothekers Haiyan? Gehörte er zu den führenden Köpfen der Ismailija? Ja, war dieser arabische »Hippokrates der Chemie« einer der Lauteren Brüder? Schrieb er gar als politischer Agent propagandistische Werke, die er in philosophische und wissenschaftliche Abhandlungen von erstaunlicher Selbständigkeit kleidete? Ein umfangreiches Werk dieses genialen Arabers ist bis heute aufgefunden, das ihn in der Tat als den Begründer der wissenschaftlichen Chemie und als ihren bedeutendsten Vertreter bis an den Rand der Neuzeit ausweist.[24]

Auch dieser Dschabir ibn Haiyan aus dem mächtigen Stamme der Asd war ein eigenständiger und origineller Forscher, der mit seiner Erfindung experimenteller Methoden und seinen Entdekkungen neuer chemischer Elemente und Verbindungen die alchemistischen Theorien und Praktiken des Orients und der Griechen, selbst des Hellenismus weit hinter sich ließ, ja der schon an Tieren chemische Versuche unternahm. »Er war ein bedeutender Gelehrter, obwohl er ein Araber war«, muß ein Mann der araberfeindlichen Opposition widerwillig anerkennen. Er in besonderem Maße setzte seine geschliffene Kritik gegen die Behandlung chemischer und physikalischer, astronomischer und metaphysischer Probleme durch »die Alten«. Und hier zeigte sich der echte Araber, dessen Realismus, dessen Wirklichkeitssinn sich aus der Überzeugung nährte, den Dingen mit Hilfe der Wahrnehmung und des Denkens nahezukommen, und seine Wissenschaft auf sie baute. Der Konflikt mit dem Griechentum war damit vorprogrammiert.

Und ein so klarer und folgerichtiger Denker wie Dschabir ibn Haiyan läßt ihn nicht auf sich beruhen. Der Gegensatz bricht offen aus, wenn er etwa in seinem »Buch über die Eigenschaften der Dinge« gegen jene räsonniert, die die Existenz von Eigenschaften überhaupt leugnen und sie als Schein entwerten, und Aristoteles angreift, der den Verstand für außerstande erklärt, ihre Existenz zu begründen. Wissenschaft ist für Dschabir erst möglich, wenn sie den »Grund« für das Sein der Dinge anerkennt und erfragt! Dank seiner neuen Sicht der Wirklichkeit überholt Dschabir die esoterische Alchemie der Alten, reinigt sie von ihren vorwissenschaftlichen, spekulativen Bestandteilen, indem er aus der wundersüchtigen babylonischen, griechischen, spätägyptischen und persischen Alchemie das allegorische und magische Element herausdestilliert, durch sie herausgefordert, in nüchternen, planmäßigen Versuchen Stoffe zu analysieren, zu unterscheiden, zu definieren. Anstelle der bisherigen einfachen Schmelzverfahren ihrer utopischen Goldgewinnung aus Metallen entwickelt er Lösungsverfahren mit Hilfe der von ihm gewonnenen Salpetersäure, Salzsäure und des Königswassers. Ihm gelingt auch, was die antike Chemie grundlegend veränderte, die Gewinnung des mineralischen Ammoniaks und von Ammoniakabkömmlingen.[25]

Neu und revolutionär für das 8. Jahrhundert ist eine weitere Richtung, die das Genie des Dschabir der Chemie gibt: er überholt die Griechen und die hellenistischen Wissenschaftler auch durch seine Konzeption einer organischen Chemie. »Die Zurückführung des Körpers auf die ihn aufbauenden Grundstoffe bildet einen wesentlichen Teil von Dschabirs Lehre und ist ausschließlich an die Analyse organischer Wesen gebunden.«[26] Aus tierischen und pflanzlichen Stoffen bereitet er Elixiere – auch ein arabisches Wort –, deren Rezepte er bereits auf arithmetischer Grundlage notiert.

Ein besonderes Werk befaßt sich mit den Giften, deren Wirkung Dschabir zuvor im Tierexperiment untersucht hat. Einer seiner Schüler erklärt voller Bewunderung für »unseren Meister Abu Mußa«, wie er Dschabir nennt: »Dieses Buch von ihm über die Gifte ist großartig. Es enthält riesige verschiedenartige Probleme und nützliche Dinge. Wie erstaunlich ist es doch!«

Doch Dschabirs Experimentierleidenschaft geht noch weiter. Es ist der Magnetismus, der ihn fesselt und mit dem er als erster wissenschaftlich experimentiert. Der Magnet wirkt durch dicke Messingplatten hindurch. Ja, der Magnetismus überträgt sich auf andere Metalle. Dschabir mißt die Tragfähigkeit von Magneten nach dem Gewicht ihrer Hebeleistung und stellt fest, daß sie mit der Zeit abnimmt. Die Beschäftigung mit magnetischen Kräften – von Aristoteles noch als »Sympathie« und »Liebe« zwischen zwei Körpern gedeutet – muß Dschabir besonders herausgefordert haben in einer Zeit, in der – wie die älteste Urkunde aus dem Jahr 854 belegt – arabische Seeleute den Magnetstein für die Kursbestimmung auf große Fahrt mitnahmen für den Fall, daß die Nacht ihnen den Sternenhimmel schwärzte.

Unter Dschabirs Schülern ragt ar-Rasi (865–925) heraus. Er stammt aus Raj in der Nähe Teherans. Auch ihn beschäftigt die Frage nach »den Ursachen der Anziehung des Eisens durch den Magneten«, wie er eine Schrift nennt, und, wie ein Körper auch durch leeren Raum auf einen anderen wirken könne. Doch sein unvergänglicher Ruhm als einer der größten Ärzte aller Zeiten in der arabischen und in der lateinischen Welt, die ihn unter dem Namen Rhases bis ins 17. Jahrhundert zu ihren beliebtesten Lehrern neben Hippokrates und Galen, ja, noch über sie stellte, gründet sich auf seine Leistungen in der Medizin. Der berühmte Arzt, der in seiner Jugend als mittelmäßiger Sänger und Zitherspieler in seiner Heimatstadt begonnen hat, läßt sich eines Tages so lebhaft von der Chemie fesseln, daß er umsattelt, um Chemie und dazu Medizin in der Metropole Bagdad zu studieren. Und zeitlebens wird er erst den für einen guten Mediziner halten, der sich zuvor in die Chemie eingearbeitet hat. Denn ar-Rasi ist es, der die Chemie zur Heilmittelkunde entwickelt, die, bisher ein Teil der Medizin, erst durch ihn zur selbständigen Disziplin erhoben wird.

Beschäftigten sich einstmals Galen und Dioskurides ausschließlich mit einfachen pflanzlichen Drogen, so stellt jetzt ar-Rasi nach dem Vorbild Dschabirs die anorganische Chemie als experimentelle Wissenschaft als erster bewußt in den Dienst der Medizin, ein früher Paracelsus, und macht sie mit Hilfe von Tierversuchen einsatzfähig für die ärztliche Therapie. Er erkennt, daß er durch Veredelung und künstliche Umformung der Naturstoffe neue Heilmittel schaffen kann, die in der Natur nicht vorkommen. Und dies ist eine seiner bahnbrechenden Neuerungen gegenüber den Alten: Neben pflanzlichen und tierischen Stoffen, Blut, Milch, Harn und Giften, verwendet er als erster eine Unzahl von

Mineralien, Salzen, Boraxen – ein Wort arabischen Ursprungs –, Vitriolen, Metallen, Steinen, Quecksilber, Schwefel und Arsensulfat.[27]

Doch auch dies hat er von »meinem Meister Abu Mußa« gelernt: Vor ihrer Anwendung prüft er, nach bester arabischer Manier seit Dschabir, die auf synthetischem Wege erzeugten Substanzen im Tierversuch. An Affen entwickelt er die Quecksilberverbindungen als Heilmittel z. B. für gewisse Hautkrankheiten. Wir besitzen ausführliche Schilderungen solcher Versuche. Im Tierexperiment vervollständigt er die Opium- und Haschischpharmakologie für die Anaesthesie, die von den Arabern vielseitig ausgebildet, im europäischen Mittelalter jedoch, sobald sie dort Schule macht, sogleich als Hexenwerk verdächtigt und verfolgt wird.

Als erster stellt ar-Rasi die wichtige Schwefelsäure her. Er befaßt sich eingehend mit zweiundachtzig verschiedenerlei Giften aus dem Tierreich, aus Mineralien und aus dem Pflanzenreich, z. B. mit Pilzvergiftungen, mit ihrer Erkennung, Behandlung und ihrer Therapie durch Gegengifte, auch hierin bahnbrechend. Und noch heute erfreut sich der Brauch ständig steigender Beliebtheit, den ar-Rasi eingeführt hatte, schlechtschmeckende Medikamente als Dragées mit einer Kruste zu überziehen. Aus stärke- oder zukkerhaltigen gegorenen Flüssigkeiten endlich stellt er Alkohol her – ein Wort arabischen Ursprungs, das wörtlich »das Zarteste« bedeutet.

Dschabir, ar-Rasi und ihren Nachfolgern gelang es, eine Unzahl von chemischen Verbindungen darzustellen, darunter Quecksilberoxyd, Zinnober, Arsenik, Silbernitrat, Alaun, ebenfalls ein arabisches Wort, Kupfervitriol, Ätzkali, Kalilauge, Natronlauge, Schwefelmilch, Schwefelleber und viele andere. Sie gewannen reinen Alkohol, der als Heilmittel in der Wundchirurgie Verwendung fand. Sie unterschieden zwischen Säuren und Laugen. Sie beobachteten die Gewichtszunahme der Metalle beim Oxydieren und Sulfurieren. Sie erkannten zuerst, daß Feuer bei Luftabschluß verlischt. Sie entwickelten die fundamentalen chemischen Operationen wie das Evaporieren, Sublimieren,

Amalgamieren, Kristallisieren, Kalzinieren, Filtrieren, Destillieren, wobei sie die direkte Destillation von der durch Wasserbad oder Sandbad unterschieden.

Hierfür stellten die syrischen und die ägyptischen Glasmacher ihnen die kunstvollen Erzeugnisse ihrer hochentwickelten Glasbläserkunst, mit Hilfe der Glasbläserpfeife, zur Verfügung, mit der sie die zähflüssige Schmelze formten. Von dort faßte die Glasherstellung durch arabische Glasbläser auf Murano in der Lagune von Venedig Fuß und bezauberte mit ihrer nie gesehenen Schönheit seit dem 13. Jahrhundert das Abendland. Vor allem aus Aleppo, dessen Glaswaren bis dahin einen der begehrtesten arabischen Exportartikel darstellten, wanderten die gläsernen Retorten, Reagenzgläser und Glasröhrchen in die arabischen Laboratorien mit Alambik und Aludel, den von den Arabern erfundenen Destillierkolben, die noch heute ihre arabischen Namen tragen.

Zu den von den Chemikern verwendeten, regulierbaren Öfen konstruierte der andalusische Arzt Abu 'l-Kassim einen, der sich speziell für die Destillation eignete und dessen Feuerungsmaterial sich automatisch ersetzte. Zur Feststellung des spezifischen Gewichts eines zu untersuchenden Stoffes und zu seiner Bestimmung wurde eine Präzisionswaage erfunden mit fünf Schalen, deren eine auf Wasser schwamm.

Von den großen Leistungen der Araber auf dem Gebiet der Chemie zeugen noch heute ungezählte Fachausdrücke, die aus dem arabischen Wortschaftz in die Sprache aller Völker übergegangen sind, voran Alchemie, Alambik, Alaun, Aldehyd, Alhandal, Alizarin, Alkali, Alkohol, Aludel, Amalgam, Anilin, Antimon, Arrak, Azurblau, Bedeguar, Benzin, Benzoe, Borax, Droge, Drogerie, Elixier, Kali, Kalium, Kolkothar, Lack, Lasurstein, Markasit, Natrium, Natron, Realgar, Saflor, Salep, Schellack, Soda, Talkum, Tintal u.a.[28]

Dank ihrer wissenschaftlichen Methoden »entwickelten sie« nach dem Urteil des englischen Historikers Custom »die Chemie zu einer solchen Höhe, daß die Entdeckungen der modernen organischen und anorganischen Chemie nötig waren, um sie wieder auf den Stand zu bringen, auf den die Araber sie erhoben hatten.«[29]

Auch die Wiege der experimentellen Physik, genauer der Optik, stand in Basra, wo im 8. Jahrhundert an-Nassam seinen Landsleuten die Sonde des Zweifels in die Hand gegeben und ihnen den Blick für die Erkenntnis der Dinge erschlossen hatte, »wie Augen und Ohren sie wahrnehmen«, ja bereits eine Vorliebe fürs Experimentieren gezeigt hatte.

Der am Nil residierende Fatimidenkalif al-Hakim beruft eines Tages den arabischen Arzt und Wesir aus Basra al-Hassan ibn al-Haitham[30] (965–1039), der sich auch als Mathematiker, Physiker und Astronom von schöpferischer Vorstellungskraft einen Namen gemacht hat, an seinen Hof nach Kairo mit dem Auftrag, die jährlichen Nilüberflutungen zu regulieren. Doch nach Prüfung der Stromverhältnisse bis hoch nilaufwärts muß Ibn al-Haitham beschämt und niedergeschlagen sein Unvermögen eingestehen, zu leisten, was in Jahrtausenden das hochbegabte Volk der Pyramidenerbauer mit seinem geometrischen und technischen Können nicht zu schaffen imstande gewesen ist. Sein Versagen zieht die allerhöchste Ungnade auf sein Haupt und, um dem gewalttätigen Zorn des unberechenbaren, schon umnachteten Herrschers zu entgehen, stellt er sich selbst wahnsinnig. Seine List gelingt. Doch er wird in seinem Haus eingeschlossen und bewacht, sein Vermögen eingezogen. Und dieses selbst heraufbeschworene Gefangenendasein, dieser Faradaysche Käfig, in den er sich eingeschlossen hat, verschafft Ibn al-Haitham die schöpferische Muße, in der er mit neuen Theorien und Experimentiermethoden einer neuen Wissenschaft zum Licht verhilft: der Optik, der Wissenschaft vom Licht.

Aber hatten Euklid und Ptolemäus, Aristoteles, Archimedes und Galen nicht längst das Grundlegende geleistet? Ibn al-Haitham läßt sich von den Autoritäten nicht blenden. Er greift sie an der Wurzel an und läßt sie alle mit seiner Theorie, die dazu den Vorzug hat, ganz neue, weiterführende Erkenntnisse und Gesetze zu gewinnen und experimentell zu beweisen, weit hinter sich.

Hatten die Unfehlbaren, Euklid und Ptolemäus, gelehrt, das Auge entsende »Sehstrahlen« in Richtung auf die wahrzunehmenden Dinge, so erklärt Ibn al-Haitham:

»Nicht ein Strahl, der das Auge verläßt, bewirkt das Sehen. Vielmehr strahlt die Gestalt des wahrgenommenen Gegenstandes in das Auge und wird von seinem durchscheinenden Körper umgewandelt.«

Sorgfältig beschreibt er die Linse, Häute, Säfte und Sehnerven, die die von den Objekten ausgehenden Sinneseindrücke zum Gehirn leiten. Entsteht hier einfach ein verkleinertes »Abbild«? So leicht macht Ibn al-Haitham es sich nicht. Aufgrund der gespeicherten Erfahrungen zieht das Gehirn aus den aufgenommenen Sinneseindrücken »augenblicklich« Schlüsse auf Entfernung und Gestalt des Wahrgenommenen.

Was hatte ihn zu dieser umstürzenden Theorie über das Sehen und über Wesen und Leistung der Sinnesorgane gebracht? Als Astronom hatte er aufgrund seiner Beobachtungen entdeckt, daß alle Himmelskörper eigenes Licht aussenden und nur der Mond seine Helligkeit von der Sonne empfängt. Sie haben ihn eine neue Vorstellung vom Charakter der Lichtstrahlen gelehrt: von jeder Stelle des Gegenstandes laufen sie geradlinig in alle Richtungen. Und dies beweist er in seinen Experimenten mit mathematischer Exaktheit.

Nicht anders als die neuzeitliche Naturwissenschaft verbindet Alhazen – wie das Abendland ihn nennen wird, ohne sich in angemessener Weise zu seinem Lehrer zu bekennen – aufs glücklichste theoretische Betrachtung mit dem planmäßig veranstalteten Versuch. In seinen Experimenten, die er während seiner Gefangenschaft und, nachdem der Kalif bei einem Spazierritt vor den Toren Kairos auf rätselhafte Weise verschwindet, in den Jahren seiner zurückgewonnenen Freiheit anstellt, schreitet er sämtliche Gebiete der geometrischen Optik ab und macht ein ganzes Wissensgebiet urbar.

Zur selben Zeit, während man sich in Deutschland im Hessischen bemüht, bei einer Mondfinsternis »das den Mond verschlingende Ungeheuer« durch Schreie und Lärminstrumente zu verscheuchen, fragt sich der Mann am Nil: Wie kommt die Mondfinsternis zustande, wenn der Mond selbst nicht leuchtet, sondern sein Licht von der viel größeren Sonne empfängt und dennoch einen Schatten zeigt, der ihn ganz oder teilweise bedeckt? Und sogleich baut er sich seine Lichtquellen auf und studiert unter den verschiedensten Versuchsanordnungen alles, was sie ihn lehren können »Über die Natur der Schattenwerfung«, wie er seine Schrift nennt.

Als erster experimentiert Ibn al-Haitham mit einer Art Lochkamera, dem Urmodell der Photokamera, das ihm die geradlinige Ausbreitung der Lichtstrahlen beweist und – er traut seinen Augen kaum – ihm durch Umkehrung der Bilder die Welt auf den Kopf stellt. Dabei bedient er sich derselben Anordnung, die, keineswegs zufällig, später Leonardo da Vinci verwenden wird. Er findet die Erklärung für die durch verschiedene Medien wie Luft, Wasser oder Glas hervorgerufene Strahlenbrechung und berechnet danach die Höhe der irdischen Lufthülle erstaunlich genau auf fünfzehn Kilometer. Er befaßt sich mit dem Entstehen des Mondhofes, der Dämmerung und des Regenbogens, an dessen physikalischer Erklärung Aristoteles gescheitert war.

Er wendet seine Erkenntnisse auch auf optische Geräte an. Im 9. Jahrhundert hatte al-Kindi das griechische Wissen schon mit seinen Versuchen am Brennspiegel überholt. Ibn al-Haitham studiert und berechnet die Reflexion im Kugel- und Kegelschnittbrennspiegel und findet die Gesetze der Wirkung des Scheinwerfers. Er untersucht die Brennwirkung und die Vergrößerungen nicht nur durch den Hohlspiegel, sondern auch schon durch das Brennglas, die Lupe; er erfindet auch die erste Lesebrille. Seine hohe Meisterschaft als Theoretiker und Experimentator erweist er in den Untersuchungen des Strahlengangs innerhalb einer Kugel, Experimente, die sein ihm durchaus ebenbürtiger Kommentator, Kamāl ad-Din drei Jahrhunderte später in seinem Geiste weiterführt.

Der Einfluß dieses genialen Arabers auf das Abendland ist gewaltig. Seine physikalisch-optischen Theorien beherrschen die europäische Wissenschaft bis in die Neuzeit hinein. Auf der »Opticae thesaurus« des Alhazen gründet hier alle Optik von dem Engländer Roger Bacon bis zum Polen Vitellio und dem Italiener Leonardo da Vinci. Noch heute heißt die komplizierte physikalisch-mathematische Aufgabe, die Ibn al-Haitham durch eine Gleichung vierten Grades löste und die seine großen algebraischen Fähigkeiten verrät, nämlich in einem sphärischen Spiegel den Punkt zu berechnen, von dem ein Gegenstand von gegebener Entfernung zu einem gegebenen Bild reflektiert wird, Alhazensches Problem.

Doch notwendiges Hilfsmittel alles Forschens und Experimentierens ist für die Araber die Mathematik. Wir sahen al-Chwarismi die sicheren Grundlagen der Arithmetik legen, die alle Operationen des Rechnens ermöglicht. Aber damit erschöpft sich sein Beitrag keineswegs: er liefert seinen Forscherkollegen ein weiteres unerläßliches Handwerkszeug: die Algebra, die Lehre von den Gleichungen, die erst das zahlengenaue Auffinden von einem oder mehreren unbekannten Werten erlaubt. »Al-Dschabr wa 'l-Muqabala«, »Wiederherstellung und Ausgleich« – nämlich bei der Umformung von Gleichungen – heißt der Titel seines Buches aus dem Jahr 820, des zweiten, mit dem er sich in die Geschichte eingeschrieben hat. Dieses bedeutende Werk, das die »Algebra« zum erstenmal in ein System bringt, erlangt in der arabischen Welt hohes Ansehen und großen Einfluß auf seine Nachfolger in diesem Zweig. Das Abendland widmet ihm eine außerordentliche Aufmerksamkeit. In lateinischen Übersetzungen und Bearbeitungen, 1140 durch Johannes von Sevilla, 1150 durch Gerhard von Cremona und 1145 durch Robert von Chester, findet es Eingang in die aufs höchste interessierten Kreise des Westens. Auch Leonardo von Pisa, der größte Mathematiker des europäischen Mittelalters vor Descartes, der schon als Knabe in Bugie bei einem arabischen Rechenlehrer und während seiner Kaufmannsreisen an arabischen Universitäten gelernt hat, geht bei al-Chwarismi in die Schule; in seinem »Liber Abaci« von 1202 – mit dem er das Abendland auch das Ziffernrechnen nach »Algorismi« lehrt – wird aus dem latinisierten ersten Wort im Titel »al-

Dschabr«, zum erstenmal und für alle Zeiten das Wort »Algebra«.

Ebenfalls aus der Algebra des in Ägypten lebenden Abu Kamil und den Schriften al-Birunis, Ibn Sinas und al-Karadschis schöpft Leonardo seine Kenntnisse über Gleichungen höheren Grades. Den Gipfelpunkt ihrer Entwicklung erreicht die Algebra endlich mit einem Mann, den wir als den Dichter teils tiefsinnig-mystischer, teils frivol-atheistischer Strophen kennen, mit dem gebürtigen Perser Omar ibn al-Chaijām, dem »Zeltmacher«, dessen Werke jedoch infolge des hohen Schwierigkeitsgrades keine Übersetzer finden. Er führt, auf al-Chwarismi fußend, die Algebra zu einer Höhe, die erst von Descartes wieder erstiegen wird. Er gilt als Gipfel der mittelalterlichen Mathematik.

Araber werden auch die Begründer der sphärischen Trigonometrie, eines Gebiets, das bei den Griechen noch nicht existierte. Angeregt wird diese äußerst fruchtbringende Entwicklung durch den Transversalensatz des Menelaos. Die Araber setzen an seine Stelle die Sinus- und Tangenssätze und die Fundamentalformen der Dreieckslehre. Damit machen sie ein weites, bisher unbeakkertes Feld urbar, das für die Astronomie, für die Navigation und für die Landvermessung von großer Bedeutung wird. Anstelle der Sehnen von Bogen des vollständigen sphärischen Vierecks verwenden sie den »Sinus« – die lateinische Übersetzung von »dschaib«, Bausch, Busen, aus dem bei den Arabern wie bei Europäern berühmten Werk al-Battanis »De scientia stellarum« – von Seiten und Winkeln des sphärischen Dreiecks. Sie stellen die Funktionen Cosinus, Tangens und Cotangens auf und berechnen Sinus- und Tangententabellen.

Der gebürtiger Perser Abu 'l-Wafa führt al-Battanis Werk ganz beträchtlich fort und erfindet neue Berechnungsverfahren für Sinustafeln, die es ihm erlauben, bis zu drei Stellen der zehnten Dezimale zu errechnen. Ihre höchste Stufe erreicht die Entwicklung ebenfalls durch einen gebürtigen Perser, Nassir ad-Din at-Tußi, eine Entwicklung, deren stolze Höhe vom Abendland erst mehrere Jahrhunderte später erklommen wurde. Doch gerade die Hochleistungen, die den arabischen Schöpfungen die endgültige

Form gaben, dringen nicht in den Westen, so wie sich auch von den Annäherungen an die Idee der Infinitesimalrechnung und des Logarithmus durch Ibn Sina und al-Farabi keine Fäden ins Abendland spannen.

Daß Kritik und Revision vor dem Idol Euklid auch in seinem eigensten Reich, der Geometrie, nicht haltmachen, daß Erweiterungen vorgebracht, unbefriedigende Auffassungen Euklids neu definiert und orientiert werden, auch dies bleibt innerhalb der arabischen Welt. Bis auf eine Schrift Omar ibn al-Chaijams, die in der Bibliothek von Leiden aufbewahrt wird. Und bis auf die Versuche, seine Parallelentheorie zu beweisen und die Formulierung einiger nicht-euklidischer Theoreme, die, wenn auch sehr spät, die europäischen Mathematiker Wallis und Saccheri befruchten.[31]

Doch wie arabische Wissenschaft sogleich zur praktischen Anwendung drängt und so auch angewandte Mathematik in allen Wissenschaften ihre Funktion hat, so gibt es in der arabischen Welt keinen Mathematiker, der sich nicht zugleich in Astronomie, Geographie, Medizin, Geschichte oder Philosophie hervorgetan hätte. Oft unmöglich, festzustellen, welcher Disziplin diese Vielseitigen zuzuzählen sind, in welcher sie ihr Größtes geleistet haben.

Die Leuchte des Bait al-Hikma, des Hauses des Wissens in Bagdad, al-Chwarismi,[32] der sich mit seinen mathematischen Leistungen unsterblich machte, wirkt auch als angesehener Astronom und Geograph. Für seine Astronomen hat al-Mamun am Schamassija-Tor im höchstgelegenen Teil der Stadt eine eigene Akademie errichtet und mit einer Bibliothek und einem Observatorium ausgestattet. Hier verfaßt al-Chwarismi im Auftrag des Kalifen ein astronomisches Tafelwerk, das seinen wissenschaftlichen Ruf in den Ländern des Islams begründet. Mit anderen Astronomen führt er systematische Beobachtungen der Bewegung der Himmelskörper durch, die gleichzeitig in den Sternwarten am Schamassija-Tor und auf dem Berg Qasijun nördlich von Damaskus vorgenommen werden und dadurch zu erstaunlich exakten Resultaten führen. Er überprüft die Angaben im Tafelwerk des Ptolemäus und berichtigt sie in grundlegenden Punkten.

Unübersehbar die Zahl der arabischen Astronomen, die dem blinden Autoritätsglauben, den das mittelalterliche Abendland dem hellenistischen Fürsten der Astronomie Ptolemäus entgegenbringen wird, nicht erliegen, vielmehr seine Ergebnisse durch neue Beobachtungen, Berechnungen und Theorien verbessern, Irrtümer berichtigen und ihn in Teilfragen vielfach überholen. Unter jenen, die mit ihren Werken auf die europäische Wissenschaft einwirken, sind Männer wie Jachja ben Abi Manssur, Leiter des Bait al-Hikma in Bagdad, al-Fargani, dem Abendland als Alfraganus geläufig, ein Zeitgenosse al-Chwarismis und Quelle der Lauteren Brüder, Ibn al-Adami, al-Battani, genannt Albategnius, as-Sufi, genannt Arzolphi, Ibn Junis, Dschabir ben Aflah und as-Sarqali aus Toledo, genannt Arzachel. Wir werden manche Spur in der lateinischen Welt wieder aufnehmen.

Die Araber hätten, so ein Historiker, durch eigene Forschungen bis an die Grenze geführt, über die sie ohne das Fernrohr nicht hinausgelangen konnten. Doch welche Hilfsmittel standen ihnen für ihre Himmelsbeobachtungen zur Verfügung? Hellenistische Astronomen haben ihnen bereits einige Meßapparate an die Hand gegeben. Doch das genügt ihnen schon bald nicht mehr für die Aufgaben, die sie sich stellen, ja bereits für die Messungen, die sie allein aus kultischen Gründen für den täglichen Gebrauch benötigen. Als einfallsreiche Techniker und geschickte Mechaniker bessern sie immer wieder daran, fügen Einzelteile hinzu, ersinnen Neues und entwickeln ihre verschiedenen Beobachtungs- und Meßinstrumente zu jener Vollkommenheit, in der das Abendland sie von ihnen übernehmen und bis zur Erfindung des Fernrohrs unverändert verwenden wird.

Jetzt werden Sternwarten zur unerläßlichen Einrichtung, von fortschrittlichen und ehrgeizigen Fürsten und Förderern der Wissenschaft eingerichtet und oft mit ihren Akademien verbunden: die berühmtesten die des al-Mamun in Bagdad, in der nahegelegenen Kalifenresidenz Samarra und in Damaskus, die der Fatimidenkalifen al-Asis und al-Hakim in Kairo und die später vom Sultan Adud al-Daula wiederum in Bagdad im Garten seines Palastes errichtete, die des Malikschah in Naischapur im westlichen Persien und des Tartarenfürsten Ulugh Beg in Samarkand.

Hier finden sie sich, wahre Wunderwerke sinnfälliger Konstruktion und Präzision: die Armillarsphäre aus breiten Kupferringen, die »Besitzerin der Ringe«, die man der von Ptolemäus beschriebenen nachbaut mit immer größerem Durchmesser, immer feinerer Gradeinteilung für immer exaktere Messungen, zu der man drei neue Ringe hinzuerfindet, mit denen auch Messungen im Horizontalsystem möglich werden. Sie wird jetzt mit einer »Alhidade«, auch ein arabisches Wort, dem beweglichen Arm zum Ablesen versehen, durch die frühere Unzulänglichkeiten im Gebrauch der Armillarsphäre beseitigt werden.

Um die Meßgenauigkeit noch zu steigern, hat man neue Instrumente nach neuen Gesichtspunkten und für neue Beobachtungsmethoden entwickelt. Der Bestimmung des »Azimuts« der Sterne – ebenfalls ein arabisches Wort, wie auch Zenit und Nadir – dient der Azimutalquadrant, den Dschabir ben Aflah zum »Theodoliten« – gleichfalls arabischer Herkunft – entwickelt, den 1450 Regiomontanus, der Deutsche Johannes Müller aus Königsberg in Unterfranken, in Nürnberg nachbauen wird. Aus dem bisherigen einfachen Quadranten des Ptolemäus entstehen der Mauerquadrant, dem al-Biruni einen Durchmesser von 7½ Meter, Ulugh Beg von 40 Meter geben lassen, und zehn verschiedene Arten von tragbaren Quadranten, dazu Sextanten und Oktanten. Sie alle, Erfindungen arabischer Astronomen und Mechaniker, werden sich in der ersten Sternwarte des Abendlandes, der Uranienburg des Tycho Brahe (1546–1601) ein Rendezvous geben.

Besondere Kostbarkeiten, die auch als fürstliche Geschenke an befreundete christliche Herrscher wie Kaiser Friedrich II. nach Sizilien gehen, stellen ihre Planetarien dar. Der Arzt at-Tabari berichtet von der riesenhaften kupfernen Kugel, die ihn im Jahr 850 in Erstaunen setzte:

»Vor der Sternwarte in Samarra habe ich einen von den Brüdern Mohammed und Achmed ibn Mußa, die beide Sternkundige und Mechaniker sind, erbauten Apparat gesehen, der die Gestalt einer Kugel hat und die Sternbilder und die Zeichen des Tierkreises abbildet. Angetrieben wird er durch Wasserkraft. Wenn am wirklichen Himmel ein Stern untergeht, verschwindet im selben

Augenblick auch sein Abbild auf dem Apparat, indem es unter eine Kreislinie, die den Gesichtskreis darstellt, hinabsinkt. Geht in der Natur das nämliche Sternbild wieder auf, erscheint auch auf dem Apparat sein Abbild über der Horizontlinie.«[33]

Der Araber liebstes und meistverwendetes Meßgerät, kleiner und handlicher als die Instrumente der Sternwarten, ist das Astrolabium, der »Sternfasser« des Ptolemäus. Diese mit einem Ring zum Aufhängen versehene Metallscheibe mit Gradeinteilungen auf Vorder- und Rückseite, dem von ihnen hinzuerfundenen Meßzeiger, der Alhidade, leistet ihnen die unentbehrlichen Dienste einer gutgehenden Taschenuhr – sofern man mit ihr umzugehen weiß. Ja, sie dient ihnen zu ihrer Orientierung in Zeit und Raum. Mit seiner Hilfe kann der Muslim die genaue Tageszeit berechnen und, wo er sich aufhält, die Gebetszeiten, aber auch die Gebetsrichtung nach Mekka feststellen. Und vieles mehr.

Hatte Ptolemäus nur zwei Anwendungen für lediglich astrologische Bestimmungen gekannt – auch dies beleuchtet die Unterschiede in Tendenz und Charakter hellenistischer und arabischer Wissenschaft –, so führt al-Chwarismi bereits dreiundvierzig Probleme vor, und ein Nachfolger wird bald ihrer tausend aufstellen. Blicken wir im Bait al-Hikma al-Chwarismi über die Schulter, wie er, immer hautnah an der Wirklichkeit, an Erfahrung und Praxis für die Astronomen und Techniker sowohl wie für Pilger, Reisende, für die staatliche Verwaltung seine zwei Abhandlungen über das Astrolab verfaßt, über die Art, wie man es herstellt und wie man es verwendet. Weshalb er seine Schrift mit der Bestimmung der Tageszeit beginnt:

»Mohammed ibn Mußa al-Chwarismi sagt: Das erste, wessen der bedarf, der das Astrolab verwendet, ist die Bestimmung der Höhe der Sonne. Willst du die Höhe bestimmen, so kehre das Astrolab mit seinem Rücken zu dir und hänge es an deiner rechten Hand auf; dabei steht die Sonne deiner linken Schulter gegenüber. Dann richte die neunzig Striche, die sich auf dem Rücken des Astrolabs befinden, nach der Sonne. Hierauf hebe stetig die Alhidade, bis du die Sonne in beide Löcher der Alhidade eintreten siehst. Dann sieh zu, auf welche Stelle der Zeiger, der sich an der Alhidade befindet – dieser ist ihr zugespitztes Ende –, von den neunzig Teilen fällt, die sich auf dem Rücken des Astrolabs befinden. Dies ist die Sonnenhöhe zu dieser Stunde. Merke sie dir!

Willst du bestimmen, ob die Stadt, in der du dich befindest, südlich oder nördlich (von einer anderen) liegt…

Willst du den Aufgang der Morgendämmerung… die Zeit des Mittags- und des Nachmittagsgebets… die Zeit des Mondaufgangs bestimmen…«[34]

Welche Karriere dem Astrolab in der lateinischen Welt bevorstand, konnten wir schon an dem Aufsehen bemerken, sobald es diesseits der Alpen seine ersten Auftritte hatte.

Nach dieser Abschweifung zurück zu den wichtigsten Errungenschaften im Felde der Astronomie. Al-Biruni (973–1048), einer der bedeutendsten Gelehrten des arabischen Zeitalters, geht in seiner kritischen Prüfung der astronomischen Dogmatik des Hellenismus so weit, das gesamte ptolemäische Weltbild der sich um die Erde drehenden Sonne abzulehnen. Nicht die Sonne ist nach seiner Theorie für den Wechsel von Tag und Nacht verantwortlich, sondern die Erde selbst, die sich täglich einmal um die eigene Achse drehte und einmal im Jahr die Sonne umwanderte. Doch wie alle, die sich unterfingen, »den heiligen Herd des Weltalls zu verrücken«, so blieb al-Biruni darin ein Einsamer.

Auch die Entdeckung der Sonnenflecken durch Ibn Ruschd (1126–1198), den Araber aus Andalusien, der unter dem Namen Averroes im Mittelalter die größte Rolle spielen sollte, dringt nicht über die Grenzen. Er wie sein Landsmann al-Bitrudschi oder Alpetragius unternehmen es, ebenfalls am ptolemäischen Dogma zu rütteln und andere Erklärungen für die »Planetenschleifen« anzubieten; sie bleiben nicht wirkungslos. Größeren Einfluß dagegen übt der Andalusier Ibn Badscha (gest. 1138), genannt Avempace, für den es ein und dieselbe Kraft ist, die die Gestirne bewegt und einen Apfel vom Baum fallen läßt, womit er dem griechischen Dualismus entgegentritt, und der als Physiker auf Galilei einwirkt durch die Beziehung, die er zwischen Kraft, Geschwindigkeit und Widerstand bei bewegten Körpern annimmt.

Auch die astronomische Geographie der Araber wagt sich schon früh an die Korrektur der Säulen der hellenistischen Wissenschaft. Es geschieht im Bagdad al-Chwarismis Anfang des 9. Jahrhunderts, daß der Kalif ihn mit einer Gruppe von Gelehrten zur Vermessung des Erdumfangs in die Ebenen westlich von Mossul und zwischen Rakka und Palmyra entsendet. Hatte Eratosthenes die erste Erdmessung mit Hilfe des Strahlenwinkels der Sonne vorgenommen, so versuchen sie einen anderen Weg: Ausgehend vom selben Punkt wandert eine Gruppe nach Norden, die andere nach Süden so lange, bis sie den Polarstern hier steigen, dort sinken sehen. Aus der Entfernung der beiden Beobachtungsgruppen errechnen sie einen Grad des Meridians mit staunenswerter Genauigkeit. Mit seinen Kollegen stellt al-Chwarismi einen Atlas von Himmels- und Erdkarten zusammen, der die Geographie des Ptolemäus sowohl durch Positionen neuer Orte als durch die Verkürzung des dem Alexandriner zu riesig geratenen Mittelmeers korrigiert und von Ibn Junis und anderen weiter verbessert wird.

Ptolemäus war durch einen schweren Fehler in der Längenberechnung zu einer fatalen Verzerrung der Ost-West-Richtung des Mittelmeerbeckens gelangt, die eine zu große Längsdehnung von der syrischen Küste bis zu seinem Ausgang in den Atlantik vortäuschte. In diesem Fall hatte der wissenschaftliche Irrtum immense geschichtliche Folgen. Nicht auszudenken, wenn Columbus der Atlas der arabischen Wissenschaftler statt der veralteten ptolemäischen Karte vorgelegen hätte, die infolge ihrer überdimensionalen Dehnung des Mittelmeers den vermeintlichen Seeweg nach Indien unmäßig verkürzte. Wer weiß, ob Columbus sich mit der besseren arabischen Karte vor Augen wohl auf sein Abenteuer eingelassen hätte?

Und wie al-Chwarismi – zu dem wir abermals als zu einem Modellfall wissenschaftlicher Vielseitigkeit für viele andere, teilweise ihn überragende arabische Forscherpersönlichkeiten zurückkehren, deren Einzelvorstellung hier den gebotenen Rahmen sprengen würde –, wie er seinem astronomischen Tafelwerk eine theoretische Astronomie mitgibt, so steuert er auch den Begleittext zu dem Kartenwerk »Über die Gestalt der Erde« bei, das auch als »Das Werk der Zeichnung des bewohnten Erdviertels« bekannt wird; heute befindet es sich in einer Handschrift von 1037 in Straßburg. Darin ordnet al-Chwarismi jede Gattung geographischer Objekte in gesonderten Tabellen, in denen neben Städten, Gebirgen und Flüssen auch die verschiedenen Küstenformen in den für sie verwendeten Termini erscheinen.

An Geographen hat das reiselustige Volk der Araber, das Entfernungen eines Riesenweltreichs zu durchmessen gewohnt war und sich weit darüber hinaus umblickte, vierhundert Jahre vor Marco Polo nicht vereinzelte, sondern zahllose namhafte, höchst erfolgreiche Vertreter hervorgebracht, von denen wir nur drei nennen: Al-Massudi (gest. 936) aus Bagdad, den ernsthafte wissenschaftliche Fragen auf seine Forschungsreise treiben und der aufgrund eigener Beobachtungen in den Ländern von China und Ceylon bis nach Spanien eine dreißigbändige, mehrfach für die Bewältigung der Riesenstoffülle durch den Leser gekürzte Enzyklopädie schreibt, in der er, wie dies üblich wird, mit der Erdbeschreibung eine höchst bildreiche Völkerkunde verbindet.

Da ist Idrissi aus Ceuta, der im 12. Jahrhundert bis an die Westküste Englands und an das Schwarze Meer vorstößt und in Palermo fünfzehn Jahre lang seine Fluten von Notizen, Kartenskizzen und Berechnungen in einem siebzig Landkarten umfassenden Werk ordnet, in dem er sie bereits auf die Erde als eine Kugel bezieht, und auswertet. 1154 überreicht er dem Normannenkönig von Sizilien eine berühmt gewordene Reliefkarte der Erde, die er mit Hilfe seiner Techniker aus Silber anfertigte. Während in den Klosterstuben des Abendlandes »Weltkarten« nach der Bibel entworfen werden, auf denen das »Weltmeer« die Erdscheibe umfließt, in deren Mitte das »Paradies« liegt.

Und da ist der große Weltreisende Ibn Battuta, der von einem Spaziergang vor den Toren seiner Vaterstadt Tanger im Jahr 1325 erst nach vierundzwanzig Jahren wieder zurückkehrt, in denen ihn eine Forschungsreise durch Nord- und Mittelafrika bis zum Niger, Mittelasien, China, Rußland und Spanien geführt hat.

Wie die eigene Beobachtung in freier Feldforschung die Spinnenweben bloßer Spekulation oder die Realitätsblindheit biblischer Autoritäten fortwischt, die die Wirklichkeit zur Karikatur machen, zeigt auch das von Ibn Sina und al-Biruni begründete Gebiet der physikalischen Geographie oder Geologie. »Gebirge«, heißt es bei Ibn Sina (980–1037), unserem Avicenna, nüchtern und bereits völlig treffend um das Jahr 1000 –

»können auf zwei verschiedene Ursachen zurückgeführt werden. Entweder entstehen sie durch Auffaltungen der Erdkruste, wie sie geschehen können bei heftigen Erdbeben; oder sie sind die Wirkung des Wassers, welches, indem es für sich einen neuen Weg schnitt, die Täler entblößt hat. Die Schichten sind von verschiedenen Arten, einige weich, andere hart; die Winde und Wässer lassen die erstere Art verwittern... Daß Wasser die Hauptursache solcher Wirkungen ist, wird bewiesen durch die Existenz fossiler Überreste von Wassertieren auf vielen Gebirgen.«

Hier ist das Streben nach persönlicher Erfahrung: »Ich habe beobachtet...« »Ich selbst habe gesehen...«, heißt es überall.

»Manchmal trocknet der Schlamm und verwandelt sich zuerst in ein Zwischending von Stein und Schlamm, das heißt: in weichen Stein und erst dann in eigentlichen Stein. In meiner Kindheit sah ich am Ufer des Oxus Ablagerungen von diesem Schlamm, den die Leute zum Kopfwaschen brauchten; später beobachtete ich, daß sich der Schlamm in weichen Stein verwandelt hatte, und zwar in einem Zeitraum von dreiundzwanzig Jahren.«[35]

Und was geschieht bei der Übersetzung ins Lateinische? – Nicht nur hier, sondern bei allen arabischen Texten, die hinter derart unpassenden Bemerkungen den allen Erscheinungen nachspürenden Forscher sichtbar werden lassen? Unser Lateiner läßt den ganzen Abschnitt über das Kopfwaschen unter den Tisch fallen und schreibt statt dessen kurz und steril den von Kindheitserinnerungen gereinigten Satz: »Scimus quoque quod in terra illa – wir kennen das aus jener Gegend.«[36] Das Werk über die Minerale des Avicenna, der sich in erster Linie als Mediziner, Mathematiker und Philosoph einen Namen gemacht hatte, wird Hauptquelle der europäischen Geologie bis ins 18. Jahrhundert.

Aristoteles, der »Fürst der Philosophen« der Scholastik, der von allen europäischen Physikern und Astronomen als Hindernis jeder Naturwissenschaft heftig bekämpft wird. (S. 33) *Quelle: Archiv für Kunst und Geschichte, Berlin*

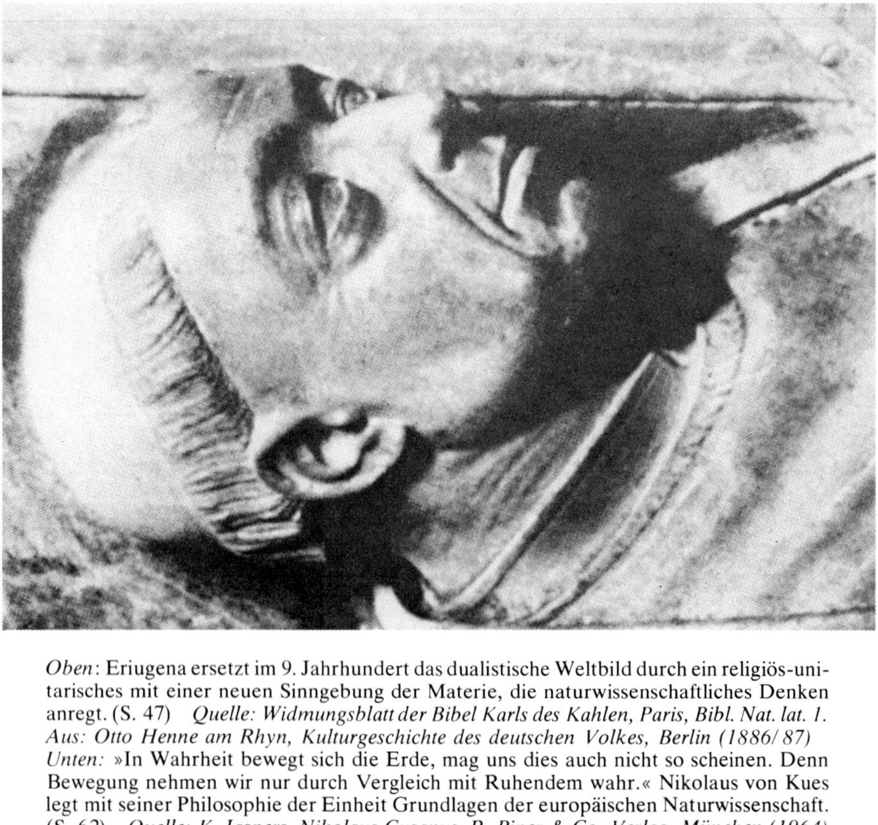

Oben: Eriugena ersetzt im 9. Jahrhundert das dualistische Weltbild durch ein religiös-unitarisches mit einer neuen Sinngebung der Materie, die naturwissenschaftliches Denken anregt. (S. 47) *Quelle: Widmungsblatt der Bibel Karls des Kahlen, Paris, Bibl. Nat. lat. 1. Aus: Otto Henne am Rhyn, Kulturgeschichte des deutschen Volkes, Berlin (1886/87)*
Unten: »In Wahrheit bewegt sich die Erde, mag uns dies auch nicht so scheinen. Denn Bewegung nehmen wir nur durch Vergleich mit Ruhendem wahr.« Nikolaus von Kues legt mit seiner Philosophie der Einheit Grundlagen der europäischen Naturwissenschaft. (S. 62) *Quelle: K. Jaspers, Nikolaus Cusanus, R. Piper & Co. Verlag, München (1964)*

Oben: Die Durchbrechung des starren scholastischen Weltbildes durch den Deutschen Nikolaus von Kues. (S. 72) *Quelle: Archiv für Kunst und Geschichte, Berlin*
Unten: »Wie soll der Buchgelehrte Laien belehren? Diese hochmütigen Scholastiker, deren Augen vom Lesen des Aristoteles kurzsichtig geworden sind für das vor ihrer Nase Liegende?« Nikolaus Cusanus. (S. 71) *Quelle: Archiv für Kunst und Geschichte, Berlin*

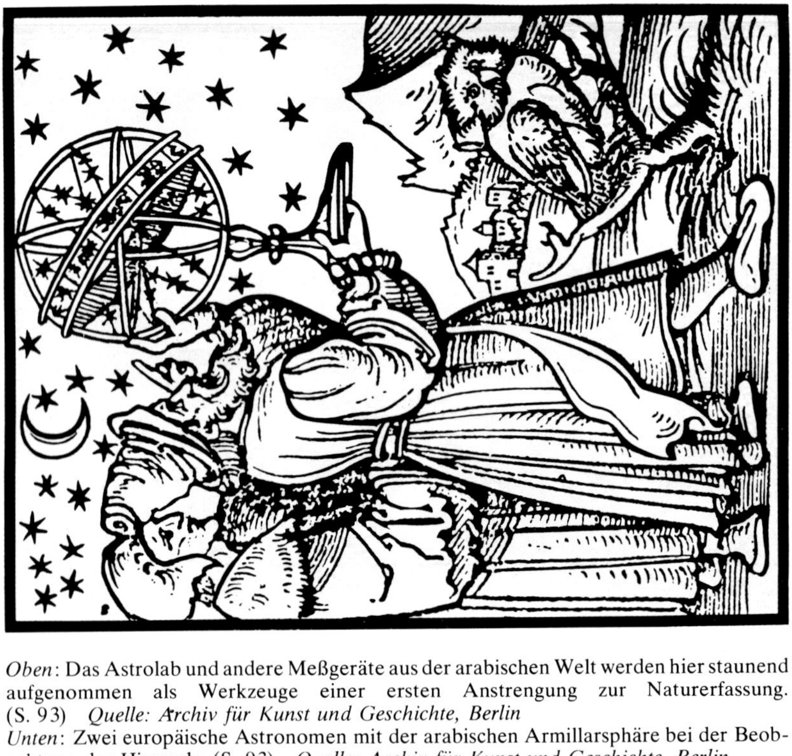

Oben: Das Astrolab und andere Meßgeräte aus der arabischen Welt werden hier staunend aufgenommen als Werkzeuge einer ersten Anstrengung zur Naturerfassung. (S. 93) *Quelle: Archiv für Kunst und Geschichte, Berlin*
Unten: Zwei europäische Astronomen mit der arabischen Armillarsphäre bei der Beobachtung des Himmels. (S. 93) *Quelle: Archiv für Kunst und Geschichte, Berlin*

Illustrierte Textseite aus den enzyklopädischen »Gesprächen der Lauteren Brüder« aus Basra aus dem 8. Jahrhundert. (S. 116) *Quelle: M.S. Ipsiroglu, Das Bild im Islam, Verlag Anton Schroll & Co., Wien und München (1971)*

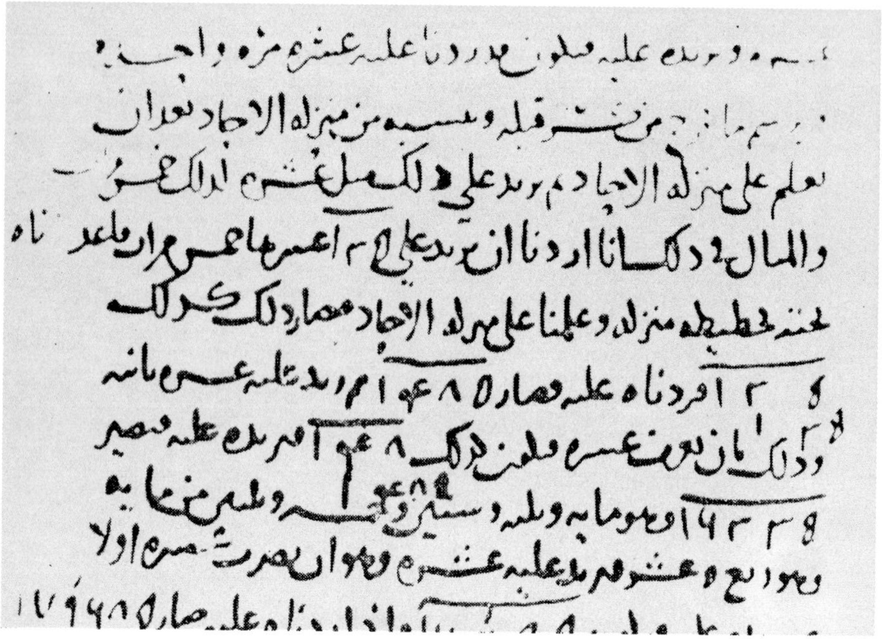

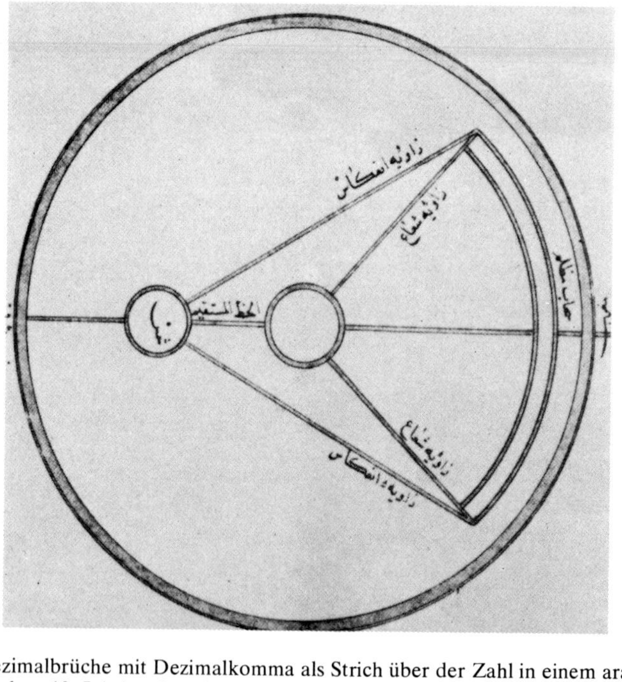

Oben: Dezimalbrüche mit Dezimalkomma als Strich über der Zahl in einem arabischen Werk aus dem 10. Jahrhundert. (S. 185) *Quelle: Topkapi Sarayi Muzesi, Sultanahmed Istanbul. Aus: B. Levis, Welt des Islam, Georg Westermann Verlag, Braunschweig (1976)*
Unten: Ibn Sinas (oder Avicennas) Erklärung des Regenbogens um 1000. (S. 144) *Quelle: The British Museum, London. Aus: B. Levis, Welt des Islam, Georg Westermann Verlag, Braunschweig (1976)*

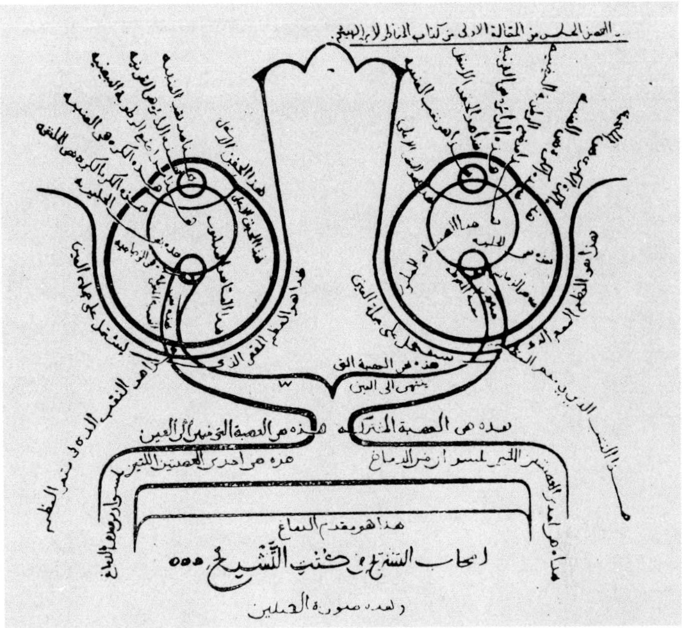

Oben: Ibn al-Haithams Diagramm des Auges, gezeichnet von seinem Schwiegersohn, mit den wichtigsten Häuten und Sehnerven, die den Augapfel mit dem Gehirn verbinden. (S. 143) *Quelle: Sleim Ammar, En Souvenir de la Médecine Arabe, Tunis (1965)*
Unten: Dschabir ibn Haiyan, den das Abendland Geber nannte, war der Begründer der experimentellen Chemie. (S. 137) *Quelle: Sleim Ammar, En Souvenir de la Médecine Arabe, Tunis (1965)*

Arabische Sternwarte mit den gebräuchlichen Meßgeräten jener Zeit: Astrolab, Quadranten, Visierapparat, Jakobsstab, Uhren, Globus u. a. (S. 148) *Quelle: M. S. Ipsiroglu, Das Bild im Islam, Verlag Anton Schroll & Co., Wien und München (1971)*

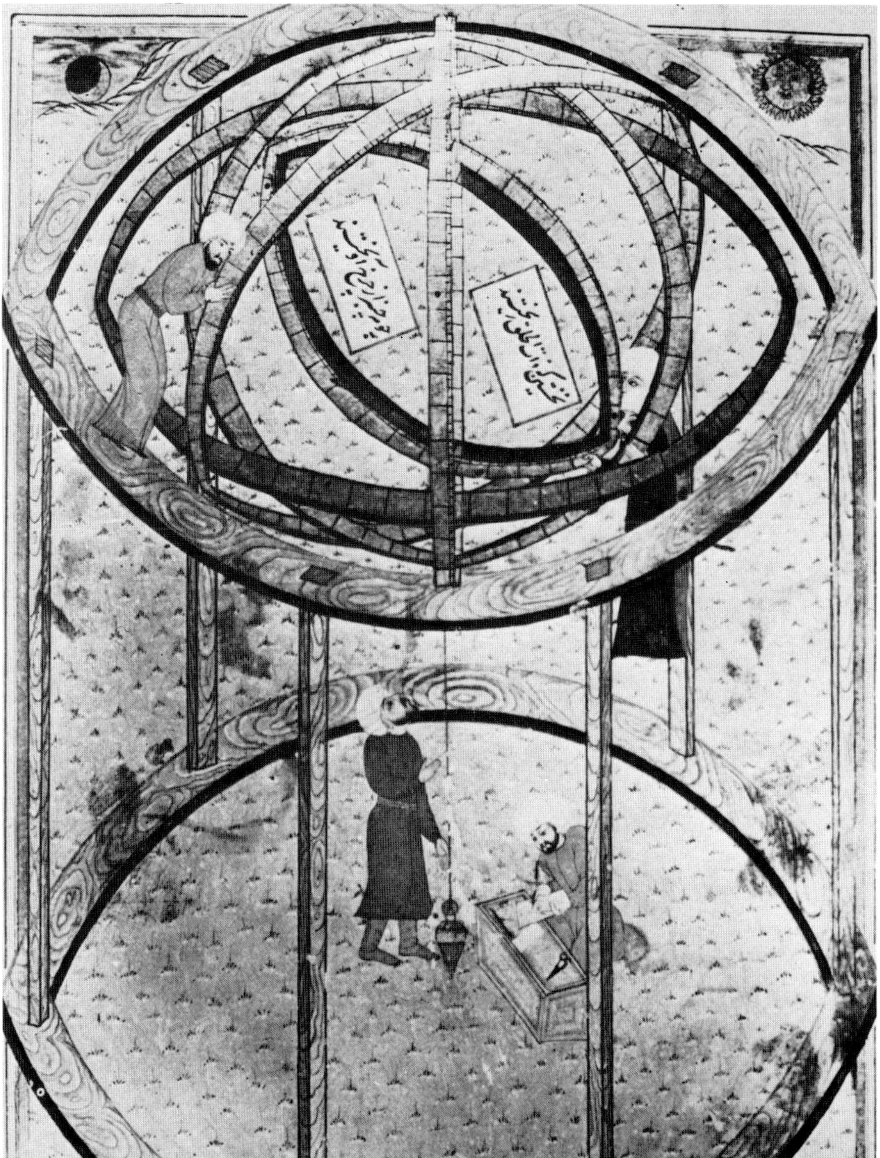

Islamische Astronomen bei einer Berechnung in einer Armillarsphäre. (S. 149) *Quelle: M.S. Ipsiroglu, Das Bild im Islam, Verlag Anton Schroll & Co., Wien und München (1971)*

Die drei großen medizinischen Lehrer des Mittelalters: In der Mitte Avicenna (Ibn Sina) als König der Ärzte, der Galen und Hippokrates noch übertrifft. (S. 161) *Quelle: The Bettmann Archive, New York. Aus: A. Bettex, Die Entdeckung der Natur, Droemersche Verlagsanstalt, Th. Knaur Nachf., München*

Oben: Gerbert von Aurillac fordert um das Jahr 1000, die Natur sorgfältig zu erforschen und zu dem Zweck mathematische Studien aufzunehmen. (S. 164) *Quelle: Archiv für Kunst und Geschichte, Berlin*

Unten: Der Araber liebstes und meistverwendetes Meßgerät, das Astrolabium, gewinnt auch im Abendland seine Liebhaber. Gerbert (s. o.) bringt ein solches aus der Spanischen Mark mit und mißt als Papst damit die Stellung der Sterne. (S. 150) *Quelle: S. Hunke*

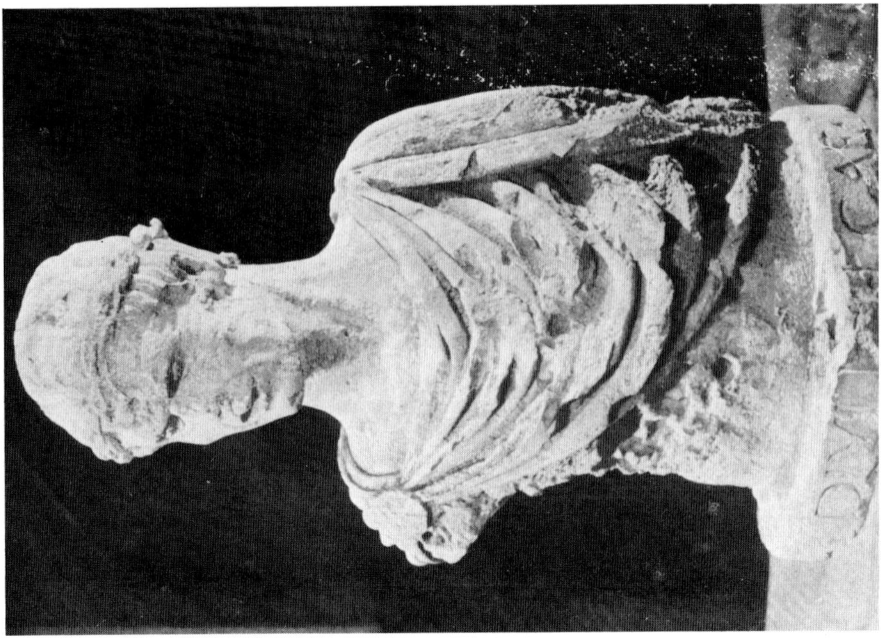

Oben: »Unsere Absicht ist, sichtbar zu machen die Dinge, die sind, so wie sie sind.« Kaiser Friedrich II. von Hohenstaufen – nach arabischem Urteil »der beste Beobachter alles mit den Augen Wahrnehmbaren«. (S. 169) *Quelle: S. Hunke*
Unten: Kaiser Friedrichs II. Buch »Über die Kunst mit Vögeln zu jagen« ist das erste selbständige erfahrungswissenschaftliche Werk Europas. (S. 170) *Quelle: Archiv für Kunst und Geschichte, Berlin*

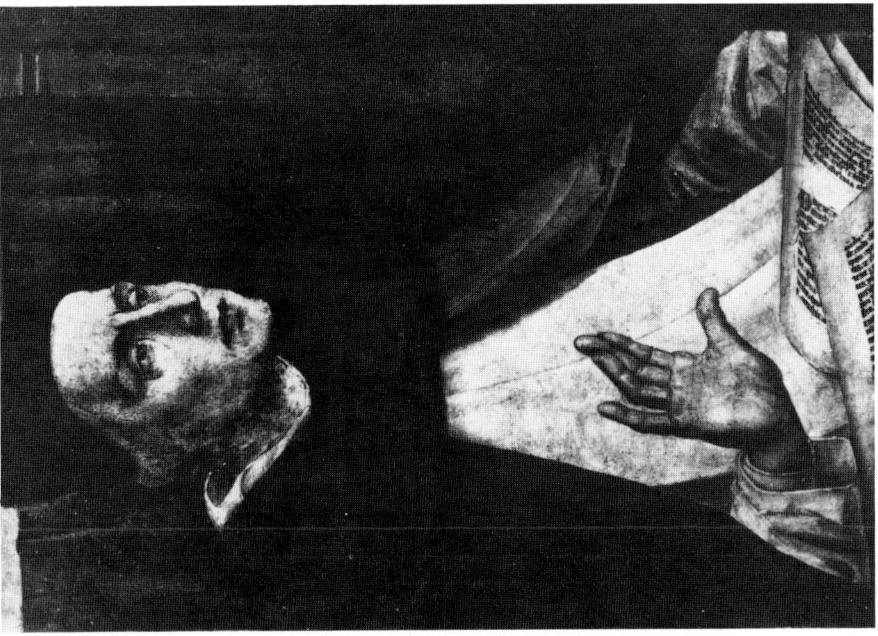

Oben: »Die Aufgabe der Naturwissenschaft ist es nicht, die Mitteilungen anderer hinzunehmen, sondern die in den Dingen wirkenden Ursachen selbst zu ergründen.« Albert der Große. (S. 172) *Quelle: Archiv für Kunst und Geschichte, Berlin*
Unten: »Die Natur ist das Instrument göttlicher Tätigkeit, und der Mensch ist berufen, ihre Gesetze zu erforschen und mit Hilfe seiner Geisteskraft und seiner Handfertigkeit die göttliche Tätigkeit fortzusetzen.« Roger Bacon. (S. 178) *Quelle: Archiv für Kunst und Geschichte, Berlin*

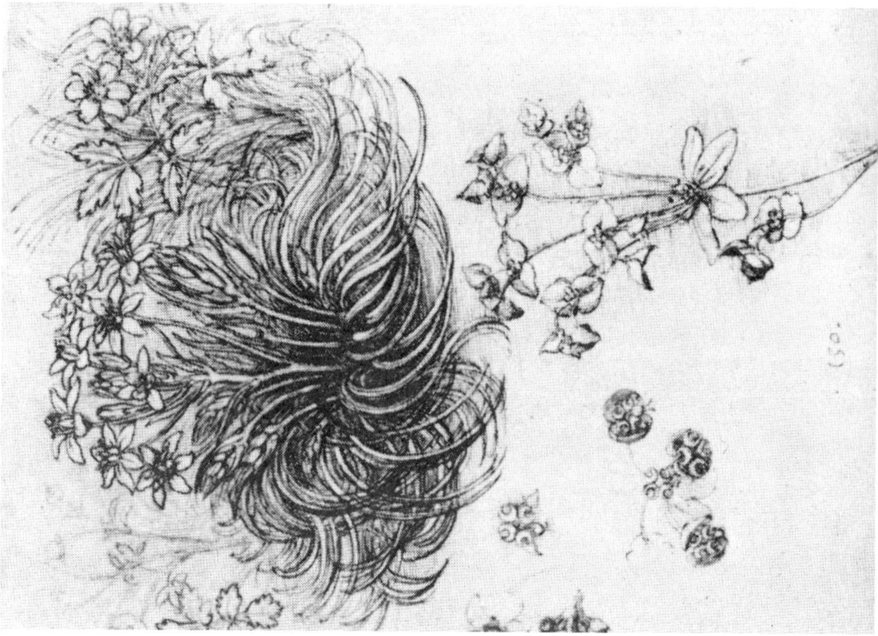

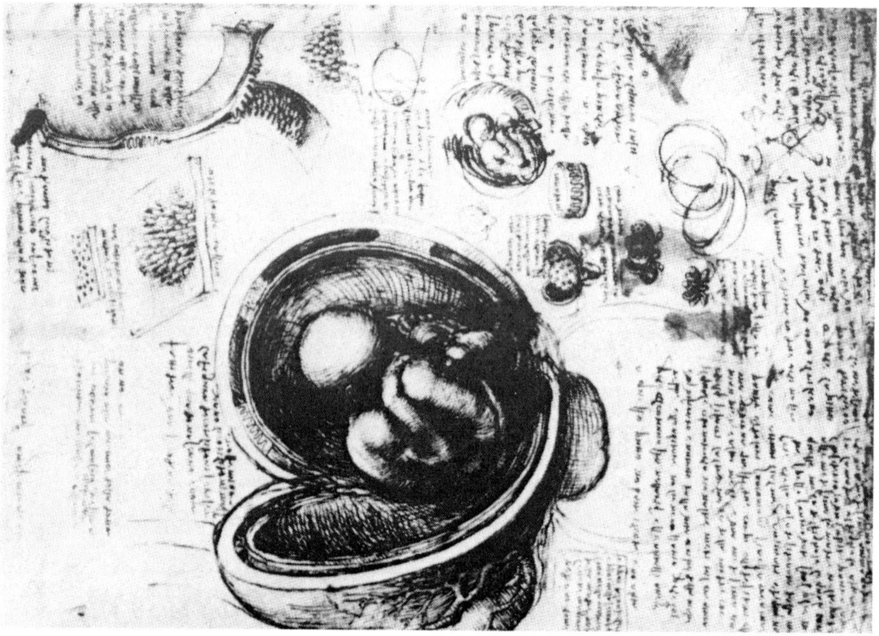

Oben: »Dank der Gottwesenheit des Menschen ist ihm möglich, die gottwesenhafte Natur zu erkennen.« Federzeichnung Leonardos. (S. 217) *Quelle: Royal Library, Windsor. Aus: K. Clark, Leonardo da Vinci, Rowohlt Verlag GmbH, Reinbek (1976)*
Unten: Embryo in der Gebärmutter. Anatomische Studie Leonardos. (S. 219) *Quelle: Royal Library, Windsor; s. o.*

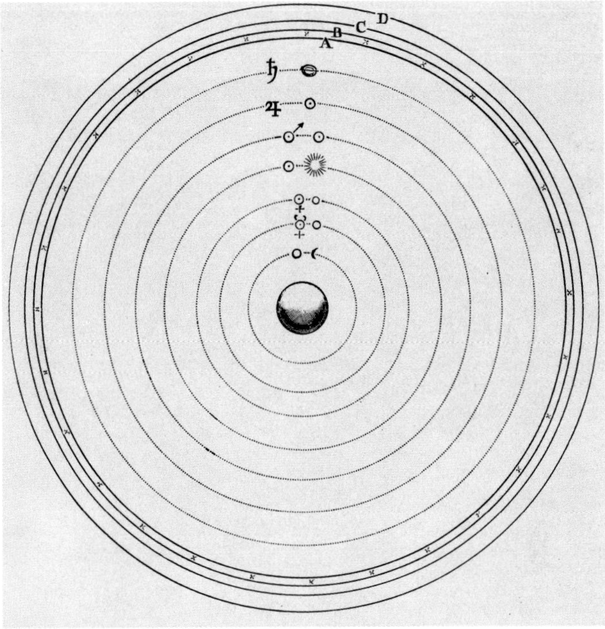

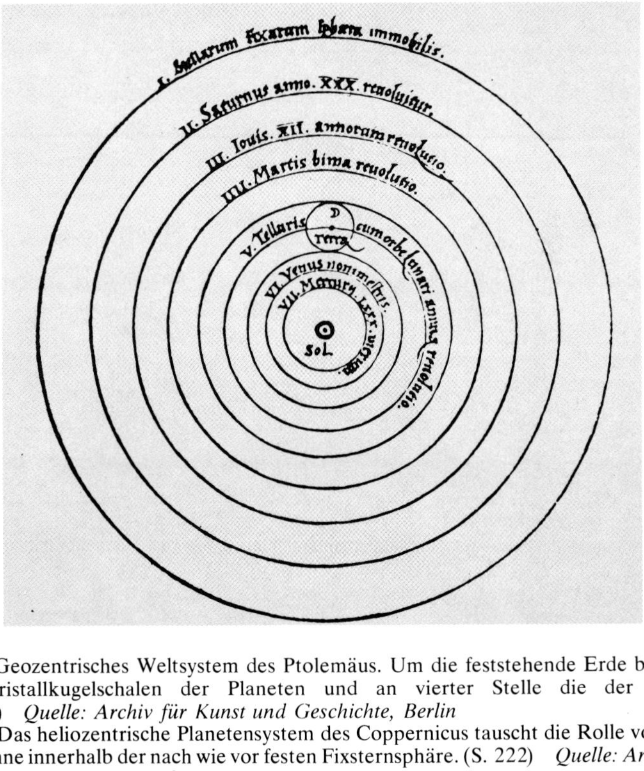

Oben: Geozentrisches Weltsystem des Ptolemäus. Um die feststehende Erde bewegen sich Kristallkugelschalen der Planeten und an vierter Stelle die der Sonne. (S. 221) *Quelle: Archiv für Kunst und Geschichte, Berlin*
Unten: Das heliozentrische Planetensystem des Coppernicus tauscht die Rolle von Erde und Sonne innerhalb der nach wie vor festen Fixsternsphäre. (S. 222) *Quelle: Archiv für Kunst und Geschichte, Berlin*

Die Sternwarte des dänischen Astronomen Tycho Brahe mit den von den Arabern übernommenen und verbesserten Instrumenten. (S. 227) *Quelle: Archiv für Kunst und Geschichte, Berlin*

Oben: »Denn aus ihm und durch ihn und in ihm ist alles das, was mit den Sinnen erkannt wird, wie das, was uns noch gänzlich unbekannt ist.« Johannes Kepler. (S. 228) *Quelle: Archiv für Kunst und Geschichte, Berlin*

Unten: »Das Buch der Natur enthält Geheimnisse, so tief, und Gedanken, so erhaben, daß die durchwachten Nächte, die Arbeiten und Studien von Hunderten der feinsinnigsten Geister in Tausenden von Jahren ununterbrochener Forschung nicht ausgereicht haben, in sie einzudringen.« Galileo Galilei. (S. 232) *Quelle: Archiv für Kunst und Geschichte, Berlin*

Pendelversuche führten Galilei zum Trägheitsgesetz. (S. 234)

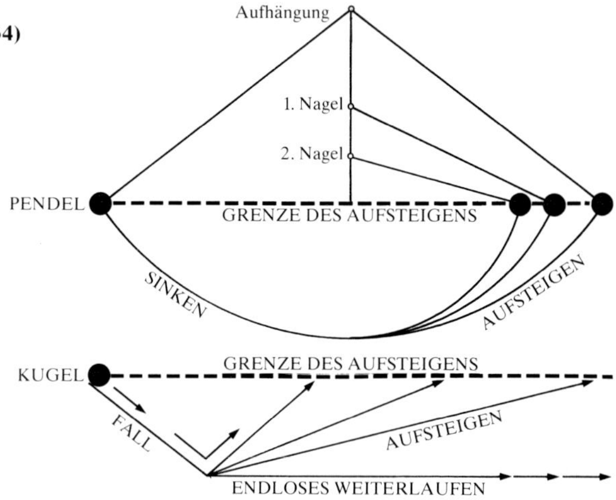

Durch graphische Darstellung kam Galilei zum Fallgesetz (S. 234)

1) Geschwindigkeit $= \frac{\text{Weg}}{\text{Zeit}}$ oder: $\frac{v}{2} = \frac{s}{t}$

2) Aus der Figur ergibt sich: $v = gt$

2) in 1): $\frac{gt}{2} = \frac{s}{t}$

Fallgesetz: $g = \frac{2\,s}{t\,2}$

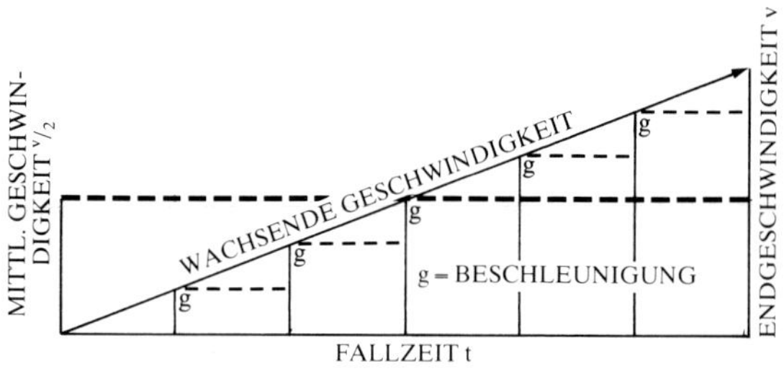

Galilei weist die Wurfbewegung als Parabel nach. (S. 234)

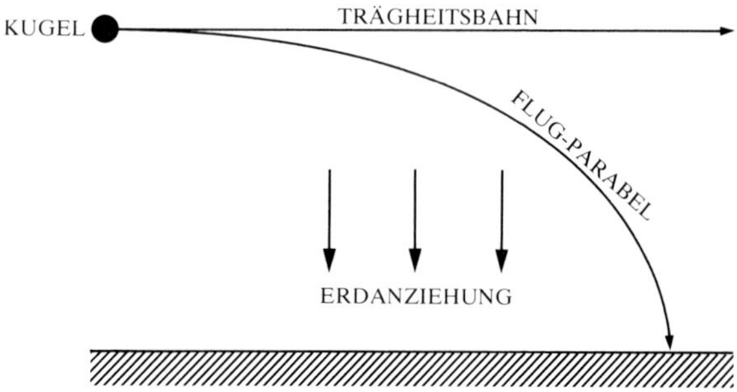

Oben: Pendelversuche führen Galilei zum Trägheitsgesetz. (S. 234)
Mitte: Durch graphische Darstellung kommt Galilei zum Fallgesetz. (S. 234)
Unten: Galilei weist die Wurfbewegung als Parabel nach. (S. 234)

»Nachdem es in unserem Zeitalter Gott gefallen hat, dem menschlichen Geist eine so wunderbare Erfindung zuzugestehen...« Fernrohre des Galilei. (S. 237) *Quelle: Alinari, Florenz. Aus: J. Hemleben, Galilei, Rowohlt Verlag GmbH, Reinbek (1975)*

Hier kämpft Galilei gegen »einen peripatetischen Philosophen, dem scheinbar nichts so sehr die Erkenntnis der Wahrheit erschwerte als der Ruhm, den er durch seine Auslegungen des Aristoteles erworben hatte«. (S. 237) *Quelle: J. Hemleben, Galilei, Rowohlt Verlag GmbH, Reinbek (1975)*

»Sein und Wissen sind ein uferloses Meer: Je weiter wir vordringen, um so unermeßlicher dehnt sich aus, was noch vor uns liegt. Jeder Triumph des Wissens schließt hundert Bekenntnisse des Nichtwissens in sich.« Isaac Newton. (S. 242) *Quelle: Archiv für Kunst und Geschichte, Berlin*

Mit seiner Entdeckung des Zusammenhangs zwischen elektrischen, magnetischen Erscheinungen und Licht beweist Michael Faraday, »daß alle Naturkräfte verbunden sind und einen gemeinsamen Ursprung haben«. (S. 247) *Quelle: Archiv für Kunst und Geschichte, Berlin*

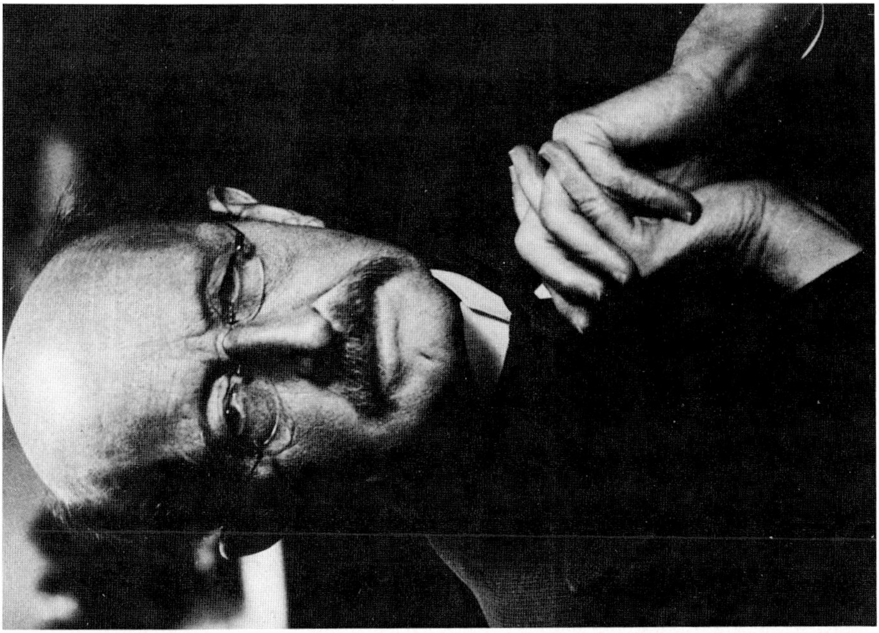

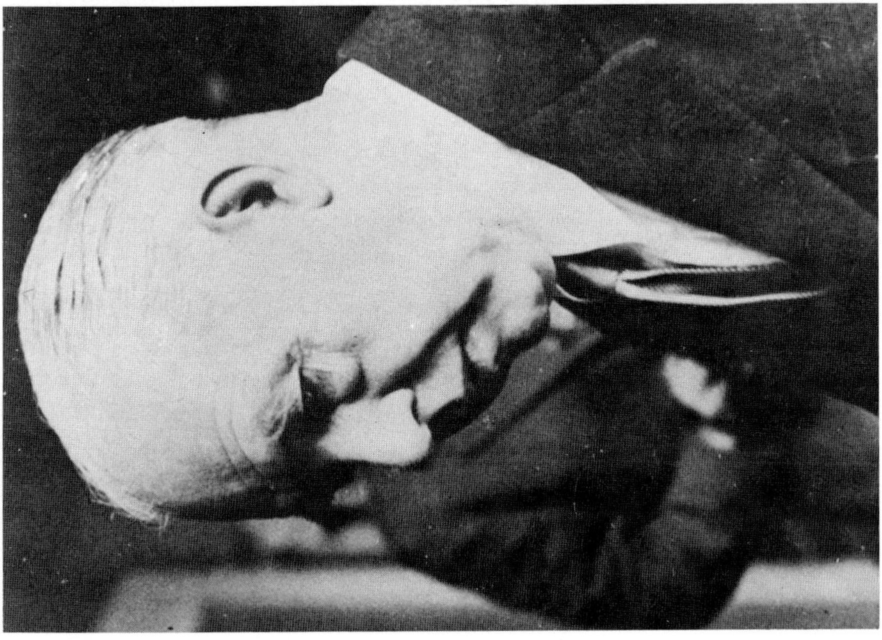

Oben: »Wohin und wie weit wir blicken mögen, zwischen Religion und Naturwissenschaft finden wir nirgends einen Widerspruch, wohl aber in entscheidenden Punkten volle Übereinstimmung. – Die Gottheit ist *wesens*gleich mit der naturgesetzlichen Macht.« Max Planck. (S. 247; 252) *Quelle: Archiv für Kunst und Geschichte, Berlin*
Unten: Niels Bohr ersetzt den cusanischen Begriff des »Zusammenfalls der Gegensätze« in der Atomphysik durch den der »Komplementarität«, der die dualistische Spaltung von Kraft und Stoff überwindet. (S. 248) *Quelle: Archiv für Kunst und Geschichte, Berlin*

Es seien zwei ruhend verglichen gleich lange Leisten K und K' gegeben. Wir denken uns beide längs der x - Achse beweglich. K bewege sich aus dem Negativ-Unendlichen nach rechts, K' aus dem Positiv-Unendlichen nach links. Nun achte man auf die Begegnung:

Die Punkte A und A' begegnen sich in einem bestimmten Punkte A_0 der x - Achse.

Die Punkte E und E' begegnen sich in einem Punkte E_0 der x - Achse.

Dann ist $\overline{A_0 E_0}$ eine Strecke auf der x - Achse, welche nach der Theorie kleiner ist als die Länge jedes der beiden Stäbe, falls diese ruhend mit $\overline{A_0 E_0}$ verglichen werden.

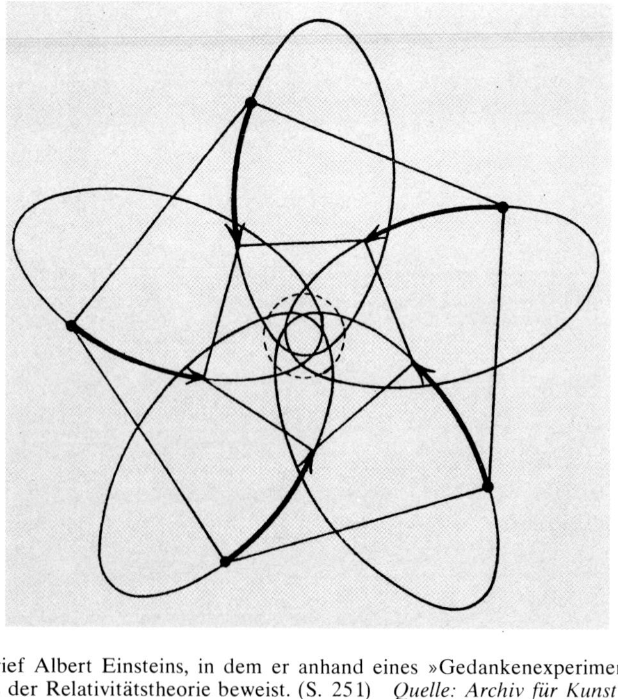

Oben: Brief Albert Einsteins, in dem er anhand eines »Gedankenexperiments« eine Folge aus der Relativitätstheorie beweist. (S. 251) *Quelle: Archiv für Kunst und Geschichte, Berlin*

Unten: Bahnen von Elektronen. Überwunden ist der Dualismus, der »mit Atomen und Molekülen umging wie mit Steinen und Sandkörnern« (Werner Heisenberg). (S. 250) *Quelle: Arnold Sommerfeld, Verlag Friedr. Vieweg & Sohn, Braunschweig. Aus: A. Bettex, Die Entdeckung der Natur, Droemersche Verlagsanstalt, Th. Knaur Nachf., München*

Aufgrund ihrer eigentümlichen Denkstruktur und der ihnen eigenen Toleranz haben islamische Gelehrte nicht, entsprechend den christlichen, die Menschen schlechthin unter der islamischen Brille betrachtet; sie haben auf die Individualitäten gesehen und so die *vergleichenden Wissenschaften* begründet. Der große al-Biruni, derselbe, der das kopernikanische Weltmodell vorweggenommen und neue mathematische Sätze aufgestellt hat, ist zugleich ein Historiker von hohem Rang, der kritisch und gewissenhaft mit seinen Quellen umgeht und in seinem 1030 erschienenen, bis in die Gegenwart gültigen Standardwerk »Geschichte Indiens« neben der politischen Geschichte die geistige Lage der indischen Religionen, die kulturellen und wissenschaftlichen Errungenschaften berücksichtigt. In »Die Spuren der Vergangenheit« stellt er die chronologischen Systeme der Araber, Perser, Sabäer, Syrer, Griechen, Juden und Christen vor im Zusammenhang mit ihren kultischen Festen, ihrer Religion, ihrer Geschichte und anderen kulturgeschichtlichen Fakten.

Gleichzeitig arbeitet in Cordoba in Andalusien der Philosoph und galante Theoretiker der Liebe, Ibn Hasm (994–1064), der Ovid der Araber, an einer vergleichenden Religionswissenschaft. In diesem Zusammenhang fällt unser Blick auf den in Tunis geborenen Oberkadi von Marokko, Ibn Chaldun (1332–1406), der einen Höhepunkt arabischer Geisteswissenschaft bildet. Ein wechselvolles Schicksal trägt ihn nacheinander in einflußreiche Spitzenpositionen unter verschiedenen Regierungen verschiedener Länder, bis er als Oberkadi in Kairo die Augen schließt. Ibn Chaldun ist der Begründer der Geschichtsphilosophie, der Staats- und Gesellschaftslehre, der Soziologie und der Rassenkunde.

Auch er schreibt die Geschichte eines Volkes, der Berber, die in der arabischen Literatur einzig dasteht. Doch sein Ruhm in der Gegenwart als Urheber einer der größten Leistungen des mittelalterlichen Denkens gründet sich auf seine Prolegomena zur Weltgeschichte. Er erörtert die Verfahren wissenschaftlicher Geschichtsschreibung, betrachtet die Geschichte, wie sie Prozessen folgt, die Gesetzen unterworfen sind. Etwa wenn er die Bedingungen von Aufstieg und Verfall von Staaten untersucht. Da er nicht Allah und die Vorsehung als absolute Herren der Geschichte ansieht, sucht er nach Gesetzen, die die politischen, wirtschaftlichen und kulturellen Strukturen der menschlichen Gesellschaften bestimmen. Ideen, die Europa erst im 19. Jahrhundert klar erfaßt, nimmt er fünfhundert Jahre früher voraus.[37] Einen Begriff von seiner Themenstellung mögen die Überschriften der Kapitel vermitteln:

1. Über die Zivilisation. Geographie und Anthropologie.
2. Nomadische Kultur und ihr Gegensatz zu seßhaften Kulturen. Ursachen und Folgen der Konflikte, die aus diesem Gegensatz entspringen.
3. Dynastien, Königtum, Kalifat, Rangordnung in einem Sultanat. Prinzipien der Regierung und Verwaltung. Christliche und jüdische Einrichtungen.
4. Das Leben in Dörfern und Städten. Die beste Organisation einer Stadt. Unterschiede in den Lebenshaltungskosten. Die Konzentration des Reichtums.
5. Berufe, Künste, Handel und Gewerbe, Landwirtschaft, Außenhandel, Bauwesen, Medizin, Buchhandel u. a.
6. Arten und Einteilung der Wissenschaften. Lernen und Lehren.[38]

Unsere notgedrungen verkürzte Vorstellung selbständiger und typischer arabischer Leistungen, an denen das Abendland Interesse und Lerneifer bekundet, hat noch eines anderen Beitrags zur Entwicklung europäischer Wissenschaft zu gedenken, dem es gelang, jenen der Griechen auszustechen: seiner großen medizinischen Lehrbücher.

Verzichten wir darauf, im einzelnen die Errungenschaften und beträchtlichen Fortschritte der arabischen Medizin anzudeuten, die wir an anderer Stelle vorgeführt haben.[39] Sie zeichnet insgesamt die große Nähe zur Praxis, zur Natur, das Studium am menschlichen Körper selbst aus. Sie setzt anstelle von Spekulationen und galenscher Phantasie die unmittelbar am gesunden wie am kranken Individuum gewonnene Erfahrung. Statt die Ursachen in dämonischer oder göttlicher Einwirkung auf den Lebensminderwertigen oder Sünder oder in Strafe für sündiges Vergehen zu suchen, entwickelt sie neue diagnostische Methoden. Dazu gehört eine Einzelsymptome peinlich beachtende Anamnese und Differentialdiagnostik und eine ganzheitliche Behandlung, die ebenso medikamentöse, im wissenschaftlichen Experiment überprüfte Therapie verwendet, wie sie die weitfortgeschrittene chirurgische oder die psychische Behandlung in Betracht zieht. Im Gegensatz zu der Mißachtung schwächlichen, kranken oder unheilbaren Lebens im klassischen Griechenland – der sogenannte »Eid des Hippokrates«, der bezeichnenderweise vorwiegend Unheiltaten verbietet, stellt nach neuen Erkenntnissen ein Reformmanifest aus dem Kreise der Pythagoreer dar gegen den damals herrschenden Umgang mit Kranken und Schwachen[40] – im Gegensatz, wie gesagt, zu dieser griechischen, von Platon[41] noch unterstützten Einstellung zum Menschenleben, spricht aus den Heilmethoden arabischer Ärzte, aus den von ihnen ausgebildeten Verfahren der Schmerzbetäubung, der Psychotherapie, der Behandlung Geisteskranker und ihrer ärztlichen Versorgung in besonderen Krankenhäusern, aus der Prüfung der Ärzte und Apotheker durch Ärztekammern usf. (Maßnahmen, die das christliche Abendland zum Teil erst durch die Kreuzzüge kennenlernte, zum Teil erst viele Jahrhunderte später lernte), ein hohes ärztliches und menschliches Ethos. Entsprechend dem Wort eines arabischen Arztes:

»Wer sich mit der Bearbeitung von Perlen beschäftigt, muß Sorge tragen, daß er ihre Schönheit nicht zerstöre. Ebenso ziemt es dem, der menschliche Leiber, die edelste Schöpfung der irdischen Welt, heilen will, daß er behutsam und liebevoll mit ihnen umgehe.«[42]

Doch womit die arabische Medizin unmittelbar auf das Abendland wirkte, das ist der Unterrichtsstoff für die methodische Ausbildung ihres ärztlichen Nachwuchses. Er wurde das Lehrmaterial unzähliger europäischer Ärztegenerationen in einem Ausmaß, wie der ehrgeizigste seiner Verfasser es sich nicht hätte träumen lassen.

In den arabischen Großstädten vor allem, in ihren Krankenhäusern und Medizinschulen wird dringend ein einwandfreier Unterrichtsstoff gebraucht, mit dem die Studierenden auch praktisch etwas anfangen können. Aber was gibt es an medizinischen Handbüchern, die den Anforderungen genügen? Schauen wir Ali ben al-Abbas, dem Leibarzt des Sultans Adud ad-Daula und Zeitgenossen Gerberts von Aurillac, zu, wie er die vorhandene medizinische Literatur durchblättert und kritisch sichtet:

»Ich habe unter den Schriften der alten und modernen Ärzte kein vollständiges Buch gefunden, das alles enthält, was für die Erlernung der Heilkunst nötig ist. Hippokrates schreibt zu knapp, und viele seiner Redewendungen sind dunkel und brauchten einen Kommentar... Galen verfaßte mehrere Bücher, von denen jedes nur einen Teil der Heilkunst enthält. Aber seine Schriften sind langatmig und voller Wiederholungen. Ich fand nicht ein einziges Buch von ihm, das vollständig und für den Unterricht des Praktikers geeignet wäre...«

Ein Werk nach dem anderen nimmt er sich vor und legt es kopfschüttelnd beiseite, Oribasius, Paul von Aegina – »...gut erläutert, aber ohne Methode; dem Studierenden würde es schwerfallen, darin zu studieren«; schließlich die Modernen, Ahron, Serapion, Masaweih, ar-Rasi, den größten Arzt und Kliniker des arabischen Zeitalters – zwar sein »Al-Manssuri« läßt keinen Gegenstand aus, ist aber allzu gerafft, dagegen »Al-Hawi« so vollständig, wie ein Buch nur sein kann: »Alle Bücher sind im al-Hawi enthalten.« Fast wäre es das ideale Buch, wäre sein Inhalt nicht so »ohne Ordnung und Zusammenhang und ohne die eigentliche Methode eines Lehrbuchs dargeboten. Er hat sein Buch nicht in Abschnitte und Kapitel unterteilt, wie man es von einem Mann der Wissenschaft bei seinem ungeheuren medizinischen Wissen und bei seiner schriftstellerischen Begabung eigentlich erwarten würde«, wundert er sich. In der Tat hatten, nachdem der Tod ar-Rasi gehindert hatte, sein Lebenswerk selbst zu vollenden, seine Schüler die Unmasse des Materials, darunter unzählige Krankengeschichten, zu einem ungefügen Koloß von dreißig Bänden zusammengestellt, der gleichwohl im Mittelalter zu dem meistgedruckten und meistbenutzen medizinischen Lehrbuch wurde.

»Was mich betrifft«, fährt al-Abbas fort, »so werde ich in meinem Buch all jenes behandeln, was für die Erhaltung der Gesundheit und die Heilung von Krankheiten notwendig ist... die Dinge, die jeder fähige und gewissenhafte Arzt wissen sollte.«[43]

Was ar-Rasi vorgeschwebt hatte, führte Ali ben al-Abbas, der Haly Abbas des Mittelalters, zu hoher Vollendung. Sein Buch wählt die glückliche Mitte zwischen der Gründlichkeit des »Al-Hawi« und der Straffheit von »Al-Manssuri«. Es ist dem Sultan Adud ad-Daula gewidmet, dem Gründer des neuen großen Krankenhauses von Bagdad und der neuen Sternwarte im Park des Palastes, wo as-Sufi die Fixsterne zählt. »Das königliche Buch« wird es darum genannt. Nie hatte die Antike etwas derartiges besessen.

Jetzt fehlt es nicht an ebenbürtigen Nachfolgern. In Andalusien schreibt der Chirurg Abu 'l-Kassim (936–1013) ein umfangreiches, auf eigenen Erfahrungen beruhendes Medizinwerk, dessen dritter Teil einmal den Grund der europäischen Chirurgie legen und die in der Christenheit verachtete operative Heilkunde als selbständigen, auf die arabische Anatomie sich stützenden Zweig der Medizin gleichberechtigt auf die Ebene der anderen heben wird.

In Andalusien verfaßt der aus altarabischer Sevillaner Arztfamilie stammende Ibn Sochr (1091–1162), den wir als Avenzoar kennen, sein Hauptwerk »Die Behandlung durch Erleichterung und Diät«, ein Vademecum der Medizin, das vor allem den gründlich gebildeten Anatomen und durch interessante Krankengeschichten den bedeutenden Kliniker verrät. Es ist seinem noch berühmteren Schüler und Freund Ibn Ruschd (1126–1198), den wir Averroes nennen, gewidmet, der auf das Kompliment des Meisters mit seinen scharf durchgegliederten »Richtlinien der Heilwissenschaft« antwortet. Vor den Spezialwerken, die den Lehrstoff für das Abendland für mehrer Jahrhunderte hergeben, sei noch ar-Rasis Schrift »Über Masern und Blattern« erwähnt, die in Europa bis ins 19. Jahrhundert hinein nachgedruckt wird.

Ein ausgesprochen wissenschaftlicher Sinn, ein Talent für Klarheit, Gliederung und Zusammenhang verrät sich in den Handbüchern und Enzyklopädien, den in Frage und Antwort geschriebenen Leitfäden für die Studierenden, in den Grundrissen und Tabellenwerken, in denen das übernommene und neue Wissen mit echten Verständnis erfaßt, zum erstenmal gesichtet und in vorbildlicher Übersichtlichkeit und Geschlossenheit den Lernenden zugänglich gemacht wird.

Aber sie alle, Werke hervorragender Mediziner, ebenso wie die Werke der Größten aus Hellas und dem Hellenismus verblassen vor dem »Kanon« des Ibn Sina oder Avicenna. Der überwältigende Ruhm, den dieses Werk des »Fürsten der Ärzte« im Morgen- und Abendland Jahrhunderte hindurch erlangt hat, ist in der Medizingeschichte ohne Beispiel. Der Vergleich dieses klaren und systematisch geordneten Riesenkunstwerks, das den gesamten Umfang der theoretischen und praktischen Medizin mit allen Sonderzweigen bewältigt und mit empirischen Forschungen verbindet, stellte Hippokrates und Galen sowohl als Gesamtleistung wie als meiststudiertes medizinisches Werk der Weltgeschichte weit in den Schatten.

»Die Araber waren es, die Licht und Ordnung in die oft unklar gefaßte, nur in Bruchstücken vorliegende Überlieferung der Antike brachten«, bescheinigt der Medizinhistoriker ihnen seine »einhellige Anerkennung. – Sie haben anstelle der mechanischen Auszüge, der geistlosen Kompilationen, der verwirrenden Sammelschriften der Byzantiner wirkliche umfassende Handbücher mit einheitlichem, alle Spezialfächer organisch verbindendem Grundzug geschaffen, sie haben den Lehrzweck in mannigfachen Formen zu erreichen verstanden und der lebendigen Muttersprache – nicht einem verstorbenen Idiom – eine mustergültige wissenschaftliche Terminologie abgerungen.«[44]

Und darum hat das Abendland, was heute kaum bekannt ist, zunächst ihnen als seinen Lehrern den Vorzug gegeben und hat sich von ihnen seine medizinischen Kenntnisse geholt, mehr als aus der sie verwirrenden, ungeordneten und unübersichtlichen Literatur der Griechen und der in der Renaissance bekannt werdenden, veralteten Griechenwerke.

Ist dies schwärmerische Übertreibung aus der Sicht der Neuzeit? Was man noch im 16. Jahrhundert während der enthusiastischen Neubelebung des griechischen Altertums über namhafte Mediziner dachte, hat Agrippa von Nettesheim (1486–1535), der wohl als Humanist einer Schönfärberei des arabischen Einflusses unverdächtig ist, so formuliert:

»In der Heilkunde sind die Araber so berühmt geworden, daß man sie als Erfinder dieser Kunst gehalten hat. Und das hätten sie auch leicht behaupten können, wenn sie nicht so viel lateinische und griechische Namen und Wörter gebraucht und sich dadurch verraten hätten. Daher sind des Avicenna, Rhasis und Averroes Bücher eben mit der gleichen Autorität als des Hippokratis und Galeni aufgenommen worden und haben so viel Kredit erlanget, daß, wer ohne dieselben zu kurieren sich unterstanden, von dem hat leicht gesagt werden können, er ruiniere die allgemeine Wohlfahrt.«[45]

Eine dürre Statistik der griechischen und der arabischen Einflüsse auf die mittelalterlichen Vertreter einer Erfahrungsmedizin, die das durch selbständige Beobachtung ausgezeichnete Werk des Professors aus Pavia, Grafen Ferrari da Grado, nach ihren Spuren durchforstet hat, stellt mit ungeschminkten Worten fest: In den Schriften Ferraris wird Avicenna mehr als 3000mal zitiert, Rhases und Galen etwa 1000mal, Hippokrates 140mal.

INITIALZÜNDUNG DER EUROPÄISCHEN WISSENSCHAFT

Daß der Vogel der Minerva, ursprünglich Schutzgöttin des praktischen Handwerks und erst später mit der griechischen Athene, Göttin des theoretischen Wissens und der Weisheit verbunden, nur in der Dämmerung seinen Flug beginne, ist eine Erscheinung, die lediglich für das Abendland zutrifft. Hegels berühmtes Wort nimmt man gern als eine Regel: Jahrhunderte müßten vergehen, bis der Geist flügge werde, seine Fittiche rege und zum Flug ausbreite. Für die arabisch-islamische Welt gilt die Regel nicht – im Gegenteil häufen sich bedeutende Leistungen gerade in ihrer Frühzeit.

Warum wundert man sich nicht, daß das Abendland wenigstens

dreihundert Jahre früher als die Araber die Chance erhielt, auf den Trümmern der Mittelmeerkulturen aufzubauen? Warum mußte denn hier ein volles Jahrtausend vergehen, bis es sich aus der Reihe der dazumal »bei weitem unterentwickelten« Völker, wie der Jude Platon von Tivoli 1138 die »Lateiner« des 12. Jahrhunderts nennt, lösen und in Freiheit zu sich selbst und zu schöpferischer Leistung finden durfte? Obwohl es so hoffnungsvoll begann! Obwohl überall im Römischen Imperium – wir sahen es – germanische Fürsten versuchten, den antiken Geist wieder zu erwecken, wie dreihundert Jahre nach ihnen arabische Kalifen!

Doch seltsam, man hat sich daran gewöhnt, es fraglos und als gottgegeben hinzunehmen, daß im Gegenteil bald überall die Bildung, nur auf Gott und die Seele gerichtet, auf einen Tiefpunkt gerät und verharrt, während sich doch im Orient in kurzer Zeit islamischer Herrschaft eine blühende Kultur mit einer Breite der Bildung durch sechs bis acht Jahrhunderte entwickelt, bis im Osten die Mongolen 1258, in Spanien 1492 die christliche Reconquista die geistige Elite umbringen und die riesigen Bücherbestände der Bibliotheken verheizen.

Das Imperium Romanum war ein Imperium Christianum geworden. Hier galt es als gefährlichste Form der »Versuchung«, Wissen zu schöpfen. Das hatte Augustinus der Christenheit ein für allemal beigebracht:

»Denn außer der Lust des Fleisches, die in der Freude an unseren Sinnen und Vergnügungen liegt – deren Sklaven der Vernichtung anheimfallen werden, wenn sie sich von Dir entfernen –, lebt auch im Geist durch die gleichen Sinne eine Neigung und Neugier... die unter dem Deckmantel der Gelehrsamkeit und der Weisheit einhergehen.«

Aus dieser »krankhaften Neugier«, die »aus einem Jucken nach Wissenwollen und Herausfinden« stamme, wünschten die Menschen, »die Natur zu erforschen, obwohl dieses Wissen für sie keinen Wert hat... einfach um des Wissens willen«, und kümmerten sich um den Lauf der Sterne, anstatt sich um das Heil ihrer sündigen, von Gefahren umlauerten Seele zu sorgen. Auch hieß es, die Kräfte des Geistes mißbrauchen, wenn er sich in der Erforschung der Natur erginge, anstatt sich den Lehren der geoffenbarten Religion zuzuwenden.

Doch um ein stabiles Gebäude von Dogmen aufzubauen, reichte das nicht aus. Wie man mit Säulen und Treppen antiker Bauwerke jetzt christliche Kirchen baute, so nahm man aus den Trümmern der alten Philosophie – ein wenig Platon, reichlich Neuplatonismus – alles, was das Gewölbe der Religion stützen, die auftretenden Risse zwischen offenbarter Wahrheit und Vernunft abdichten konnte. Neben der Schrift standen unumstößlich Kirchenväter und Kirchenlehrer, alle überragend der hl. Augustinus, unanzweifelbare Autoritäten. Und da kommt in großem Faltenwurf des absoluten Weltherrschers der Philosophie via Andalusien und Toledo Aristoteles, und alsbald ernennen die geistlichen Bauwerker ihn, den unübertroffenen Architekten der Logik und Metaphysik, zur allerhöchsten Autorität und zu einem zweiten Johannes den Täufer und geistigen Wegbereiter Christi.

Wenn um diese Zeit, im 12. Jahrhundert, nach langer planmäßiger Verteufelung der irdischen Welt, die verworfen sei »wie ein stinkendes Aas«, Naturbegeisterung und Naturbeobachtung überschwenglich emporblühen, wenn Fragen und Forschen sich statt an die Heilige Schrift und an die Väter jetzt an die Natur wenden, »die natürlich Ding wirkt« und »alles, was die Himmel geheimnisvoll umschließen, aus sich selbst hervorgebracht« hat, so ist nicht Aristoteles daran schuld. Sie kommen – wir sahen es und betonen – aus ganz anderen, aus *eigenen* Quellen.

Weder aus antiken: Im Gegenteil hemmen die physikalisch-astronomischen Systeme des Aristoteles und Ptolemäus, die jetzt bekannt und sofort von den autoritätshörigen, sich offiziell berufen fühlenden geistlichen Maurern mit dem starren Beton des Dogmas und dem erdrückenden Ballast der Autorität beworfen werden, ein kritisch-wissenschaftliches Denken mehr, als daß sie es fördern.

Noch – und auch dies bedarf ausdrücklicher Klarstellung, um keine Mißverständnisse sich einschleichen zu lassen – noch ist die freie, entschiedene Naturzuwendung der bloße Reflex des mächtigen arabischen Einflusses, der jetzt anhebt. Es gibt keinen fremden Einfluß von tieferer Wirkung, wenn nicht eine entsprechende Anlage und Empfänglichkeit vorhanden sind.

Die empirische und experimentelle arabische Wissenschaft wirkt vielmehr als eine Art Initialzündung für eine bereitliegende Disposition des europäischen Geistes. Dieser arabische Brennstoff, der etwa seit 1100 und seit Mitte des 12. Jahrhunderts in immer stärkeren Windstößen hereinweht: durch die von arabischen Universitäten zurückkehrende Studiosi, durch Übersetzungen aus Toledo, Salerno und Palermo, durch Heere von Pilgern und Kreuzfahrern aus dem Heiligen Land, die ihre Verzauberung mit heimbringen durch die überlegene Kultur, Zivilisation und Technik der Araber, durch die ihnen abgelauschten Kenntnisse und Fertigkeiten, durch Souvenirs und die heißbegehrten Instrumente aller Art. Er liefert jetzt für die auch in weltlichen Kreisen leichtentzündliche Bereitschaft den explosiven Zündstoff, weckt bisher in Tiefschlaf gehaltene rationale Fähigkeiten, setzt noch unentwickelte Kräfte frei und bringt die naturwissenschaftliche Entwicklung Europas in Gang. Gewiß tragen auch die Weitung des geographischen Gesichtsfeldes und des geistigen Horizonts dazu bei, daß der europäische Geist über die Mauern der Studier- und Disputierstuben hinaus sich den Blick auf die ihm vor Augen liegende Weltwirklichkeit richten lernt und sie sowohl auf ihre göttlichen wie natürlichen Ursprünge hinterfragt, was hier eines das andere bedingt.

Sehen wir sie uns an, die ersten Pioniere der europäischen Wissenschaft, die den einfachen Fußsoldatengang wagten, um in dem unbegangenen Gelände die Wege freizuschlagen:

Einem der frühesten von ihnen, Gerbert von Aurillac (945–1003), sind wir bereits persönlich begegnet. Wir erinnern uns: Er war der vielgesuchte Lehrer von Reims und geistige Mittelpunkt seiner Zeit, der drei deutsche Kaiser zu seinen Gönnern und Freunden zählte und schließlich als Papst die höchste Sprosse der Christenheit erklomm. Mußte dieser wunderbare Aufstieg, voller Rätsel und Geheimnis für die Nachwelt wie diese ganze, höchst merkwürdige Persönlichkeit, deren Wissen die Zeitgenossen in Erstaunen setzte und der mit sarazenischen Teufelswerkzeugen in Gottes Schöpfung herumpfuschte, ihr nicht verdächtig und unheimlich erscheinen?

Ein großer Zauberer sei er gewesen. In Cordoba, dem Sitz der Teufelsanbeter und Totenbeschwörer, wo die Sarazenen ihrem von einer Legion Teufel bewachten, goldenen Götzen Mahomet Menschenopfer darbrächten, sei er von einem Magier in ihre verderblichen Künste eingeweiht worden. Ihm habe er ein geheimes Buch entwendet, erzählt mit frommem Schauder Wilhelm von Salisbury im 12. Jahrhundert von dem ob seines Wissens unheimlichen Mann, den der Kaiserjüngling Otto III. zum Papst gemacht hatte und der Späteren als das Urbild des Doktors Faust galt.

Tatsächlich hat Gerbert[46] das arabische Spanien nicht betreten, noch selbst in Cordoba studiert, wie man zu berichten pflegt. Was aber schält sich als einigermaßen gesicherter Kern dieser Legende heraus? Der Markgraf Borell, der im Kloster Aurillac auf den begabten Jüngling trifft, übergibt ihn in der Spanischen Mark zur Ausbildung dem Bischof Hatto von Vich. Bei dem weltkundigen Mann, der über die für den friedlichen Verkehr durchlässige Grenze hinüber zu seinen in Andalusien unangefochten amtierenden Brüdern enge Beziehungen unterhält und gerade von einem Friedensschluß für seinen Markgrafen aus Cordoba zurückgekehrt ist, beschäftigt Gerbert sich »fleißig und mit Erfolg« mit Mathematik, Sternkunde und Musik. Hier lernt der Wissensdurstige staunend die arabischen Ziffern kennen, freilich noch ohne die Null, die er beim Setzen der Steine auf dem Abacus, dem römischen Rechenbrett, nicht unbedingt benötigte.[47] Hier wird er mit den arithmetischen und trigonometrischen Regeln vertraut.

Von hier bringt er zur Schule von Reims das geheimnisvolle Astrolabium mit, das noch heute in Florenz als Meßgerät aufbewahrt wird, mit dem er als Papst Silvester II. in Rom die Höhe und Bewegung der Sterne beobachtet und die Zeit gemessen hat. Er verfaßt zwei Schriften über das nützliche Instrument, über seinen Gebrauch und über die Berechnungsmethoden. In seiner offenen Weltzugewandtheit, die sich, wie berichtet, auch an Eriugena aufschließt, und in seiner lebenskräftigen Weltbetätigung übt er scharfe Kritik an dem bleichsüchtigen Geist, den er an den Schulen seiner Heimat im Wachsen findet. Gegen die Entwicklung der scholastischen Dialektik des abstrakten Schaukelspiels in der dünnen Luft formaler Geistesakrobatik hoch über der Realität appelliert Gerbert an die Trapezkünstler, ihre starren Verstandesschwünge aufzugeben und sich auf den Boden sorgfältiger Erkundung der Natur zu stellen. Er fordert seine Schüler auf, statt auf die Eleganz und Spitzfindigkeit logischer Fanggriffe sich lieber auf eine saubere mathematische Grundlage zum Zwecke empirischer Forschung zu verlassen.

Und tatsächlich spricht er nicht ganz in den Wind, den die anschwellende scholastische Entwicklung jedem Verlangen nach lebendigem Wissen durch Erforschung der Natur immer heftiger ins Gesicht bläst und mit dem kirchliche Orthodoxie dem Fragen nach Gesetz und Ursache der Dinge völlig den Atem benimmt. Ein feiner Nachhall zeichnet sich ab bei seinem Schüler Fulbert und in der von Fulbert gegründeten Schule von Chartres.

Vernehmlich meldet sich um 1200 eine klare Stimme aus Italien, vermittelt durch den Hof Kaiser Friedrichs II. von Hohenstaufen. Leonardo von Pisa (geb. 1197) ist ein Mann der prallen Praxis. Als Sohn eines Sekretärs beim Zoll des nordafrikanischen Handelshafens Bugie östlich vom heutigen Algier, der jetzt Bedscheia heißt, beherrscht Leonardo von Kindheit auf durch den Unterricht bei einem arabischen Rechenlehrer, durch ständigen Umgang als italienischer Kaufmann mit arabischen Kaufleuten und Zöllnern und durch sein Studium an arabischen Bibliotheken und Hohen Schulen, wo er sein Wissen planmäßig vertieft, die arabische Sprache, arabische Zahlschrift und die arabischen einfachen und höheren Rechnungsarten wie kein Europäer. Doch er ruht sich auf seinem Schatz einzigartiger Kenntnisse nicht aus angesichts des erschreckenden Abstandes zur Armut und Unwissenheit der christlichen Welt. »Auf daß das Volk der Lateiner in solchen Dingen nicht mehr als unwissend befunden werde«, verfaßt der Dreiundzwanzigjährige in lateinischer Sprache den »Liber abaci«, das Buch, das seinen Ruhm begründet.

»Welch ein Werk!« staunt der Mathematikhistoriker Moritz

Cantor, nachdem er die wissenschaftliche Leistung der anspruchsvollen, das Neue auf hohem Niveau verbreitenden Schrift durchleuchtet hat. »Wir kennen eine ziemliche Anzahl von Vorgängern desselben in den verschiedensten Sprachen, aber wo ist nur entfernt dessen Gleichen? Wir wissen kaum, was wir mehr bewundern sollen: die Möglichkeit, daß ein solches Werk am Anfang des 13. Jahrhunderts geschrieben werden konnte oder die Verständnisfähigkeit dafür an diesem Kaiserhofe.«[48]

Dieses für das gesamte Abendland grundlegende Werk über die arabische Art der Arithmetik und Algebra ist es, das die höchste Aufmerksamkeit des von Jugend auf ebenfalls durch arabische Lehrer in der Mathematik und den arabischen Naturwissenschaften bewanderten Staufenkaisers erregt. Dazu Leonardos 1220 vorgelegte »Praxis der Geometrie«, die er aus Studien Abu Kamils, al-Birunis, Ibn Sinas und al-Karadschis erarbeitet hat. Über sie findet im Kaiserpalast zu Pisa in Anwesenheit »Ihrer Majestät, des glorreichen Fürsten Friedrich« eine mathematische Diskussion statt, in der Leonardo die ihm von einem arabischen Hofgelehrten aus Antiochia gestellten, komplizierten Aufgaben im Handumdrehen auf eine Weise löst, die das Begreifen der Hörer weit übersteigt und deren Exaktheit noch neuere Mathematiker verblüfft.

»Wir haben«, schreibt der sonst so nüchterne Historiker Cantor, »nachdem wir über Leonardos ›Abacus‹ berichtet hatten, geglaubt, unserer Bewunderung Ausdruck geben zu dürfen. Fast möchten wir gegenwärtig bereuen, daß wir es taten, denn mit welchen Worten sollen wir Leonardo jetzt rühmen, nachdem wir diese Schriften kennengelernt haben.«[49]

Aus Leonardos Schriften dringen die – nur für Deutsche und Araber kennzeichnende – »linksläufige« Erstnennung der Einer vor den Zehnern, ferner die Wörter »Ziffer«, »Chiffre«, »Zero« aus dem latinisierten »cepherum« des arabischen »sifr« zu uns.

Und da ist der Zeitgenosse Leonardos von Pisa, ein Deutscher. Der Graf Eberstein aus dem Eggegebirge zwischen Teutoburger Wald und Weserbergland nennt sich als General des Dominikanerordens Jordanus Nemorarius (gest. 1237), »der aus den Wäldern«. Dieser gebildete Graf lehrt in Paris und Bologna, wo der junge Graf Albrecht von Bollstädt, der einmal Albert der Große genannt werden wird, zu seinen Füßen sitzt und, seinem Meister folgend, in den Dominikanerorden eintritt. Jordanus liest über Arithmetik und Algebra und schreibt zwei Bücher über Geometrie, wie er sie von den drei arabischen Brüdern Mußa und von Thabit ben Kurra gelernt hat. Er befaßt sich auf arabische Anregung hin mit Statik und Mechanik, er untersucht mechanische Bewegungsprobleme und stellt das Axiom auf, das nach ihm benannt wird: Dieselbe Kraft, die ein Gewicht g zur Höhe h hebt, hebt das Gewicht xg zur Höhe $\frac{h}{x}$.

Doch dieser gelehrte Ordensgeneral, der seine Dominikaner mit der Anleihe bei den Ungläubigen schockiert, könnte ein böses Beispiel für seine Ordensbrüder geben. Der hartnäckige Westfale muß sich mühsam eine Sondergenehmigung für seinen Umgang mit den »heidnischen Philosophen« durch seine Oberen erkämpfen, die jedoch weitere Entgleisungen durch Berührung mit jeglicher »Heidenschaft« ein für allemal verbietet: »Die Ordensmitglieder sollen die heidnischen Philosophen nicht studieren«, heißt es darin im Jahr 1228, »sie sollen auch die sogenannten Freien Künste nicht erlernen (also auch nicht die elementaren Fertigkeiten wie Zählen, Rechnen und ›computus‹, das Berechnen der kirchlichen Feiertage), es sei denn, daß für einzelne Persönlichkeiten besondere Erlaubnis erteilt worden sei.«

Die Mathematik, die auf diesen Wegen dem Abendland beigebracht wird, trägt – das ist das Überraschende – ein spezifisch arabisches und das heißt nicht-griechisches Gepräge. Denn selbst die Gestaltung dieser reinen Wissenschaft vom Formalen hat ihre hier und dort unterschiedlichen Stilgesetze. Und der Stil der Mathematik, die das Abendland fortan betreiben wird, ist in der Tat eine Neuschöpfung der Araber. Das *geometrische* Gewand, in das die Griechen sie völlig eingehüllt hatten, haben sie ihr genommen und durch ein *algebraisch-arithmetisches* ersetzt. Die Anschauung geometrischer Figuren lag ihnen weniger am Herzen, als die geometrische Beziehung sogleich in Zahl und Rechnung auszudrükken. Aufgaben wie die Lösung einer quadratischen Gleichung, die Dreiteilung eines Winkels oder die Fünfteilung eines Kreises, die ein Grieche anschaulich-geometrisch behandelt hätte, setzten sie in die Form algebraischer Gleichungen um und lösten sie dann rein rechnerisch auf. Diese von den Arabern vollzogene *Algebraisierung und Arithmetisierung der Mathematik* ist von unseren abendländischen Mathematikern übernommen und bis in die Neuzeit beibehalten worden.[50]

Sowohl Leonardo von Pisa und Jordanus Nemorarius als auch die Schule der »Algoritmiker«, die aus den Übersetzungen der Schriften al-Chwarismis geschöpft haben, verwirklichen diesen Stil der Mathematik.

Wie der arabische Funke selbständige europäische Naturforschung anfacht, mag die Schrift eines Deutschen beweisen, der als Kind in Palermo in einer von arabischem Geist förmlich knisternden Atmosphäre aufwächst, der arabische Lehrer und arabische Spielkameraden hat, der fließend arabisch spricht, arabisch rechnet, arabisch dichtet, der als einer der größten Herrscher über das Heilige Römische Reich der enge Freund arabischer Sultane und Emire wird und in engem Kontakt mit arabischen Gelehrten steht, von denen er viele an seinen Hof beruft. Wir sprechen von Kaiser Friedrich II. von Hohenstaufen.

Während die europäische Intelligenz jener Zeit einen fertigen Schatz von Wahrheiten über Gott und die Welt zu besitzen meint und ihn erklärend, verteidigend und disputierend stolz hin und her wendet, will dieser deutsche Kaiser wissen, was die Erscheinungen der Wirklichkeit sind und warum sie so sind. Und dieser einsame Wissensdurstige, dessen bohrendem Geist das Abendland jede Antwort schuldig bleibt, richtet seine schwierigen naturwissenschaftlichen Fragen und mathematischen Probleme an arabische Wissenschaftler. Ja, er macht sie zum Mittel seiner Diplomatie, indem er mit ihnen der hochstehenden Geistigkeit seines Vertragspartners seine Verehrung erweist und um Freundschaft und politische Kontakte wirbt:

»Gegeben sei ein Bogen, zu dem man eine Sehne zieht. Wie

groß ist die Seite des Quadrats, das dem Bogenstück flächengleich ist?...«

»Warum sieht man Ruder und Lanzen und alle geraden Körper, von denen ein Teil in klares Wasser taucht, nach der Wasseroberfläche zu gekrümmt?...«

»Warum sieht man den Suhail bei seinem Aufgang größer als an seiner höchsten Stelle, obwohl sich im Süden keine Feuchtigkeit befindet?...«

»Warum sieht der, bei dem die Hitze zum Kopf aufsteigt, und der, bei dem der Star beginnt, schwarze Fäden wie Fliegen und Mücken außerhalb des Auges, obwohl sich nichts außerhalb des Auges befindet und der Betreffende vollkommen bei gesundem Verstand ist?«

Fragen, die aus scharfer Beobachtung der Natur gegriffen sind und die vorurteilsfreie physikalische und physiologische Untersuchung fordern, wie es bester arabischer Wissenschaft entspricht. Fragen, die zu stellen das Abendland erst lernen muß und die den, der sie stellt, als Ketzer ausweisen. Aufgaben, die die arabischen Empfänger in Erstaunen setzen – zumal, wie der Kairiner Gelehrte al-Qarafi betont, hinsichtlich der »schamlosen Fragen«, die Christen und Juden zu erörtern pflegen wie die der Heiligenstatuen, die Tränen weinen und aus deren Brust Milch fließe. So tief der aufgeklärte Araber solchen Humbug verachtet, so hoch anerkennt er die der ihren verwandte Sicht auf die Dinge der Natur, die den Wunderschleier zerreißt, der sich im Abendland über alles bereitet.

Dieser »beste Beobachter alles mit den Augen Wahrnehmbaren« – wie die Araber den von ihnen bewunderten deutschen »Imberur« nennen, dem »in Wahrheit niemand in der Christenheit seit den Zeiten Alexanders bis heute glich« – ist sich der Dringlichkeit eines Wandels in der Einstellung seiner Landsleute zur Naturwirklichkeit hell bewußt. Wie Blitze schlagen seine Worte mitten in das blutarme, von dichtem Aberglauben, naiver Phantastik und dürrer Dialektik grotesk eingestellte Antlitz einer solchen Natur, deren Erkenntnis nur dazu da zu sein hat, eine Moral für die Sünder an sie zu knüpfen:

»Unsere Absicht ist, sichtbar zu machen die Dinge, die sind, so wie sie sind.«

Diese Worte und das Werk, das sie einleiten, bedeuten die Wendemarke in der abendländischen Weltanschauung und Welterfassung. Dieser hochgelehrte Kaiser, der ein starker Bücherleser ist und sich ein gut Teil seines umfassenden Wissens von Kindheit auf angelesen hat, traut dennoch nichts dem Buchstaben zu und alles seiner eigenen Anschauung. »Gewißheit kann nicht von dem, was man hört, gewonnen werden.«[51]

Sein Buch »Über die Kunst, mit Vögeln zu jagen« beruht auf persönlichen, langwierigen und geduldigen Beobachtungen der Vögel in ihrer natürlichen Umwelt und auf eigenen, klug ersonnenen Versuchen des Kaisers. Hinter seinem Titel verbirgt sich eine vollständige Ornithologie. Eine Vogelkunde, die klar geordnet seine Beobachtungen über die Anatomie der Vögel, ihren Flug, ihre Wanderungen anschaulich darstellt; wobei er sauber ausscheidet, was nicht auf eigenem Augenschein beruht. Eine Arbeit, die als das erste selbständige naturwissenschaftliche Werk Europas zu gelten hat. Voller Stolz rühmt Friedrich sich seiner »persönlichen Erfahrung« im Gegensatz zu Aristoteles, der bei der Natur einiger Vögel von der Wahrheit abgewichen sei, weil er nie die Vogeljagd selbst betrieben habe – »wir aber haben sie immer geliebt und geübt«. Es ist der Stolz, dem Griechen, der vorwiegend aus Spekulation und Theorie die Natur erklären wollte, und dem herrschenden bloßen Bücherwissen überlegen zu sein.

In einem noch anderen Punkt setzt der Kaiser sich selbständig und souverän in Gegensatz zu dem »Fürsten der Philosophen«. Er nimmt sich die Freiheit, die teleologische Erklärung der Natur durch Aristoteles, die alles Geschehen aus Endzwecken erklärt, in Frage zu stellen: Die Vögel haben für ihn ihre Gliedmaßen nicht wegen ihrer Tätigkeit erhalten, da nicht etwas Späteres die Ursache für etwas Früheres sein könne, sondern in der Gestalt etwa der Krallen liege die Fähigkeit, sie entsprechend zu betätigen.[52]

Die strenge Sachlichkeit und Nüchternheit dieses »Kenners der natürlichen Dinge«, wie Friedrich selbst sich nennt, ist wundergläubig genug, in dem rein Naturhaften das innewohnende Wunder seines Ursprungs, seiner Entstehung und einer »selbständigen, *in* den Dingen wirkenden Macht« anzuerkennen, kühn genug, auf jenes Wunder zu verzichten, das von außen verwandelnd in die Natur eingreift, und an seine Stelle die gesetzmäßige Verknüpfung von Ursache und Wirkung zu setzen.

Die Sage berichtet, der Staufenkaiser habe in Köln den dort in einer einfachen Klause an der Stolkgasse lebenden Albertus Magnus in seinem Garten besucht; Chiffre der inneren Verwandtschaft, die eine persönliche Verbindung zwischen den sich geistig Nahestehenden herzustellen versucht. Wir trafen den jungen Albert bereits in Bologna als Studenten zu Füßen des Jordanus Nemorarius sitzend. Er ist 1193 als Albrecht Graf von Bollstädt geboren und auf der Ritterburg in Lauingen an der Donau aufgewachsen. In Padua, wo er die Freien Künste studiert, reißt ihn der in Bologna lehrende deutsche Ordensgeneral derart mit, daß er lange gehegte Zweifel aufgibt, ihn spontan um Aufnahme in den Orden bittet und ihm zum Theologiestudium nach Bologna folgt. Köln und Paris werden die Hauptstätten seiner Wirksamkeit, nur von einer ungeliebten zweijährigen Inhaberschaft des Bischofssitzes in Regensburg und von vielen Ordensaufgaben unterbrochen, die ihn weit durch das Land führen.

Diesen deutschen Gelehrten, den die Nachwelt mit dem Namen des Großen ehrte und dem die Legende nachsagte, ein Schwarzkünstler gewesen zu sein, dem sie eine Sammlung von Zauberrezepten zuschrieb, umweht freilich nicht dieselbe freie Luft der Unabhängigkeit wie seinen Kaiser. Albert der Große ist es, der eigentlich Aristoteles, die Offenbarung und Autorität seines Lebens, auf den Thron der absoluten Geistesherrschaft über das Abendland hebt. Wenn er in seiner »Summe der Kreaturen« der von manchen geäußerten Ansicht, die rechte und die linke Seite der Blätter sei verschieden gestaltet, anstatt sie in der Natur selbst nachzuprüfen, entgegenhält: »Und dies widerspricht Aristoteles, der im zweiten Buch vom Himmelsgebäude sagt, der Unterschied von rechts und links finde sich bei den Pflanzen nicht«, so spricht hier der Scholastiker, der sich in der Tat den Spottnamen »Affe des Aristoteles« zuzieht. Ihm schwebt vor, wie er in der Einleitung zu seiner Physik schreibt, »für seine Ordensbrüder ein Buch über die Natur zu verfassen, worin sie zugleich die Schriften des Aristoteles richtig verstehen könnten«[53].

Dennoch ist dies nicht der ganze Albert. Im Gegensatz zu seinen Schülern, Thomas von Aquin und Siger von Brabant und konsequenten Aristotelikern, die einen scharfen Dualismus zwischen Gott und Welt, Glauben und Wissen aufrichten, besteht für ihn bei aller gebotenen Ablehnung eines platten Pantheismus der alte Gott-Welt-Einklang in der kräftig durchdrungenen Fülle der Naturganzheit noch fort, wobei auch der aristotelische Entelechiebegriff mitgewirkt hat. Er lebt in der Nähe zur Natur, die auf seinen Reisen im Dienste seines Ordens unermüdlich seine Augen und seine verständnisvolle Teilnahme fesselt. Unter seinen Werken nehmen die Schriften über Botanik, Zoologie, Mineralogie, Erdbeschreibung, Meteorologie breiten Raum ein, zu denen nicht wenige Spuren arabischer Wissenschaftler, unter ihnen des Avicenna, führen. Und es hört sich an, als klinge Friedrichs Stimme oder gar die des Botanikers Ibn al-Baitar aus seinem Munde, wenn er in seiner Pharmakologie erklärt:

»Alles, was ich hier niederschrieb, stammt aus meiner eigenen Erfahrung oder von Berichten solcher Autoren, von denen wir wissen, daß sie niedergeschrieben haben, was sie durch eigene Erfahrung bestätigt gefunden haben.«

Der innere Appell an die Erfahrung ist unüberhörbar. Nicht nur am Schreibtisch sind seine Werke über die Pflanzen und Tiere seiner Heimat entstanden. Zum erstenmal öffnet sich die Studierstube. Zum erstenmal wandert auch im Abendland ein Forscher mit offenen Sinnen durch die Natur, wie die Araber es tun und wie sein Kaiser es vorgemacht hat. Ganz in seinem Geiste und fast mit seinen Worten erklärt überraschend jetzt der deutsche Doctor universalis:

»Die Aufgabe der Naturwissenschaft ist es nicht, die Mitteilungen anderer hinzunehmen, sondern die in den Dingen wirkenden Ursachen zu ergründen.«

Ursachen, die er jetzt mit Eriugena, Wilhelm von Conches und

Honorius von Regensburg nicht mehr jenseits der Wolken sucht, die den Dingen »von oben« zukämen, noch aus ihren Zwecken. Der Blick ist nicht mehr an der Welt vorbei in eine Überwelt gerichtet, er findet überall um sich, was der Betrachtung und liebevollen Vertiefung, der Beobachtung und Befragung wert ist. Ob es die Fauna der Nordsee, Fossilien oder geologische Verschiebungen sind, die Vögel und Tiere der Heimat, ihre Pflanzenwelt oder gar ihre Insektenwelt im einzelnen und kleinsten, wie sie sich etwa in der sauberen Beschreibung der Staubblätter oder der Aufspürung des Bauchnervenstranges von Insekten bewährt. Und dies allein mit bloßem Auge.

»...Ich habe versucht, eine Anatomie der Biene zu machen. Man findet bei ihr am Hinterleib hinter der Einschnürung ein glänzendes, durchsichtiges Säckchen, und wenn man es mit der Zunge prüft, so zeigt es einen feinen Honiggeschmack. Sonst finden sich in dem Leibe nur noch ein dünner, kaum gewundener Darm und fadenartige Stränge, an denen der Stachel befestigt ist. Darum herum fließt ein klebriger Saft. Die Beine dagegen sind eingefügt in den Teil des Körpers, der vor der großen Einschnürung liegt.«

Denken wir an den sich noch immer höchster Beliebtheit erfreuenden Physiologus! Der Fortschritt, nein die völlige Blickwende fallen in die Augen. Während dieser mit seiner höchst erbaulichen wie grotesken »Naturkunde« die Zeitgenossen verbiestert und den Ameisenlöwen sterben läßt, weil die »Natur des Löwen in ihr« keinen Appetit auf Samen habe und die »Natur der Ameise« das Fleisch verweigere, stellt Albert diese nüchterne Beschreibung des Ameisenlöwen an:

»Um damit zu beginnen: Dieses Tier ist nicht, wie manche sagen, eine Ameise. Denn ich habe eine Menge Erfahrung mit ihnen gehabt und habe meinen Kollegen gezeigt, daß dieses Tier sehr viel von der Gestalt einer Zecke hat; und es versteckt sich im Sande, indem es eine halbkugelförmige Vertiefung gräbt, auf deren Grund sich das Maul des Ameisenlöwen befindet; und wenn Ameisen auf Nahrungssuche das Loch durchqueren wollen, ergreift und verschlingt er sie. Dies haben wir sehr oft beobachtet...«[54]

An drei Namen wiederum knüpft sich der Beginn der europäischen Physik: Petrus Peregrinus (um 1269), Robert Grosseteste (1175–1253) und Roger Bacon (1214–1294).

Auf seiner Rückkehr vom Kreuzzug landet der Franzose Petrus de Maricourt aus der Picardie in Sizilien. Hier erkämpft soeben gegen den jungen Konradin der Bruder seines Königs, Ludwigs des Heiligen, Karl von Anjou, Sizilien und Neapel, womit der Papst, gesonnen, »Namen und Leib, Samen und Sproß dieses Babyloniers – Kaiser Friedrichs II. – auszurotten«, ihn nach dem Tode des Kaisersohnes Konrads IV. belehnt hat. Konradin, der über die Alpen gezogen war, sein Erbe anzutreten, ist besiegt und in Neapel hingerichtet worden. Petrus Peregrinus, das heißt »der Kreuzfahrer«, hat aus dem Orient einschlägige technische Kenntnisse in der arabischen Bauweise von Belagerungsmaschinen mitgebracht, die er jetzt vor der Feste Lucera einsetzt, jenem strategisch wichtigen Punkt im Norden Siziliens, der stark befestigten arabischen Militärkolonie, in der der Staufenkaiser einst seine getreue sarazenische Leibgarde mit ihren insgesamt fünfunddreißigtausend Familien angesiedelt hatte. Und während der Belagerung Luceras schreibt Petrus von Maricourt, der Mann der Praxis, der Wissenschaftler und ein erfahrener Techniker ist, seine berühmte »Epistola de magnete«.

Denn er bringt aus den arabischen Ländern noch etwas anderes mit: die Kenntnis des Magnetismus und des Kompasses. Daß die Spitze eines Magnetitsplitters nach Norden zeigt, wußten die Chinesen schon um die Zeitwende. Aber nach ihrem eigenen Bericht beobachteten sie die Verwendung der Magnetnadel in der Seefahrt zuerst bei »Fremden«. Da zu jener Zeit – im 11. Jahrhundert – die arabische Handelsschiffahrt den Indischen Ozean bis zum Reich der Mitte beherrschte, nimmt man an, daß sie mit den »fremden« Seeleuten, die nach dem Kompaß steuerten, die Araber gemeint haben. Denn nicht nur hatte, wie gesagt, schon Dschabir ibn Haiyan mit dem Magnetismus experimentiert, die Tragfähigkeit von Magneten unter verschiedenen Bedingungen gemessen und ihre Wirkung auf Eisen und Messing studiert. Tatsächlich benutzten die Araber bereits im 9. Jahrhundert – der älteste Beleg stammt aus dem Jahr 854[55] – den Schiffskompaß.

Wenn die Nacht so dunkel war, daß kein Stern die Richtung wies, wurde eine Nadel in einen Strohhalm oder eine Binse gesteckt, auf die Wasseroberfläche eines Eimers gelegt und durch einen Magnetstein nach rechts bewegt; worauf sie sich durch sein plötzliches Fortziehen in eine Lage brachte, in der sie nach Norden und Süden zeigte. Auf dem indischen Meer war es üblich, die Nadel mit einer Binse durch eine Fischfigur aus Eisenblech zu ersetzen, die nach dem kleinen, rasch ausgeführten Manöver mit Kopf und Schwanz die Himmelsrichtung anzeigte.

Solch einen arabischen Kompaß mit einer Gradeinteilung in arabischen Ziffern zeichnet Petrus in seiner »Epistel über den Magneten« während des Kampfes um die staufische Araberfestung. Darin geht er systematisch vor. Er fragt sich: Welches sind die Eigenschaften eines Magneten? Er benennt die beiden Pole, und fragt: woran erkennt man sie jeweils? Er stellt fest: Gleichnamige stoßen sich ab, ungleichnamige ziehen sich an. Er zerreibt den Magnetiten zu feinen Splittern, und siehe da – ihre Wirkung ist dieselbe! Er untersucht: Wie magnetisiert man ein Stück Eisen? Er schleift sich den Magneten zur kleinen Kugel, legt sie auf ein im Wasser schwimmendes Holz – und kein Zweifel: Sie richtet sich nach dem Nordpol aus. Der eine Pol wird vom Erdpol angezogen! Eine kosmische Kraft! Ein praktischer Teil über magnetische Instrumente und Kompasse rundet die Schrift ab.

Ein klares Beispiel dafür, daß, in Gang gesetzt durch arabische Wissenschaft und Technik, die neue Methode des Experimentierens, in der Theorie und handgreifliche Praxis Hand in Hand gehen, in Europa ihren Einzug hält und auf eigenen Füßen ihren Weg in die Zukunft beginnt. Damit zugleich kommt ein neuer Ton in die dünne Atmosphäre reiner Spekulation hoch über der greifbaren, hier die Seelen und Hände beschmutzenden Realität der Welt, wenn Petrus von Maricourt vom zukünftigen Naturforscher außer dem nötigen Sachwissen und unentbehrlichen mathematischen Kenntnissen Geschicklichkeit und Übung der Hände fordert, »auf daß er beim Umgang mit diesem Stein einen Irrtum sofort beheben kann, was ihm lediglich mit theoretischem Wissen über Natur und Mathematik nicht möglich wäre, wenn ihm Präzision seiner Handgriffe fehlte.« »Ein Meister des Experiments«, rühmt Roger Bacon seinen französischen Magister, durch den er in Paris die Fruchtbarkeit der neuen Methode in der Erforschung des Magnetismus erkennt.

Der zweite Lehrer Roger Bacons führt uns in seine englische Heimat. Ist Paris eine Hochburg der Dominikaner, so treffen wir in Oxford auf eine Schule der Franziskaner. Ihre geistige Leuchte während der ersten Hälfte des 13. Jahrhunderts ist Magister Robert Greathead, auf französisch Grosseteste genannt. 1235 wird er der erste Bischof des hundertzwanzig Meilen entfernt gelegenen Lincoln und in dieser Eigenschaft zugleich Kanzler der Franziskanerschule von Oxford. Während in der Dominikanerschule von Paris die Strenge der Theologie regiert, herrscht im franziskanischen Milieu Oxfords ein freier Geist, der für naturwissenschaftliche Studien offen ist. Der Kanzler von Oxford, ein großer Kirchenfürst und bedeutender Philosoph, scheut sich weder, auf dem Konzil zu Lyon die römische Kirche als eine »Quelle allen Übels« anzuprangern, die durch Ämter- und Benefizverleihungen »im vollen Sonnenlicht Männer ernennt, die verderblich wirken und keine Hirten sind«, noch, scharfe Pfeile gegen den Popanz Aristoteles abzuschießen. Noch nimmt er Anstand daran, für die Gräfin von Lincoln eigenhändig ein technisches Handbuch für die Bewirtschaftung ihrer Ländereien zu verfassen.

Sein Urerlebnis muß das Licht gewesen sein. Nicht nur stellt er in den Mittelpunkt seiner Philosophie den ihn begeisternden Gedanken des sich in allen Richtungen fortpflanzenden, in alle Dinge ausbreitenden Lichts, das er – aristotelisch – die »erste Form der Materie« nennt, ja das ihm mit der »Materie«, mit der »Körperlichkeit« identisch ist – ein früher Schritt in Richtung auf die Korpuskel-Strahlung-Einheit der Wellenmechanik. Die Lehre vom Licht, die Optik, ist sein erkorenes Lieblingsfeld.

In Oxford gehen die Werke der Araber, zu denen man in der Handelsstadt enge Handesbeziehungen unterhält, von Hand zu Hand. Neben dem unumgänglichen, aber ungeliebten Aristoteles sind Avicenna, al-Ghassali, Avicebron dem Philosophen Grosseteste ebenso geläufig, wie dem Naturwissenschaftler Thabit ben Kurra, al-Battani, al-Bitrudschi und vor allem Ibn al-Haitham oder Alhazen, der große Lehrer aller abendländischen Optik. Seine Spuren laufen unmittelbar zu Roberts Traktat »Über den Regenbogen«. Hier finden auch Ibn al-Haithams Versuche über Strahlenbrechung in verschiedenen Medien ihren Niederschlag. Sollten nicht Strahlen durch verschiedene Linsen hintereinander die Gegenstände kleiner oder größer erscheinen lassen?

Die Anregungen arabischer Optik fallen hier auf günstigen Boden und auf die Neigung zu einem von Ideologien freien, erfahrungswissenschaftlichen Denken, das in Oxford durch seinen großen Kanzler Heimrecht erhält. In ihrem Sinne erhebt er die Forderung, zum Aufbauen einer Naturwissenschaft sich dreier Wege zu bedienen:

1. der Induktion (»Zuleitens« vom Einzelfall zum Allgemeinen)
2. des Experiments und
3. der Mathematik.

»Keine Wissenschaft ohne Mathematik«, lautet sein Grundsatz.

»Keine Wissenschaft ohne Mathematik« wird auch die Maxime für Roger Bacon (1214–1294), seinen ihn an Ruhm und Genialität weit überragenden Schüler. Aus Italien zurückgekehrt, wo er sich Kenntnisse in Jurisprudenz, Medizin und den Freien Künsten, dazu in der griechischen Sprache angeeignet hat, zieht es den jungen Engländer, Sohn aus reichem Hause, zum Collegium für theologische Studien in Paris. Aber die Schaukelspiele der Pariser Dialektiker, ihre Haarspaltereien und ihr hochmütiger Dogmatismus, von denen allein Petrus von Maricourt wohltuend absticht – »durch ihn besitze ich alle meine Kenntnisse« –, widern ihn dermaßen an, daß er Paris verläßt und nach Oxford geht, wohin Robert Grossetestes Ruf zur Naturwissenschaft auf mathematischer Grundlage ihn zieht.

Das ist der Geist, der ihn aus den Vorlesungen seines Magisters Petrus Peregrinus entflammt hatte. Mit seinen Instrumenten aller Art, die Roger aus Italien mitgebracht hat und die er sich selbst anfertigt, stellt er Experimente an, für die sein ganzes Vermögen draufgeht. Mit ihnen steigt er in die Fußstapfen seiner arabischen Vorbilder, so in die der in Oxford hochgeachteten Ibn al-Haitham, Thabit ben Kurra und al-Kindi. Wie »Alhazen« beschäftigt er sich mit Strahlenreflexion und Strahlenbrechung, insbesondere durch die Brennkugel, mit der er Feuer entzünden, aber ebenfalls weitere optische Experimente anstellen kann. Ein Gedanke, der ihn lebhaft erregt. In einem Teil seines »Größeren Werkes«, betitelt »Über die Wissenschaft von der Perspektive« entwirft Roger, inspiriert durch Alhazen und Grosseteste, selbständig diese geniale Theorie:

»Wir können durchsichtigen Körpern eine solche Gestalt geben und sie in solcher Weise in bezug auf unser Gesicht und die gesehenen Objekte anordnen, daß die Strahlen in jeder Richtung, die wir wünschen, gebrochen und gebeugt werden; und unter jedem Winkel, den wir wünschen, werden wir das Objekt nahe oder entfernt sehen. So könnten wir aus unglaublicher Entfernung die kleinsten Lettern lesen und die Körner des Staubes oder Sandes zählen... Also könnten wir auch die Sonne, den Mond und die Sterne in der Erscheinung zu uns herabsteigen lassen... und viele ähnliche Dinge, so daß der Geist dessen, der die Wahrheit nicht kennt, sie nicht ertragen könnte.«[56]

Hat er selbst »durchsichtige Körper« nur im Gedankenexperiment oder in der Praxis »in solcher Weise angeordnet«, daß er die Objekte zu sich heranholen konnte? Wir vermögen es bei diesem leidenschaftlichen Forscher nicht zu bezweifeln.

Auch die Lichtphilosophie seines Lehrers entflammt ihn, und indem er sich der Sicht der modernen Naturwissenschaft annähert, kommt er zu der Theorie, Lichtstrahlen seien »Übertragung einer Bewegung«. Ja, mit staunenswerter Genialität nimmt Roger Bacon lange vor Galilei, Newton und Einstein nicht allein die Vorstellung von der Beschleunigung des Falls durch die Anziehungskraft gleichartiger Massen voraus, sondern auch den Grundgedanken des Gravitationsfeldes: die Theorie eines im Raum oder im Medium um das Gravitationszentrum als Mittelpunkt sich kugelförmig ausbreitenden Kraftfeldes. Und dieses

Schwerefeld verursache die gleichförmig beschleunigte Fallbewegung.[57]

Kühn und erfinderisch und von einzigartiger visionärer Kraft ist das Denken dieses Mannes, dessen technische Vorstellungsgabe wir ebenso bewundern müssen wie sein hellsichtiges Ahnungsvermögen. Es entwirft zukünftige technische Erfindungen, die erst viel spätere Generationen in die Wirklichkeit umsetzen werden. Erfindungen, für deren Ausführung er das Experiment und die mathematische Formulierung verlangt. Wo war im christlichen Europa ein derartiger Ton zu hören, wo war die konstruktive Phantasie, ja wo der Sinn für praktische, technische Nutzanwendung? Für die Herstellung von Lampen, die ständig brennen, von Maschinen zum Fliegen oder Herumfahren in Wagen, die sich ohne Zugtiere und dennoch mit unvergleichlicher Geschwindigkeit fortbewegen, oder in Schiffen ohne Ruder, die, nur von einem Menschen gelenkt, schneller als für möglich gehalten über oder unter Wasser fahren? Welche Vision! Aber konnte irgend jemand solche haarsträubende Phantastik dieses Franziskanermönchleins ernst nehmen?

Als Übersetzungen der Kriegsbücher des Hassan ar-Rammah und anderer arabischer Chemiker, die seit dem 12. Jahrhundert in Pulverfabriken chemische Sprengmittel als Treibmittel für Geschosse für den Kampf gegen die Invasion der Kreuzfahrerheere herstellen, hat Roger auch Kenntnis von der Formel des Schießpulvers. Sie erscheint in seinem »Dritten Werk« – lange vor ihrer angeblichen »Erfindung« um 1350 durch seinen Franziskanerbruder Berthold Schwarz in Freiburg. In jenen arabischen Büchern rauscht es nur so von Explosivwaffen, von »sich bewegenden und brennenden Eiern«, die »feuerspeiend herausfahren« und »einen Lärm wie Donner machen«.

Und Roger selbst bestätigt, was er vom Hörensagen durch die in Damiette in Ägypten fürchterlich erschreckten Kreuzfahrer weiß, wo die neuen arabischen Sprenggeschosse dem Heer Ludwigs des Heiligen 1249 einen glühendheißen Empfang bereitet und den französischen König in helle Panik versetzt haben. »Jedesmal, wenn wieder ein Geschoß einschlug«, so meldet der französische Kriegsberichter in die Heimat, »war der König tief beeindruckt und rief aus: ›Lieber Herr Jesu Christ, beschütze mich und meine Leute!‹«

Und wie nimmt sich diese Nachricht bei Roger Bacon aus? Er schreibt: »Wichtige Kenntnisse sind entdeckt worden gegen Feinde des Staates, die ohne Schwert oder sonst irgendeine Waffe, die körperliche Berührung erfordert, alle vernichten können, die Widerstand leisten.« Ein dreiviertel Jahrhundert später – 1325, 1331 und 1342 – werden die Araber ihre Pulverkanonen auch in Spanien einsetzen und die nordspanischen Heere, verstärkt durch Franzosen und Engländer, zu Paaren treiben. Dürfen wir annehmen, Rogers so frühe Kenntnis, die ja viele Engländer geteilt haben müssen, habe zu der raschen Aufrüstung des englischen Heeres beigetragen, das in der berühmten Schlacht von Crécy 1346 den überwältigenden Sieg gegen das französische Ritterheer entschied? Nur vier Jahre nach der spanischen Niederlage. Für die Entwicklung und Herstellung der neuen Geheimwaffe und die dazu erforderliche geistige Revolutionierung eine wohl zu kurze Spanne in jener so schwerbeweglichen Zeit.

Kein Wunder freilich, daß auch dieser Mann mit seinen hirnverbrannten Ideen, seinem wunderlichen Hantieren an unverständlichen Apparaturen seinen Zeitgenossen unheimlich, daß er seinen ganz intellektuellen, die Handarbeit verachtenden Studenten lächerlich, daß er mit seinem heidnischen Überall-Herumpfuschen in Gottes Schöpfung seinen Ordensoberen verdächtig erscheint. Zumal wenn er während der Kreuzzüge gegen die Ungläubigen nicht nur Propaganda gegen die christliche Unmenschlichkeit gegenüber den Arabern treibt und sich zugleich ständig auf Araber und Juden beruft, gleich dreißig islamische Namen im Munde führt und das Studium des Griechischen, Arabischen und Hebräischen für unumgänglich nötig hält zum besseren Verständnis der verfälschten Bibel und der sinnentstellenden Übersetzungen des Aristoteles und all der islamischen Gelehrten.

Seine Ordensoberen verbannen diesen Abweichler und Verächter aller heiligen Autoritäten für zehn Jahre von Oxford, die Roger in Paris zubringt. Dort lernt er einen Franzosen kennen,

Guy le Gros Foulques, ehemaligen Sekretär und Hofjuristen Ludwigs des Heiligen, der seinen König auf dem Kreuzzug nach Ägypten begleitet und der mit der Weitung seines Gesichtsfeldes hinüberzublicken gelernt hat über die engen Geistesschranken, hinter denen die abendländische Gelehrsamkeit sich gegen jede Neuerung verbarrikadiert. Hatte Roger durch ihn von den arabischen Geschossen erfahren? Guy le Gros war als Witwer in den geistlichen Stand getreten und in kurzer Zeit zum Erzbischof von Narbonne aufgestiegen. Nach Oxford zurückgekehrt, erreicht Roger ein Sendschreiben des französischen Freundes, der eben als Papst Klemens IV. zur höchsten Würde der Christenheit erhoben worden ist. Und wie später Nikolaus von Kues aus den Tagen des Basler Konzils ein geheimes Einverständnis mit seinem Papstfreund verbindet, so bezeigt Klemens an dem aufgeschlossenen Engländer und seiner Gedankenwelt eine unverhohlene Anteilnahme.

Heimlich, unverzüglich und ohne sich durch seine Ordensoberen beirren zu lassen – so schreibt er ihm – möge Roger ihm seine Werke senden. Doch dieser einmalige, unverhofft sich ihm bietende Glücksfall seines Lebens, mit seinen Ideen die Mauer des Schweigens und der Verbote durchbrechen zu können, ja Förderung von höchster Stelle der Christenheit zu erlangen, zerrinnt zu nichts. Ja, er verkehrt sich in das tiefste Unglück.

Kaum hat Roger seine eigens für den Papst verfaßten und immer von neuem komprimierten Werke abgesandt, da stirbt sein Gönner. Sein Orden ahndet den Ungehorsam seiner Verbindung über die Köpfe seiner Oberen hinweg zum Apostolischen Stuhl, die Unbotmäßigkeit seiner Zeitkritik und der ihm untersagten Niederschriften seiner Experimente und Entdeckungen, indem er Roger Bacon 1278 zu Kerker verurteilt und lebenslänglich in Haft hält, bis der Tod ihn 1294, nach fünfzehn Jahren Kerkerhaft, befreit.

»Tiere folgen allein dem Strick, mit dem sie gehalten werden. So führt auch die Autorität der Schriften nicht wenige von euch, die ihr Gefesselte seid durch eure Leichtgläubigkeit.«

Das hatte vor fünfzig Jahren der aus den arabischen Ländern

nach England heimgekehrte Athelhart von Bath geklagt. Und Roger Bacon hatte traurigen Anlaß genug, in seinen »Natürlichen Fragen« dieses Wort seines Landsmannes aufzugreifen, auch er bestrebt, »die wunderbare vernünftige Schönheit des Universums, in dem wir wohnen, kennenzulernen«.

Denn die Natur, so sagt er ganz im Sinne des Eriugena, ist das Instrument göttlicher Tätigkeit. Und darum ist der Mensch als Mitwirker Gottes und selbst »als Instrument seiner Tätigkeit« berufen, nicht nur sie und ihre Schönheit »kennenzulernen«, sondern mehr: dazu berufen, ihre Gesetze zu erforschen und mit Hilfe seiner Geisteskraft und seiner Handfertigkeit »die göttliche Tätigkeit« fortzusetzen.

Freilich »ohne Erfahrung kann nichts ausreichend gewußt werden«. Und eine Erfahrungswissenschaft bedarf der quantitativ-mathematischen Bestimmung. Hier weist aus ureigenem, europäischem religiösem Selbst- und Weltverständnis ein Engländer, vielfältig angeregt durch arabische Wissenschaft, das Abendland fort von den Autoritäten zur Erfahrung, von den Dogmen zu den Quellen, von den Büchern zur Natur, von der Dialektik zum Experiment. Scientia experimentalis, experimentelle Wissenschaft – ein Begriff, den Roger Bacon geprägt hat.

Wie seine arabischen Vorbilder, so ist auch er auf vielen Gebieten bewandert, auch auf dem der Medizin, deren zeitgenössischen Vertretern er eine riesige Liste von Irrtümern vorhält. Auch die Ärzte im geistlichen Talar ruft er von der Unterwerfung unter das Diktat der Patriarchen der Medizin zu Beobachtung und vorurteilsfreier Erfahrung, von der Hochschule zum Hospital, von scholastischer Spekulation zur Praxis – zum kranken Menschen.

Gleichfalls ein Vielseitiger – und ein weißer Rabe unter den Ärzten – ist Rogers Zeitgenosse, der Spanier Arnald von Villanueva (1235–1311). Aus der Nachbarschaft seiner Heimat mit den Sarazenen bringt er die volle Beherrschung der arabischen Sprache mit, die ihn befähigt, selbst arabische Bücher zu übersetzen. Durch Umfang und Gründlichkeit seines aus der originalen arabischen Fachliteratur und im Umgang mit arabischen Ärzten erworbenen Wissens, das er im Gegensatz zu Roger Bacon als praktischer Arzt auswertet, überragt er seine Zeitgenossen turmhoch. Und weniger als sie alle erliegt er der scholastischen Zeitströmung. Seinen kräftig zupackenden Händen gelingt es, dem Boden des Arabismus echte Früchte abzuringen.

Bezeichnenderweise gilt nicht Aristoteles, dem hellglänzenden Stern, »von dem die Mehrzahl der lateinischen Ärzte verdummt worden ist«, wie er sagt, seine Liebe, sondern Haly Abbas, Avenzoar und vor allen anderen Rhases, der »berühmt ist durch seine Forschungen, hervorragend in seinen Werken, fortschrittlich in seinem Urteil und aufgrund eigener Erfahrung anerkannt«. Dies aber ist das Wesentliche: Er nimmt die arabische Pharmakologie, Chemie und Medizin nicht dogmatisch, sondern als Vorbilder und als lebendige, dem Fluß der Erfahrung unterworfene Wissenschaften und sucht ihren experimentellen Charakter zu retten, alles dem eigenen Experiment zur Prüfung zu unterwerfen. Für ihn besonders gilt das Wort seines arabischen Arztkollegen Ibn al-Chatib, des Erforschers der Pest:

»Es muß immer unser Grundsatz sein, daß ein Beweis, der aus der Überlieferung entnommen ist, ein Änderung zu erdulden hat, wenn er in klarem Gegensatz zur Evidenz unserer Sinneswahrnehmung steht.«

Doch bedarf dies noch einer Erwähnung? Auch Arnald von Villanueva, obwohl Leibarzt des Königs von Aragon und des Papstes, bekommt es mit der Inquisition zu tun und wird, aufs ärgste verdächtigt, das Opfer langjähriger Verfolgung.

Auch Italien stellt solche Leuchten der Medizin. Wir bewegten uns schon im Süden, wo in Salerno am Golf von Neapel vier legendäre Ärzte – ein Grieche, ein Lateiner, ein Araber und ein Jude – eine rein weltliche Ärzteschule gegründet haben, »deren Ruf durch die ganze Welt geht dank ihrer großen heilkundlichen Kenntnisse«. Salerno, wo der »arme Heinrich« Heilung findet, und Montpellier sind Oasen fortschrittlicher praktischer Medizin inmitten gänzlicher Dürre und für den ärztlichen Nachwuchs des Abendlandes die einzigen Orte außerhalb der islamischen Kultur, die eine höhere ärztliche Bildung vermitteln. Sie beide unmittelbar im Einfallstor des arabischen Geistesgutes ins christliche Abendland.

Wir begegneten Konstantin von Afrika, der das Wissen, das hier an die Jugend Europas vermittelt wird, durch seine ehrgeizig sich selbst zugeschriebenen Werke bereicherte, die tatsächlich nichts anderes waren als Übersetzungen wertvoller arabischer Werke. Von hier geht mancher belebende und befruchtende Anstoß aus in den Norden und in die sich dort allmählich entwikkelnde Medizin.

Durch unmittelbare Fühlung mit den Quellen hat sich indes in Lucca in Norditalien eine andere Wasserstelle inmitten der weithin herrschenden Öde gebildet. Als Feldscher seiner Stadt Lucca hat der fast siebzigjährige Hugo aus dem Geschlecht der Borgononi 1218 bis 1221 am Kreuzzug und an den Kämpfen um Damiette teilgenommen. Dabei muß er erleben, daß viele von den großen Herren ihrem eigenen Wundarzt die Heilkünstler des Gegners vorziehen. Drei Jahre sucht er zu erforschen, weshalb sie den Ärzten von der anderen Seite nachlaufen und die den eigenen überlegenen Heilmethoden an Ort und Stelle studieren.

Was er von den Ungläubigen lernt und in die Heimat zurückbringt, ist freilich sensationell genug. Hat man in Europa bis jetzt Wunden zu heilen versucht, indem man »den guten, löblichen Eiter« bewußt züchtete und mit Eiweiß und Rosenöl verschloß, so heilt jetzt Hugo von Lucca Wunden durch Anlegen von Verbänden, die in starken, alkoholhaltigen Wein getaucht sind, um die Eiterung zu verhindern und die viel schnellere, gefahrlose Heilung ohne die grassierende Blutvergiftung und die glatte Vernarbung ohne Wülste und Schrunden zu erreichen. Er näht Nerven- und Gefäßverletzungen. Vor Amputationen schläfert er den Kranken mit Hilfe von Schlafschwämmen ein, die die Schleimhäute mit betäubenden Drogen netzen.

Noch dreißig Jahre übt der greise Meister seine ärztliche Kunst, die Wilhelm von Saliceto und sein Sohn, Theoderich von Borgognoni, weiterführen. Freilich braucht dieser, der Geistlicher ist, eine besondere Erlaubnis, das verbotene chirurgische Handwerk, das »inhonestum«, das schimpfliche, unehrliche, auszuüben.

Doch die neue, hoffnungsvolle Ära der eiterungslosen Wundbehandlung und Narkose ist nur von kurzer Dauer. Zwar nehmen Rezeptsammlungen die Vorschrift des Narkosemittels auf. Zwar schildert Heinrich von Mondeville, der bei Theoderich von Borgognoni die Chirurgie gelernt hat, begeistert dessen aseptische Heilmethoden und wunderbaren Erfolge. Seine Beschreibung ist ein einziges Preislied auf die eiterungslose Wundheilung – und zugleich ihr letztes. Die Kirche verbietet die neuen Heilmethoden als Aberglauben und Hexenwerk. Und sechshundert Jahre werden für eine Fortentwicklung und für die Vermenschlichung der Heilkunde ungenützt bleiben, bis sie neu erfunden werden.

Genügt die Vorstellung dieser wenigen großen Persönlichkeiten, die hier für manche andere Wissenschaftskollegen mitstehen müssen, für das, was wir Initialzündung des europäischen Geistes durch die arabische empirische und experimentelle Naturwissenschaft genannt haben?

Nein, dazu gehört noch die Darstellung eines weiteren Einflußfeldes: die im 12. Jahrhundert im Abendland sprunghaft emporschießenden Universitäten. Herbert Grundmann[58] hat die Frage nach ihren Ursprüngen gründlich untersucht. Er kommt zu der wiederholten Feststellung, daß es darauf bis jetzt keine befriedigende Antwort gibt; die bisher angebotenen Erklärungen versagen.

Die ersten Universitäten entwickeln sich nicht organisch aus Dom- oder Klosterschulen oder aus städtischen Schulen. Auch lassen sich weder soziale noch wirtschaftliche Anlässe als wahrer Existenzgrund berufen. Noch war ein allgemeiner Bildungsdrang ihr Motor. So sehr dies oder das andere mitbeteiligt gewesen sein sollte, sie haben ihr explosives Auftauchen nicht verursacht.

»Daß es aber überhaupt zur Entstehung von Universitäten kam, erklärt sich nicht aus staatlicher oder kirchlicher Initiative, nicht aus adeligem oder bürgerlichem oder klerikalem Standesinteresse. Es muß andere Gründe haben. Man kann auch nicht sagen, daß dabei bestimmte Berufsinteressen maßgebend waren oder die Notwendigkeit der Berufsausbildung.«[59]

auch ist es falsch, »die abendländichen Universitäten mit antiken Philosophenschulen in Zusammenhang (zu bringen), der in der geschichtlichen Wirklichkeit nicht bestand«, auch wenn man nachträglich eine erdichtete Traditionskette konstruiert hat. »Die letzten Ursachen dieses geistigen Aufschwungs«, resigniert auch Paul Koschaker,[60] »bleiben uns verborgen«.

Es ist das spontane Wissen- und Erkennenwollen um der Wahrheit willen, das die neuen Stätten des Geistes an verschiedenen Orten fast zugleich hochträgt. Warum? Und weshalb in dieser Form? Wir befinden uns in der Zeit des Bekanntwerdens der gräko-arabischen Übersetzungen, die jäh in verschwenderischer Fülle hereinströmen und der europäischen Bildungswelt ein völlig neues, wertvolles Tatsachenmaterial anbieten, in gründlich durchgearbeiteten Lehrbüchern vorzüglich geordnet, wenn auch zum Teil in kläglichen Übersetzungen. Ein Angebot, das ihrem vom Nebel einer anderen Welt befreiten Aufmerken auf die Natur und ihrem Fragen an sie antworten kann. Das jedoch in den Kloster- und Theologenschulen keinen Platz hat.

Aber sind nicht seit ein, zwei Jahrhunderten europäische Scholaren auf zahllosen Wegen über die Alpen gepilgert, wo sie an arabischen Hochschulen erregende Kenntnisse in Astronomie, Physik, Mathematik, Medizin schöpften? Hier haben sie Lehrstätten kennengelernt, geschlossene Korporationen, die in vier Fakultäten gegliedert zu sein pflegen mit je einem Dekan an der Spitze. Jede Fakultät hat die gleiche Anzahl von Studenten – hier 75, dort 82 –, und von Stipendien. Denn der Unterricht ist unentgeltlich. Die Professoren beziehen ein Honorar vom Kalifen oder ihrem Stifter, während jeder Student monatlich einen Golddinar erhält, dazu Schreibmaterial. Die aus allen Windrichtungen kommenden und oft verschiedenen religiösen Richtungen angehörenden Studenten bilden vier »Nationalgruppen« in voneinander getrennten Quartieren. In den Schulen Andalusiens dürfen auch »Franken« studieren. Die großen Vierecksbauten sind als Internate angelegt, als Colleges, in denen die Studenten Wohnung und Verpflegung erhalten. Außerdem enthalten sie mehrere Hörsäle, Arbeitsräume und eine große Bibliothek; hier und dort sind ihnen Spezialinstitute angegliedert. Der Dekan erteilt den Kandidaten nach einer Prüfung die »Lizenz zu lehren«. Damit erwerben sie das »Bakkalaureat« – ein latinisiertes arabisches Wort nach »bihaqq-al-riwaya«, das »Recht, mit der Autorität eines anderen zu lehren«.

Was lag jetzt näher, als die berühmten Hohen Schulen, die jährlich die europäische Intelligenz anzogen, zu Hause in weltlichen Lehrstätten nachzubilden, an denen der Hunger nach dem neuen, fremden Wissensstoff durch Vorlesen aus den übersetzten Lehr- und Handbüchern gestillt werden konnte?

An den Eingangsschleusen von Spanien und von Sizilien ins Abendland bilden sich die ersten Universitäten, ihre Tore weit geöffnet für das, was jetzt immer von neuem hereinflutet. Die erste Welle erweckt Marseille und Montpellier – bekannt und berüchtigt ob ihrer freiheitlichen Denkweise – zu pulsendem Leben, gibt der Chirurgenschule von Bologna kräftigen Auftrieb und liefert das begehrte, als vorbildlich geltende Lehrmaterial nach Padua, Oxford und Paris, wo sich verschiedene, hier angesiedelte Schulen zusammenschließen, darunter jene Tochtergründung der dem fremden Wissen aufgeschlossenen Lehrer von Chartres.

Wo überhaupt Theologie gelehrt wird, dort tritt sie zunehmend in den Hintergrund vor der Artistenfakultät, die sich der Freien Künste, beherrscht von den neuen Naturwissenschaften, annimmt und den stärksten Zuspruch findet. Die Studentenschaft dieser weltlichen Artistenfakultät ist, nicht anders als ihr arabisches Vorbild, stets in *vier* »Nationen« unterteilt mit je einem Verwalter, der dem »Rektor« der Artistenfakultät unterstellt ist. Ihre Bedeutung nimmt derart zu, daß Ende des 13. Jahrhunderts ihr Rektor zum Rektor der gesamten Universität aufsteigt. Auch Amalrich von Bène, David von Dinant, Petrus von Maricourt, Albert der Große und Roger Bacon waren Artesmagister von Paris. Ähnlich organisiert wie die Pariser Sorbonne sind die Universitäten von Bologna und Oxford. Sie allein verleihen Universitätsgrade, als untersten den Grad des Bakkalaureus und die Lizenz zu lehren.

Und wie die Form, so der Inhalt. An den Hochschulen gibt es

keinen Gelehrten, der nicht begierig nach dem neuen Lehrstoff greift, greifen muß, um auf der Höhe der Zeit zu sein. Wie früher für die Araber die griechische, so wird für die wissensdurstigen Europäer die gräko-arabische Literatur das A und O der Wissenschaft. So hoch steht zuzeiten der arabische Name, daß Ärzte und Alchemisten, Pharmakologen und Philosophen, um ihrem Werk leichteren Eingang in die Fachwelt zu verschaffen, es mit dem latinisierten arabischen Namen eines »Avicenna«, »Rhasis«, eines »Masaweih des Jüngeren«, »Mesue« oder »Geber« ausstatten, der es der besonderen Aufmerksamkeit der wissenschaftlichen Welt empfehlen soll. Bis in die zweite Hälfte des 17. Jahrhunderts hinein gehören Lehrbücher wie der »Kanon« des Avicenna zum festen Unterrichtsmaterial europäischer Universitäten, womit er zum meiststudierten Medizinwerk der Weltgeschichte gehört. Bis ins 19. Jahrhundert gelingt es der kleinen Arbeit des Rhases über Pocken und Masern – zwischen 1498 und 1846 mehr als vierzigmal gedruckt –, die Achtung und Gunst eines Jahrtausends zu erringen. Um nur die stärksten Longseller zu nennen.[61]

Neben die zwei Gewalten des Priester- und des Königtums, des geistlichen und des weltlichen »Schwerts«, des Sacerdotium und des Regnum tritt seit dem 13. Jahrhundert gleichberechtigt und gleichwertig, unabhängig von ihnen und mit eigenen »Freiheiten« und Rechten ausgestattet, ein Drittes: das Studium. Der Drang, sich das neue Wissen anzueignen, ist Ursprung und Sinn der europäischen Universität gewesen – »amor sciendi«, Liebe zum Wissen.

Einer, der mehrfach als Ketzer verurteilt und schließlich 1282 im Kerker des Papstes ermordet wurde, weil er ohne theologische Absicht aufgrund des Aristoteles-Kommentators Averroes dem Dualismus eine Einheitslehre entgegensetzte und als Artesmagister über naturwissenschaftliche Themen las, der Niederländer Siger von Brabant, schrieb dieses Wort:

»Wache und studiere und lies, damit du, wenn dir dabei ein Zweifel bleibt, dadurch (erst recht) angespornt wirst zum Studieren und Lesen, da ohne Wissenschaft zu leben der Tod ist und ein elendes Grab für die Menschen.«[62]

FREMDER EINFLUSS – MÖGLICHKEITEN UND GRENZEN

Eine Frage von nicht zu überschätzender Bedeutung stellt sich: Warum zündete der von den Arabern entfachte Funke der empirischen, experimentellen Naturwissenschaft ausgerechnet in West- und Mitteleuropa? Und warum nur hier? Warum ging der Samen nicht in Byzanz auf, nicht auf dem einst so fruchtbaren griechischen Boden? Warum nicht in Osteuropa und Rußland, nicht im benachbarten Indien, in China oder in Japan?

Wie ist fremder Einfluß überhaupt möglich? Vier Bedingungen müssen gemeinsam erfüllt sein, wenn fremdes Geistesgut aufgenommen werden und Impulse zu eigener Leistung geben soll:

1. ein Gefälle von einer in dieser Hinsicht überlegenen Kulturwelt zu einer anderen,
2. ein Bedürfnis und eine Aufnahmebereitschaft,
3. die Gelegenheit einer Berührung und des Austauschs,
4. gewisse Gemeinsamkeiten oder Ähnlichkeiten in den Denkstrukturen.

Und dies war geschehen, wobei wir Frühergesagtes zusammenfassen:

1. Die ausschließliche Blickwendung des christlich erzogenen Abendlandes auf Gott und die Seele bei gleichzeitiger Verteufelung der Natur und Verketzerung des Umgangs mit ihr hatte – während die islamische Welt zu einer Entwicklung der Wissenschaft auf breiter Ebene antrat – zu einem Rückschritt der Bildung und zu einer geistigen Stagnation bis zur Unfruchtbarkeit geführt. »Aus Verachtung ihrer nutzlosen Tätigkeit«, hielt Kirchenlehrer Eusebius den Naturforschern vom Nil vor, »denken wir gering von ihrem Gegenstande und wenden unsere Seele besseren Dingen zu.«

2. Die Besinnung des europäischen Geistes auf sein ureigenes Selbst-, Welt- und Gottverständnis seit Eriugena hatte den dichten Schleier zerteilt, den eine übernatürliche Welt über alle Natur und über den Menschen geworfen hatte. Dank dieser epochalen Tat entdeckt Europa die Welt in ihrer irdischen Erscheinungs-

wirklichkeit neu. Es entdeckt die Natur in ihrer gottdurchdrungenen Schönheit und Ordnung, ein allumfassendes Eines und Ganzes voller Leben und immanenter Bewegtheit, ein Universum. Es findet und beobachtet überall in ihr das Einzelne, Individuelle, und Neugierde wird wach und stellt Fragen an die Dinge, die nicht mehr als von oben durch Wunder gewirkt und von außen bewegt anerkannt werden wollen, noch als Allegorie verfremdet und entnaturalisiert. Einzelne beginnen sich freizumachen vom Pferch der Autoritäten und sich auf die eigenen Augen und Ohren zu verlassen. Gegen das Gebot der Geistlichkeit, aus der Bibel Wissen zu schöpfen, erhebt sich der Widerspruch, der die Strafe nicht scheut:

»Den Ursprung der Dinge zu suchen und die Gesetze ihrer Entstehung, das ist die große Aufgabe des Gläubigen, die wir in brüderlicher Zusammenarbeit unserer Neugierde unternehmen müssen.«[63]

3. An den unmittelbaren Nahtstellen zwischen Morgen- und Abendland, in Salerno, in Sizilien, vor allem in Spanien wird von Angehörigen aller europäischen Länder eine Flut von arabischsprachlichen, naturwissenschaftlichen Büchern in die Gelehrtensprache des Abendlandes übersetzt. Ein Sog setzt ein. Friedrich I. Barbarossa schickt Gerhard von Cremona nach Toledo. Kreuzfahrer und Pilger bringen Erfahrungen und praktische Kenntnisse, nützliche Souvenirs und Apparaturen. Die vielen Erzeugnisse technischen Erfindergeistes werden über die Alpen importiert, Uhren und Meßinstrumente aller Art, Hebegeräte und Energiespender, Linsen und Lupen und andere optische, aber auch astronomische und medizinische Instrumente und Hilfsmittel der praktischen Chemie. Da weht es in immer stärkeren Stößen herein, ein reiches, unübersehbares Forschungsmaterial, Ergebnisse und Methoden offenbarend, die teils augenblickliche Anstöße geben, teils erst allmählich weiterwirken.

Alles macht deutlich: Die Europäer greifen enthusiastisch nach dem neuen Stoff. Sie müssen sich nicht zu etwas überreden, überfremden lassen. Der geistige Same aus der anderen Weltgegend trifft auf eine innere Bereitschaft, ja Bedürftigkeit. Hier und allein hier findet er den geeigneten Boden, um aufzugehen. Gab es bei aller Verschiedenheit der beiden Welten und Denkstrukturen Verbindendes? Gab es Gemeinsamkeiten? Etwas, was Verstehen und Verständigung eröffnete?

4. Noch vor ihrer Berührung miteinander hatten sie beide in der Abwehr eines dualistischen Weltschemas sich zur Einheit Gottes und Wesenseinheit der göttlichen und menschlichen Vernunft bekannt.

Für den Muslim und besonders für die Mutasiliten, die die Wissenschaft auf den Schild hoben, war die göttliche *Einheit* aller Dinge Ursprung und Wesen. Darum wird, wie der nüchterne Mathematiker al-Chwarismi als Metaphysiker erklärt, »die Einheit in jeder Zahl gefunden, weil die Einheit Wurzel jeder Zahl und außerhalb der Zahl ist«[64] und so Gott in allem gegenwärtig ist. So daß überall, wo immer auch der Muslim seinen Fuß hinsetzt, Gottes Antlitz ist.[65]

Für Eriugena und für alle, die ihm so zahlreich nachfolgten, sind die Natur und der Mensch in ihr Selbstentfaltungen des Göttlichen. Das in allem wesende Göttliche aber kommt im Menschen zu sich selbst, so daß sich in der menschlichen Vernunft das göttliche Sein mit dem menschlichen Erkenntnisvermögen berührt und erst aus ihrer *Einheit* Erkenntnis der Dinge möglich wird.

Sie beide wehren sich energisch gegen die Hörigkeit gegenüber Autoritäten und gehen mit der Sonde des Zweifels an fertige Meinungen heran, um sich nur auf das zu verlassen, »was ich durch persönliche Beobachtung und Versuche als korrekt festgestellt habe«, wie der Araber erklärt, und »nichts als bewiesen hinzunehmen, was nicht durch die eigene Erfahrung erhärtet ist«.[66] Und darum, wie der Europäer im selben Sinne anmeldet, von der Naturwissenschaft zu fordern, »nicht die Mitteilungen anderer hinzunehmen, sondern die in den Erscheinungen wirkenden Ursachen (selbst) zu ergründen«.

Sie beide, der Europäer und der Araber, besitzen den offenen, scharfäugigen Blick für die »wirkliche Natur«, wie Friedrich II. sagt. Und: »Unsere Absicht ist sichtbar zu machen die Dinge, die sind, wie sie wirklich sind.« Mit fast denselben Worten widmet der

Kalif seine Akademie »der Erforschung der wirklichen Natur der Dinge, wie sie in sich sind, soweit das dem Menschen möglich ist«.

Die nahezu wörtlichen Übereinstimmungen kommen nicht von ungefähr, sie stammen aus einer verwandten Einstellung. Sie zeigt sich auch in der *Ganzheitlichkeit* des beiderseitigen Denkens, wie sie sich etwa in der ärztlichen Diagnostik und Therapie arabischer Ärzte ausdrückt, die den ganzen Menschen, auch seine psychische Verfassung, auch seine Umwelt ins Auge faßt.[67] Sie zeigt sich in einem *dynamischen Denken*, das die Natur als »ewigen Fluß der Schöpfung« und alle Vorkommnisse als Werden begreift.[68] Sie zeigt sich in der *Wechselbezogenheit der Theorie zur Praxis*, die sich sowohl in der experimentellen Methode wie in der technischen Nutzanwendung im praktischen Leben ausweist, die in Europa den Zug zur Gestaltung und Beherrschung der Natur annimmt.

Die Antwort auf unsere Eingangsfrage: Warum konnte der arabische Funke gerade in Europa zünden? lautet: Zwischen Arabern und Europäern gab es bei aller tiefen stilhaften Verschiedenheit doch entsprechende Züge des Denkens, auf deren Basis Verstehen und geistige Anregung möglich wurden. Denn was sich in Europa an dem fremden Vorbild entzündete, lag hier ja lange bereit. Lange vor ihrer ersten Begegnung gab es gewisse Eigentümlichkeiten im Wesen der Araber und Europäer, die trotz ihrer rassischen Unterschiede einen überraschenden Gleichklang hervorbrachten, wie ihrer die Verhältnisse zu anderen Völkern entbehren. Ohne die jeweiligen rassischen Eigentümlichkeiten und Bewußtseinsstrukturen zu übersehen oder verwischen zu wollen[69], läßt sich feststellen, daß beide Völker aus ihrer eigenen Wesensmitte und unabhängig voneinander bestimmte ähnliche Auffassungsmuster entwickelt haben, die jedoch keineswegs insgesamt den Völkern Osteuropas, des ursprünglichen Griechenland, noch den Völkern des Nahen und Fernen Ostens eigentümlich, geschweige denn »allgemeinmenschlich« sind.

Zweierlei jedoch bedarf besonderer Betonung: Die Feststellung gewisser »Gemeinsamkeiten«, gewisser Züge des Denkens und der Wirklichkeitssicht bedeutet *keineswegs* die Behauptung einer *Gleichheit der Bewußtseinsstruktur*. Noch führte die Übernahme des arabischen Erbes zu einem Abklatsch des Vorbildes, zu passivem Hinnehmen, zu sklavischer Imitation. Der Anstoß, den Europa durch die arabische Naturwissenschaft empfing, erweckte die eigenen Anlagen und befähigte es, sich von den als fremd empfundenen Fesseln, vom herrschenden Dualismus und seinem autoritär-dogmatischen Anspruch, freizumachen – wie wir sehen werden – und in mühsamer, immer wieder von geistlicher Bevormundung und lebensgefährdender Verfolgung gehinderten Selbstverwirklichung zum eigenen Ausdruck und zur selbständigen Gestaltung und Leistung aus eigener Kraft zu finden.

Ebenso wie die arabische Welt nicht bloßer Bote der griechischen Akte gewesen ist, so war auch das aufnehmende Europa nicht nur Empfänger der arabischen Post. Denn Völker nehmen, sofern sie nicht durch Gewaltbeeinflussung gezwungen werden, missioniert werden, *nur das auf, was sich der eigenen Weise des Denkens fügt, um es aus eigener Kraft zum echten und eigenen Ausdruck zu gestalten.* Sie scheiden das ihnen Nichtgemäße, sofern sie frei über sich bestimmen, wieder aus, wenn nötig durch Widerstand, Protest oder Kampf.

Daß und in welchem Maße der Erbe, soweit er schöpferisch ist, das Übernommene mit seinem Griff *zu dem ihm Wesensgemäßen umformt und gestaltet*, mag hier die Wanderung des Spitzbogens von der islamischen Moschee in die gotischen Dome von Chartres, Reims, Köln und Salisbury anschaulich machen.[70] Der Spitzbogen, der von den Arabern – etwa in der Ibn Tulun-Moschee in Kairo – rein dekorativ verwendet war, wird in der abendländischen Gotik – auf dem Wege über das fatimidische Sizilien, Monte Cassino, Cluny und die burgundische Romantik – zum konstruktiven Element und gewinnt einen künstlerischen Eigenwert in einem Maße, wie ihn der Rundbogen für die Romanik nie besessen hat. Erwähnt man hier den Spitzbogen, darf das Ornament bei beiden Völkern nicht vergessen werden. Dieselben charakteristischen Unterschiede der geistigen Strukturen bei vergleichbarer Ähnlichkeit zwischen Arabern und Europäern zeigen nämlich auch die Art und Weise der Gestaltung der Arabeske[71] auf der einen Seite und des germanischen Tierornaments[72] auf der anderen.

Doch zurück zum Spitzbogen. Er mag hier stehen für alle Übernahme geistiger Erzeugnisse von einem Volk zum anderen: Wir können die Wege verfolgen, die einzelne Bausteine der Kultur genommen haben zwischen Volk und Volk. Doch *welcher Ordnung* sie sie eingebaut haben, das ist Sache des schöpferischen Geistes des betreffenden Volkes und seiner Geistesstruktur. Ebensowenig wie unsere Gotik etwa arabische Züge trägt, so wenig ist die europäische Geisteswelt und Naturwissenschaft nichts als die passive Nachahmung arabischer und hellenistischer Bauelemente.

HEMMUNGEN UND HINDERNISSE

Trotz allem ist der Weg des geistigen Europa so lang, bis es zur selbständigen Hochleistung aus eigenen Kräften findet. Warum erlahmt das erste hoffnungsvolle Flügelregen so bald?

Gegen die unter der Weltherrschaft des Aristoteles erst voll eingefahrene scholastische Methode anzufliegen, hatten nur einzelne Neuerer die Kraft, die ihnen stets bald gebrochen wurde.

Ja, hier lag in der Tat eines der tief in der anerzogenen Mentalität jener Zeit verankerten Hemmnisse: Alle »Neuheiten« erregten schon als solche Mißtrauen und erschrockene Abwehr. Für das mittelalterliche, stark neuplatonisch beeinflußte Bewußtsein war Gott die absolute, ewig unbewegte Ruhe. Bewegung jedoch galt demgegenüber, auf ganz uneuropäische Weise, als etwas Schlechtes, Ärgerliches. Anders als für uns war Bewegung für die Menschen nicht ein aktives Geschehen, vielmehr ein passives Geschehenlassen. Alles Neue, jeder »Fortschritt« wurde als unheimlich empfunden. Einen Zustand zu ändern, etwas Neues einzuführen, war geradezu Sünde. Ein Horror.

Zu der *Angst vor der Neuerung* trat die *Verachtung der praktischen Handarbeit*, die den Intellektuellen die rein geistigen Handwerkzeuge dem Umgang mit der niedrigen, greifbaren Materie vorziehen ließ. Hatte nicht noch im 13. Jahrhundert Thomas von Aquin in alter Unversöhnlichkeit ihre Minderwertigkeit ins Gedächtnis gerufen? Auch hierin christlichen und griechischen Geist »versöhnend«:

»Das Geringste an Erkenntnis, das einer über die erhabensten Dinge wissen mag, ist erstrebenswerter als das gewisseste Wissen von den niederen Dingen.«

Die Verächtlichmachung des Umgangs mit den niederen Dingen blockierte auch ein gelungenes Zusammengehen von Theorie und Praxis. Das Experimentieren roch dem buchgelehrten Geistmenschen verdächtig nach Zauberei und Teufelsumgang. Enge und Angst auch hier. Die wenigen aber, die innerlich unabhängig und aufgeschlossen waren, sich den Dingen der Natur zuzuwenden, blieben noch beim Sammeln von Einzeltatsachen und bloßer Benennung der gesuchten Ursachen – etwa nach aristotelischem Muster als »Sympathie« – stehen, ohne, wie es europäische Wissenschaft kennzeichnen sollte, die einzelnen Faktoren der Vorgänge zu isolieren, ihre Wirkweise messend zu bestimmen und das Einzelne dem Zusammenhang der Gesetze zu unterwerfen.

Und hinzu kam ein Drittes: die seit der Pariser Synode von 1210, seit der Verbrennung der Amalrikaner von Notre Dame und seit dem Laterankonzil 1215 sich ausbreitende *Angst vor Verfolgung, Verurteilung und Feuertod*. Auf den Synoden von 1270 und 1277 verdammen jetzt der Pariser Erzbischof Etienne Tempier und ihm gleich der Erzbischof von Canterbury, John Peckham, die »Irrlehren« der nichttheologischen »Philosophen« der Artistenfakultäten, wie diese sich allgemein betont zur Unterscheidung von den Theologen nennen. Und die wissenschaftliche Welt Europas erstarrt wie gelähmt. Das ist der für lange Zeit vernichtende Schlag gegen alle naturwissenschaftlichen Bestrebungen und gegen eine in diesen Kreisen naturzugewandte, freireligiöse Strömung im Sinne Eriugenas, die hier sichtlich Hand in Hand gehen. In einem langen Katalog von nahezu 200 Punkten zählt der »Syllabus«, das Verzeichnis der kirchlich verurteilten Lehren, die »Abweichungen« von der alleingültigen Kirchenlinie auf, die ausgerottet werden sollen. Da werden Thesen gebrandmarkt wie:

18. Daß die Philosophie die Auferstehung des Fleisches nicht zugeben kann, weil sie nicht vernunftgemäß untersucht werden kann;

153. Daß die Theologie auf Fabeln beruht;

169. Daß die völlige Enthaltsamkeit die Tugend und das Menschengeschlecht verdirbt;

176. Daß die christliche Lehre Fabeln und Irrtümer enthält wie andere Religionen auch;

196. Daß das Glück in diesem Leben und nicht in einem anderen liegt.

Diese und andere Aufsässigkeiten waren im Umlauf und fanden ihren Anhang. Und auch diese:

175. Daß die christliche Lehre ein Hindernis für die Wissenschaft ist.

Für die Richtigkeit dieser von ihnen angeprangerten Behauptungen traten freilich die geistlichen Inquisitoren sogleich selber den handgreiflichen Beweis an: Roger Bacon wird gegriffen und für den Rest seines Lebens von fünfzehn Jahren eingekerkert, Siger von Brabant, das Haupt jener Verdammten, der sich mutig der Verurteilung widersetzt und den Papst anruft, im Papstverlies zu Orvieto gefangengesetzt und erwürgt. Der Geist der realen Wissenschaft erleidet durch reine Machtausübung einer um ihren Einfluß bangenden Geistlichkeit einen neuen, brutalen Tiefschlag.

Dies ist das erschütternde Resümee, das Lessing bei Betrachtung der Geschichte der Wissenschaft zog: »Das Buch der Wissenschaft haben nur Ketzer geschrieben« – nur Opponenten gegen den herrschenden Geist, die auch als Ketzer behandelt wurden.

WISSEN UND GLAUBEN – ALS GEGENSATZ UND ALS EINHEIT

DIE LEHRE VON »ZWEIERLEI WAHRHEIT«

Es lag auf der Hand, daß die Wissenschaft sich von der Theologie und von der aristotelischen Philosophie, die so rasch unter das theologische Joch gebeugt worden war, freimachen mußte, um überhaupt bestehen zu können. Das war ihren Vertretern wohl bewußt. Die Devise jedoch, unter der sie ihre Emanzipation von kirchlicher und theologischer Bevormundung anstreben konnten, hatte ihnen ein Araber geliefert: Ibn Ruschd, vom Abendland genannt Averroes. Er unterschied zwei Wahrheiten: die Offenbarungswahrheit der Religion des Volkes und die Vernunftwahrheit des Mannes der Wissenschaft. In ihnen, so meinte er, komme ein sozialer Unterschied zur Geltung, der auf dem verschiedenen Bildungsniveau beruhe. So stellte er die Philosophie, die für ihn die des Aristoteles war, über die Religion und handelte sich damit gesalzene Angriffe seitens der islamischen Orthodoxie ein. In Wahrheit standen sich in diesen »zwei Wahrheiten« zwei verschiedene Strukturen des Denkens gegenüber: die islamisch-arabische und die griechische.

Allein schon der Versuch, die beiden Autoritäten, christliche Theologie und griechisch-aristotelische Philosophie miteinander zu harmonisieren, barg von vornherein den Spaltpilz der zweifachen Wahrheit in sich. Was Thomas von Aquin erzwang, nämlich die »Versöhnung« beider, ließ nicht übersehen, daß ein tiefer Sprung zwischen ihnen beiden klaffte. Es war der Averroist Siger von Brabant, der des Averroes Banner der »doppelten Wahrheit« ins Feld gegen die Theologen führte und, dafür zweimal – 1270 und 1277 – als Ketzer verurteilt, im Kerker mit dem Tod durch Mörderhand büßte. Auf ihn hatte das Pariser Dekret des Erzbischofs Tempier mit der Verdammung jener These gezielt, die besagte: »Was für den Glauben wahr ist, kann für die Vernunft falsch sein. Und umgekehrt: Was für die Vernunft wahr ist, kann für den Glauben falsch sein.« Womit er ungeschminkt die Unabhängigkeit der philosophischen Lehren von den kirchlichen Dogmen behauptete. Eine ungeheuerliche Ketzerei in der Tat angesichts des alleinigen Wahrheitsanspruchs der katholischen Kirche!

Doch der klaffende Spalt zwischen Glaube und Vernunft frißt sich immer weiter, er dehnt sich jetzt auch auf die Wissenschaft aus. Dem scharfen Kritiker des Thomas von Aquin, dem schottischen Franziskaner Duns Scotus (1266–1308), der in Köln lehrt und stirbt, erscheint er unüberbrückbar. Unvermeidlich, wenn man beiden ihr Recht lassen möchte. Vollends trennt sein Schüler Wilhelm von Occam (ca. 1290–1349) jetzt scharf zwischen dem Bereich des Glaubens, der keiner Beweise bedarf, ja, der nicht nur übervernünftig, der widervernünftig ist, und dem Bereich des Erfahrbaren, das die Grundlage des Wissens bildet. Wissen und Glauben, Wissenschaft und Religion müssen ebenso konsequent voneinander geschieden werden, verlangt er, wie Reich und Kirche, die sich nur auf ihren geistlichen Auftrag zu beschränken hat. Aus seiner Gefangenschaft, die Wilhelm von Occam wegen dieser massiven Ketzerei im Papstgefängnis von Avignon – zugleich mit Meister Eckhart – zu verbüßen hat, gelingt ihm die Flucht nach München zu Kaiser Ludwig dem Bayern, in dessen Dienst er seine Feder gegen das Papsttum spitzt.

Und gegen die griechische Vorherrschaft. Mit dem »Nominalisten« Wilhelm von Occam und seiner Schule setzt sich jetzt entschieden eine europäische Wirklichkeitssicht durch: Die Erfahrung des Einzelnen, Besonderen, die Evidenz der Sinneswahrnehmungen, das Experiment, Logik und Mathematik sollen den Einstieg in die Naturerkenntnis eröffnen – unabhängig von Abstraktion und Dogma.

Und die Nutznießer dieser Trennung in »zweierlei Wahrheit«? Die scharfe Sonderung zwischen Wissen und Glauben wirkt sich als Befreiung aus. Sie kommt in der Tat einer Emanzipation von den beengenden Denkschranken zugute, in die die fremden Autoritäten den europäischen Geist gepfercht haben – und damit der europäischen Wissenschaft.

DIE EMANZIPATION DER EUROPÄISCHEN WISSENSCHAFT

Und siehe da – in diesem freieren Luftzug gedeiht ein Zweig der neuen Naturwissenschaft, von wachsendem Gewicht für die Zukunft, ja von gar nicht zu überschätzender Bedeutung für jene Zeit und für jene namhaften Großen, die den Ruhm, die Wissenschaft eigentlich begründet zu haben, auf sich vereinigen. Lange vor Coppernicus, Galilei, Kepler, Newton werden die Weichen gestellt, auf die ihr Zug rollen sollte. Aus der Pariser Schule Wilhelms von Occam gehen drei geniale Männer hervor, zwei Franzosen und ein Deutscher, deren weniger bekannte Namen zu merken sich lohnt:

Johannes Buridan (um 1303–1358) aus der Diözese Arras in der Picardie, der schon mit knapp 27 Jahren zum erstenmal zum Rektor der Universität Paris gewählt wird, Albert von Sachsen (ca. 1316–1390) aus Helmstedt, erster Rektor der Wiener Universität und Bischof von Halberstadt, und Nikolaus von Oresme (1320–1382) aus der Normandie, Erzieher Karls V. von Frankreich und Bischof von Lisieux.

Wie hier europäisches Denken sich entschlossen gegen den Dualismus der christlichen Lehre und des allesbeherrschenden Aristoteles zur Wehr setzt und eine neue, zukunftsreiche Mechanik neben den Trümmern der aristotelischen grundlegt, ist beispielhaft für die jungen Kräfte, die sich in der Freiheit von fremden Denkschemata zu entfalten vermögen. Es war die aristotelische Karikatur einer »Bewegung« durch eine außerirdische Ursache, durch einen jenseitigen »Beweger«, der jeden himmlischen Körper Stoß für Stoß in Gang setzen mußte und zu diesem Zweck ständig unzählige Hände beschäftigte, besondere »Intelligenzen«, an der die Geister sich erhitzen. Eine neue, freilich schon von Eriugena ausgesprochene Erkenntnis wacht wieder auf. Dieser Lehre von der Bewegung, die von Mal zu Mal »von außen«, »von oben« angestoßen werden muß und, um die unendliche Gottferne zu überbrücken, der Vermittlung zwischen Gott und dem bewegten Körper durch Zwischenwesen bedarf, widerspricht jetzt auch der junge Rektor der Sorbonne energisch.

Statt bloßer Gedankenspekulation blickt er sich mit offenen Augen in der Welt um und holt sich Auskunft von den Phänomenen selbst. Die Erfahrung widerlegt die Existenz vermittelnder Zwischenwesen. Das Schleifrad dreht sich, auch wenn es nicht mehr angetrieben wird. Das Schiff vermag gegen die Strömung zu fahren, auch wenn kein Mensch oder Pferd es bewegt. Diese angeblich ununterbrochene Vermittlung ist sinnlos, ihrer bedarf es nicht. Wie die Natur den Grund des Seins in sich selbst trägt, so liegt *in ihr selbst* – nicht anders als in den Himmelssphären auch, den ständig bewegten – die bewegende Kraft und wirkt ohne Vermittlung. Unmittelbar.

Erfahrung zeigt, daß, wenn die Hand den Stein wirft, sie ihm einen »Impetus« – von dem schon al-Bitrudschi gesprochen hatte –, eine Kraft verleiht, die im Stein weiterwirkt, jedoch durch den Widerstand der Luft und durch die Schwere des Steins beständig abnimmt, bis allein die Schwerkraft den Stein zu Boden stürzt. Das Verhältnis zwischen ihnen läßt sich mathematisch bestimmen. »Entsprechend dieser Vorstellung«, erklärt Buridan, »ist es nicht nötig, die Existenz von Intelligenzen anzunehmen, die die himmlichen Körper bewegen.« Die *sie* bewegende, in ihnen beständig wirkende Kraft wird dagegen durch keinen Widerstand geschwächt oder gebeugt.

»Ebenso ist es nicht notwendig, daß Gott sie bewegt, wenn dies nicht in Form eines allgemeinen Einflusses geschieht, von dem wir sagen, daß er in allem wirkt, was ist.«[1]

Ohne diese in allem unmittelbar wirkende Kraft »könnte selbst ein Mensch, z. B. Sokrates, nicht gehen. Es wäre in der Tat ein Irrtum, wenn man behauptete, daß überhaupt irgend etwas sich bewegen, ja selbst existieren kann ohne diese allgemein wirkende Kraft.«

Und er schließt:

»Sie sehen, daß die Meinungen der Philosophen sich bedeutend von der Wahrheit des katholischen Glaubens unterscheiden.«

Zweifache Wahrheit!

Diese Buridansche Theorie wird zur Grundlage einer neuen Dynamik, die durch den Umgang mit der Flugbahn von Geschossen, in denen der Impetus wirkt, bis der Widerstand und die Schwere ihn aufheben, mit den einzelnen Faktoren des Falls und ihren Proportionen zueinander nahe an die Entdeckung der Trägheits- und Fallgesetze heranführt.

Hier leistet der Deutsche, Albert von Sachsen, ein kraftvoller und origineller Forscher, wichtige Vorarbeiten für die Erklärung der Bewegung der Sterne, ja – für eine Bewegung auch der Erde und des freien Falls von Körpern. Er präzisiert die Impetus-Theorie seines Lehrers Buridan. Er stellt eine Theorie der Schwere auf, mit der er die Entwicklung der Mechanik beeinflußt und auf Leonardo da Vinci, Coppernicus, Galilei und Descartes einwirkt.

Der Dritte im Bunde der Pariser Occamistenschule der Physiker ist der auf gleichen Grundlagen fußende Nikolaus von Oresme, wohl der bedeutendste Geist, von großem Ideenreichtum und scharfer Klarheit des Denkens. Er nimmt in der Tat Wesentliches an Erkenntnissen vorweg, was die Geschichte den Großen, Coppernicus, Galilei und Descartes, zuschreibt. Er lehrt klar gegen Aristoteles die tägliche Rotation der Erde um die eigene Achse, auf der die scheinbare tägliche Umdrehung des Himmels beruhe. Er liefert die Ansätze zum modernen Funktionsbegriff und zur analytischen Geometrie, mit denen er Galilei und Descartes vorarbeitet. Es geht um qualitative Veränderungen, die durch geometrische Symbole graphisch dargestellt werden; wie beispielsweise im Diagramm von Zeit und Geschwindigkeit einer gleichförmigen beschleunigten Bewegung, das man nach ihm »Satz des Oresme« nennt. Dieses diente einem in Paris gebildeten spanischen Professor aus Salamanca, Domenicus Soto (1494–1560), zur korrekten Formulierung des Fallgesetzes. Als erster nach dem großen Vorgänger Roger Bacon erblickt Nikolaus von Oresme in der Anziehung des Gleichartigen, das aufeinander zustrebt, die Ursache der Gravitation.

Sie alle drei erkennen den himmlischen und den irdischen Bewegungen ein und dieselbe Dynamik zu, wenn wir von der erzeugten Bewegung durch Wurf oder Stoß absehen. Eine Dynamik, die nicht von außen in Gang gesetzt wird, die vielmehr auf der Unmittelbarkeit der allem innewohnenden Wirkkraft beruht. Vergessen wir nicht, daß für Aristoteles selbst die Gravitationsbewegung zwei äußere Beweger hat: Auch die Fallbewegung ist für ihn durch den außerirdischen, unbewegten Beweger verursacht, vermittelt durch die auch den Himmel bewegenden »Intelligenzen«.

Von diesem aristotelischen Puppentheater sticht die neue Weltsicht als eine von grundsätzlich anderer Struktur scharf ab. Denn da ist außerdem das Ziel, dem der Gegenstand zustrebe: Das Ziel der »erdigen« Form sei es, im »Erdigen« zu ruhen, seinen endgültigen Ruhepunkt zu erreichen, denn das Ziel jeder Bewegung ist für Aristoteles die Ruhe. Mit ihrer neuen Dynamik treten die drei Pariser Gelehrten machtvoll gegen jeden Dualismus an und entziehen ihm den Boden. Die Wahrheit des Wissens ist und kann nicht mehr die Wahrheit des Glaubens sein.

Dabei haben wir den bedeutendsten Schritt noch aufgespart, mit dem Buridan von demselben metaphysischen Grunde aus zur Grundlegung einer europäischen Wissenschaft führt. In der Überwindung des Aristotelismus vollzieht Buridan vollends den Strukturwandel zur Neuzeit.

Für Aristoteles war es die Endursache, der Zweck, der alles Geschehen bestimmte: Wie für den Menschen der Kohlkopf seinen Gang zum Markt bestimme – was keineswegs korrekt ist, denn die Ursache ist nicht der Kohlkopf, sondern die Absicht, einen Kohlkopf zu kaufen –, so sollte auf aristotelisch auch der Zweck die Ursache alles irdischen Geschehens sein: Der Olivenbaum bringe seine Blätter zum Zwecke hervor, die künftigen Oliven zu schützen, der Regen falle zum Zwecke einer guten Ernte.

Viele hatten bemerkt, daß hier etwas nicht stimmte. Aber stets hatte man sich damit begnügt, Aristoteles anders und besser erklären zu wollen. Diese Flickschusterei führte zu nichts. Buridan schaffte nach gründlichem Aufräumen diese »Finalursachen« für das nicht willensmäßig bedingte, natürliche Geschehen radikal ab. Er als erster macht einen völlig neuen Ansatz: Alles, was in der Natur geschieht, wird durch natürliche Wirkkräfte nach Ordnungsprinzipien und Gesetzmäßigkeiten unter bestimmten Bedingungen und auf seine besondere Weise. Und das heißt: nach Naturgesetzen! Das Abhängigkeitsverhältnis zwischen Ursache und Wirkung läßt sich jetzt durch eine mathematische Funktion ausdrücken. Damit hat Johannes Buridan den Gedanken durchdacht und vorweggenommen, der die Naturwissenschaft der folgenden Jahrhunderte beherrschen sollte.[2]

Die »Wahrheiten« von Wissen und Glauben sind endgültig geschieden.

Gleichzeitig mit den Pariser Gelehrten um Buridan, in der ersten Hälfte des 14. Jahrhunderts, wirkt in Oxford die Gelehrtenschule um den Mathematiker und Philosophen Thomas Bradwardine (1290–1349), Erzbischof von Canterbury und Lehrer Wiclifs. Dieser hohe englische Kirchenfürst ist ein Geistesverwandter des deutschen Kardinals Nikolaus Cusanus, in dessen Bibliothek zu Kues sich noch heute eine seiner Schriften befindet. Beiden gemeinsam ist das Wissen um die Unerkennbarkeit Gottes als wahre Gotteserkenntnis – die »wissende Unwissenheit« –, beiden gemeinsam die Überzeugung, die in den Worten Bradwardines lautet:

»Gott ist mit seinem Wesen und seiner Gegenwart notwendig überall, nicht nur *in* der Welt und *in* allen ihren Teilen, sondern auch außerhalb der Welt im unendlich gedachten Raum. Er muß also wahrhaft unermeßlich und unumschreibbar, ja in einem gewissen Sinne sogar unendlich groß und ausgedehnt genannt werden, insofern er in jedem Teil der unendlichen Größe und Ausdehnung als Ganzes zugleich voll gegenwärtig ist.«[3]

Gerade in England wird diese Überzeugung ihre berühmten Nachfolger finden: in Henry More und Isaac Newton.

Bradwardines Schule nimmt sich insbesondere der quantitativ-mathematischen Erfassung der Bewegungsvorgänge an. Und er selbst ist es, der als erster das Gesetz findet für das logarithmische Abhängigkeitsverhältnis zwischen Kraft, Widerstand und Geschwindigkeit einer Bewegung, die schon Ibn Badscha[4] ins Verhältnis gesetzt hatte, in einer für alle beliebigen Werte gültigen Form. Ein Prinzip, ohne das die Naturwissenschaft der kommenden Jahrhunderte nicht zu denken ist.

ZWEI GESCHICHTLICHE IRRTÜMER

Die Lehre von der »doppelten Wahrheit« – teils als besorgte Inschutznahme des religiösen Bereichs vor rationaler Zudringlichkeit, teils als hilfreiche Freigabe einer unbehelligten und in sich gerechtfertigten Naturwissenschaft in Anspruch genommen, später auch als zynische Ausrede für ungezügelte Dialektik – wirkte sich, je mehr sie sich ausbreitete, als Befreiung und Stärkung des wissenschaftlichen Selbstbewußtseins aus. Wobei die Gefährdung durch die Inquisition wuchs, was die unausweichliche Tragik der Wissenschaftssituation in einer christlichen Umwelt oft genug mit grellem Flammenschein der Scheiterhaufen beleuchten wird.

Aber ist denn der Widerspruch von »Glauben und Wissen« unvermeidlich? Die abendländische Geschichte macht es uns glauben. Und bis heute entspricht dies allgemeiner Überzeugung. Gilt aber dieser Gegensatz für alle Religionen und für alle Zeit? Dieser These widersprechen wir. Ja, wir behaupten: Sie gilt auch nicht für das mittelalterliche Abendland. Sie verschleiert einen anderen Widerspruch.

Der angeblich unumgängliche Gegensatz von Glauben und Wissen ist in Wahrheit ein Gegensatz zweier verschiedener Bewußtseinsstrukturen, ein Widerspruch verschiedenartiger Denkweisen.

Nur natürlich, daß schon die zwei anerkannten Autoritäten – christliche Religion auf der einen und aristotelische Philosophie auf der anderen Seite –, die auf zwei verschiedenen Arten des Dualismus – dem orientalischen und dem griechischen – beruhten, nicht ganz nahtlos miteinander zu vereinbaren waren.[5]

Doch ganz aussichtslos mußte es sein, diese zwei *dualistischen* Konzepte mit einer nicht-dualistischen, »*unitarisch*« konzipierten Wissenschaft vereinigen zu wollen. Während *zwischen einer Religion und einer Wissenschaft gleichen Stils* – in unserem Fall: des unitarischen Stils (von unitas, Einheit) – von Anfang an selbstverständliche Übereinstimmungen bestehen und es daher *einen Widerspruch gar nicht geben kann.*

Denn nicht nur ist ja europäische Wissenschaft erst aus europäisch-unitarischem Denken entstanden. Diese Wissenschaft hat ihre Fragen, Prinzipien und Ergebnisse ja auf der Grundlage eines unitarischen »Einheitsdenkens« erstellt. Ja, diese Wissenschaft ist aus europäischer Religiosität der Einheit erwachsen.

Im Zusammenhang mit der These von der Unvereinbarkeit von Glauben und Wissen hat sich aber ein zweites unhaltbares, aber wesentlich schwerer wiegendes Vorurteil in das Bewußtsein des Abendlandes eingefressen: Wo wie im Abendland Glaube und Wissen miteinander in Rivalität leben und lebten – so hat man unbesehen gefolgert –, müsse also das Wissen, die Wissenschaft »atheistisch«, »materialistisch«, »religionsfeindlich« sein. Die übliche irrige Gleichsetzung von »Religion« oder »Glaube« schlechthin mit *christlicher* Religion hat hierzu das Ihrige an Verwirrung geleistet. Man hat die Befreiung der Wissenschaft von der Bevormundung durch die theologischen Sachwalter der christlichen Religion fälschlich gleichgesetzt mit einer Loslösung von *religiöser Bindung überhaupt!*

Dies ganz Wesentliche aber hat man übersehen: daß ja die *wissenschaftliche »Neugierde«,* die Frage nach den Ursachen der Dinge und nach ihren Gesetzen von Anfang an und stets *ein religiöses Fragen* gewesen ist. Ein religiöses Fragen, wenn auch nicht aus christlicher, sondern aus einer nicht-christlichen, anderen, einheitsgerichteten Religiosität.

Das Christentum als die offenbarte Religion hatte keine Frage an die Welt. Noch gestattete es dem Menschen, sie zu befragen. Hatte nicht die Begierde nach Erkenntnis die Sünde in die Welt gebracht? »Hat nicht Gott die Weisheit der Welt für Torheit erklärt?« wie Paulus alle Weisheitssuche abgewiesen hatte. Neben dem alleinseligmachenden Weg der Seele zu Gott galt es als ein ketzerischer Irrweg, sie anderswo zu suchen als in der Offenbarung. Das hatte Wilhelm von Conches, das hatte Gilbert de la Porrée, das hatten Unzählige am eigenen Leib erfahren. »Neugierig zu sein, noch zu forschen, nachdem das Evangelium verkündet ward«, das machten Tertullian und Augustin, das machte Erzbischof Tempier den von Wissensdurst Besessenen klar, war sündhaft und gefährlich. Noch im 13. Jahrhundert redet Thomas von Aquin allem Wissenwollen »von den niederen Dingen« ein schlechtes Gewissen ein.

»Es ist die Natur der Dinge, die uns erleuchtet über die Art und Weise, in der das Universum gebaut ist«, hält Anfang des

12. Jahrhunderts der deutsche Eriugena-Schüler Honorius von Regensburg den Verächtern der »niederen Dinge« entgegen, die ihm – wie seinem Vorbild Eriugena – »Entfaltungen« des Göttlichen, gotthaltige Materie sind. Und es ist der gleichzeitige Protest des normannischen Eriugena-Schülers Wilhelm von Conches gegen die Mahnung der Geistlichen, sich allein an Auskünfte aus der Bibel zu halten, mit denen er Aufgabe und Wesen europäischer Naturzuwendung bestimmt – eine durchaus religiös verstandene Aufgabe: »Den Ursprung der Dinge zu suchen und die Gesetze ihrer Entstehung, das ist die große Aufgabe der Gläubigen.«

Als der Mönch Absalom von St. Viktor erschrocken die wachsende häretische »Neugierde nach der Gestalt der Erde, der Natur der Elemente, der Stellung der Sterne, der Natur der Tiere, der Stärke des Windes und dem Leben der Pflanzen und Würmer« anprangert, empört Wilhelm sich über die Anmaßung dieser naturentfremdeten Geistigkeit:

»Sie, die die Kräfte der Natur nicht kennen, wollen, daß wir an unsere Unwissenheit gebunden bleiben, indem sie uns das Recht bestreiten, nach den Ursachen zu suchen, und uns dazu verdammen, wie dumme Bauernlümmel in einem Glauben ohne Verstand zu verharren... Wenn einer forscht, schreien sie, der sei ein Ketzer...«[6]

WARUM KONNTE NATURWISSENSCHAFT IN EINEM DUALISTISCHEN WELTBILD NICHT ENTSTEHEN?

Die christliche Offenbarungsreligion hatte nicht nur keine Frage an die Welt, da Gottes Wille nicht befragbar, geschweige berechenbar ist. Für sie gab es nicht nur keine Veranlassung, noch »das Recht, nach den Ursachen zu suchen«. Auf dem Hintergrund des christlichen Weltbildes, wie es die Theologen gemäß der Bibel und mit Unterstützung ihrer »Magd«, der – sei es auf Augustin, sei es auf Platon oder dem Neuplatonismus, sei es auf Aristoteles fußenden – Philosophie, gemalt hatten, konnte eine Naturwissenschaft gar nicht entstehen. Warum?

Der christliche Dualismus hatte der Natur eine Ordnung »von außen« zukommen lassen, durch einen jenseitigen Gott, der auf übernatürliche Weise, sei es durch Wunder, Gnadenakte und Strafen, sei es durch Inkarnation in einen Menschen, in eine ihm widerstrebende, von Dämonen beherrschte Welt eingriff und, nachdem er sich zurückgezogen hatte, noch täglich eingriff durch die Sakramente, durch die Erhörung von Gebeten, Verdiensten und guten Werken.

Konnte es eine Naturwissenschaft geben, solange das Naturgeschehen als durch einen unerforschlichen Willen eines allmächtigen Gottes und sein Belieben, seine Gnade oder Ungnade, bestimmt geglaubt wurde, nach dem dem Menschen zu fragen verwehrt war? Aussichtslos, sündhaft. Denn jede Antwort konnte nur lauten: Weil er es wollte.

Konnte eine Naturwissenschaft sich entwickeln auf der Grundlage des platonisch-neuplatonischen Dualismus, wenn hier die sichtbare Welt der himmlischen und der irdischen Natur nichts ist als ein schwacher Schatten der Welt der Idee und »jede Mühe«, sie zu erforschen, »vergeblich«, ja widersinnig, wie Platon erklärt:

»Wir wollen uns, sagte ich, statt dessen auf die abstrakten Aufgaben konzentrieren sowohl in der Astronomie als auch in der Geometrie und die Himmelskörper sein lassen, wenn wir wahrhaft danach trachten, die Astronomie zu begreifen.«

Wenn nur das starre Sein wirklich ist, alles Werden, alle Bewegung aber nichts als täuschender Schein?

Konnte sich echte Naturwissenschaft entwickeln auf dem Boden des aristotelisch-thomistischen Dualismus, wie er das gesamte scholastische Denken beherrschte, für den das Göttlich-Geistige einer trägen, passiven, widerspenstigen Materie »von oben« die Formen aufprägen mußte und ein außerkosmischer Urheber in stufenweise von oben nach unten abgeschwächter Kausalität jede Phase jeder Zustandsänderung – und so etwas hieß hier »Bewegung«! – der lediglich duldenden, leidenden Materie ständig neu verursachen mußte? Wenn gar – Groteske einer Bewegung, deren »Lächerlichkeit« Wilhelm von Occam an den Pranger stellte – der abgeschossene Pfeil, wie Aristoteles allen

Ernstes vorschlägt, durch den plötzlich entstehenden Wirbel in der Luft vorwärts gezogen wird? Oder wenn »Zwecke« das Naturgeschehen determinieren wie den Olivenbaum, der Blätter treibt, um die Oliven zu schützen?

Konnte Naturwissenschaft sich überhaupt entwickeln, wo statt allgemeiner Gültigkeit Gesetzmäßigkeiten wie Launen wechselten, wenn heute »Gesetze« galten und morgen nicht mehr und hier zwar, wo ich stehe, aber dort nicht und in der Region der Himmelskörper andere, ewige, als in dem real gottfernen, irdischen Bezirk? Falls bei der Lenkung nicht überhaupt Engel im Spiel waren, göttliche Intelligenzen, die ständig für Bewegung sorgten. Ja, wenn Gott die Macht hatte – und das Pariser Dekret betonte das Recht dieser Frage –, ebenso wie er die Sonne bei Gibeon hatte stillstehen heißen, kraft seines absoluten Willens eines Tages alle Himmelskörper stillstehen zu lassen?

Es wäre falsch, die Seltsamkeiten des mittelalterlichen Weltbildes damit abzutun, sie beruhten eben auf einem noch naiven, unentwickelten Denken, das wir als natürliche und notwendige Vorstufe zu unserem höheren, durch die Erfolge der Naturwissenschaft aufgeklärten Denken hinnehmen und mitleidig als mittelalterlich belächeln könnten. Wer wollte den überlebensgroßen Griechen Naivität bescheinigen? Es geht hier niemals um Wert-, sondern allein um Wesensunterschiede.

Es ist darum ebenfalls ein Irrtum, zu vermuten, aus jenen Ansätzen hätte sich, bei schrittweiser Verdrängung von Gott und Religiösem, allmählich die »europäische« Wissenschaft herausentwickelt. Auch der täuscht sich, der annimmt, lediglich ein Wechsel der Blickrichtung, ein Wechsel des Gegenstandes – von Gott fort hin zur Natur – habe zur Entwicklung der Naturwissenschaft geführt.

Das dualistische Denken hat niemals und konnte niemals Wissenschaft im europäischen Sinne hervorbringen. Es hat ihre Entstehung nicht nur gehemmt, behindert – es hätte ihre Geburt überhaupt verhindert, hätten nicht Abweichler im Protest und oft genug unter Gefahr für Leib und Leben ihr ans Licht verholfen.

Und dies sollte noch lange Zeit so bleiben.

DIE DENKVORAUSSETZUNGEN EUROPÄISCHER WISSENSCHAFT

Wir sagten, Wissenschaft ist dank einer von der dualistischen grundverschiedenen Denkweise, ja nur aufgrund einer durchaus anderen Gottes- und Weltsicht möglich geworden. Wodurch befähigte, mehr: prädestinierte gerade diese »europäische« Bewußtseinsstruktur Franzosen, Deutsche, Engländer, Italiener, Niederländer, Spanier, Skandinavier zur Schaffung der europäischen Naturwissenschaft?

An dem Begriff der *Materie* und dem grundsätzlichen Wandel ihrer Bedeutung wird der einschneidende Wandel des Denkens deutlich.

Die Materie, zufällig, schwach, träge, passiv, widerspenstig für den Dualisten jenes Äons, in ihrer Gottferne äußerster, finsterster Gegensatz des allein lichten Geistes, herabziehend wie der Schlamm, Keim alles Bösen, ja das Unbewegliche, Starre, Verwesliche, zum Toten Hinabziehende, Tote schlechthin – sie ist seit Eriugena, David von Dinant, Meister Eckhart bis hin zum Cusaner als »geschaffene Natur« die »Ausfaltung« der »schaffenden Natur«, das heißt Gottes, den sie in sich »enthält«. In den Worten des großen Schotten:

»Von sich selbst nimmt Gott die Gelegenheit für seine Theophanien und Erscheinungen, da von ihm, durch ihn, ihn ihm, zu ihm alle Dinge sind. Und so ist auch die Materie selbst, aus der die Welt gemacht ist, von ihm und in ihm und er selbst ist in ihr, soweit überhaupt ihr Sein erkennbar ist.«[7]

Mit einer Entschiedenheit, wie man sie bei keinem Philosophen des frühen Mittelalters findet, kämpft der vor die Inquisition gezerrte Magister artium von Paris, David von Dinant, gegen den metaphysischen Zwiespalt zwischen dem Absoluten, das für ihn die Geist und Materie zugrundeliegende Einheit bildet, und der angeblich von ihm tiefgeschiedenen, starren Materie, die ihm der Enthalt aller Werdenskräfte ist. In ihr, nicht außer ihr, findet man die Ursachen ihres Entstehens und Werdens. Sie selbst, das Einzelseiende des Wirklichen, befragt man in der Hingabe des Beobachtens, Erfahrens, Experimentierens und Messens, denn das Buch der Natur, wie Roger Bacon erkennt, ist in mathematischen Lettern geschrieben.

Für sie alle, den Pseudo-Beda, Bernhard und Thierry von Chartres, Wilhelm von Conches, Gilbert de la Porrée und Honorius von Regensburg, Friedrich II., Albert den Großen und Jordanus Nemorarius, Grosseteste, Roger Bacon und Siger von Brabant, Johannes Buridan, Albert von Sachsen, Nikolaus von Oresme und Thomas Bradwardine wie in der großen Zusammenschau des Nikolaus Cusanus ist die Natur die Offenbarungsquelle des Göttlichen in ihrer Ganzheit und sowohl im Kleinen wie im Größten, auf der Erde wie in den Gestirnen, in allem Einzelnen, das gleichen Wesens ist, gleichen Elementen entstammt, überall von den gleichen, unmittelbar in ihnen wirkenden Kräften bewegt und gleichen mathematisch erkennbaren Gesetzen unterworfen.

Kurz: Europäische Naturwissenschaft war nur möglich auf dem Boden einer andersartigen religiösen Sinngebung der Natur und der numinosen, göttlichen Sinnhaltigkeit der »Materie«, die nicht – wie noch für Thomas von Aquin – mit allem erdenklichen Makel behaftet – sondern erhöht ist zur sichtbaren, greifbaren Entfaltung Gottes, dessen Einheit in aller Mannigfaltigkeit sich verwirklicht, »ver-körpert« und sie von innen her zur Einheit verbindet. Zur »unitas«!

Sowohl das Fragen als auch die Fragestellung sind bereits durch den Denkstil, durch die Bewußtseinsstruktur des europäischen Menschen bestimmt, zu denen er erst nach vielfältiger geistiger Fremdbestimmung hinzufinden in der Lage war. Erst nachdem er sich in langwieriger Abwehr von den fremden Denkstilen frei machte, konnte hier eine Naturwissenschaft europäischen Stils beginnen.

Alle »europäische« Wissenschaft setzt vor aller Frage an die Natur, vor aller Erfahrung und Forschung, a priori sechserlei voraus, das sich aus einem einzigen Prinzip ergibt:

1. den Glauben, oder besser: die Gewißheit der *Einheit der Wirklichkeit von Sein und Seiendem, von Gott und Natur, ebenso wie von Geist und Stoff, Seele und Leib,* die nicht durch Grenzen

oder Gegensatz zwischen einer unrealen Materie und der vollen Realität der Idee oder der erst wirklichkeitschaffenden Form zersprengt ist noch in drei verschiedenrangige, scharf getrennte Welten – in Himmel, Erde und Hölle, in Jenseitiges und Diesseitiges;

2. auf Grund dieser Einheit die *Einheit und Ganzheit aller Teile* des Weltalls und die *Gleichartigkeit* der Materie *im gesamten Universum;*
3. auf Grund jener Einheit den »*Zusammenfall*« oder die »*Komplementarität der Gegensätze*« alles Geschehens und der *Wechselbeziehung* und *Wechselwirkung* der wirkenden Kräfte;
4. die Gewißheit einer *durchgehenden immanenten Gesetzmäßigkeit,* die weder von außen vorgeschrieben noch durch einzelne Eingriffe eines außerweltlichen Gottes durchbrochen werden kann noch in verschiedenen Zonen wie den Gestirnsbahnen eine andere ist als auf der Erde oder eine verschiedene in Mineral, Pflanze, Tier und Mensch;
5. auf Grund der durchgehenden Einheit und Gesetzmäßigkeit die Überzeugung von einer allgemeinen *quantitativ-mathematischen Erfaßbarkeit* der Naturwirklichkeit, anstelle der Beschreibung qualitativer Substanzen und ihrer »Sympathien« und »Neigungen«, wie der »Elemente« Erde, Wasser, Luft, Feuer.
6. die Gewißheit einer *immanenten Bewegtheit,* der *Prozeßhaftigkeit* der Natur, die nicht in der Unbewegtheit und Ruhe Vollkommenheit erblickt, eine Bejahung des *Werdens,* der unaufhörlichen *Wandlung,* der *Entwicklung,* der unmittelbar in allem wirkenden Kräfte, die weder durch eine Sehnsucht nach einem außerhalb liegenden Endzweck hervorgerufen oder Schub für Schub eines eingreifenden Bewegers bedürftig ist, noch ein für allemal fertige, starre und endliche, räumlich und zeitlich begrenzte Schöpfung durch einen Schöpfer, der sie einmal angestoßen, sie dann sich selbst überlassen hat und sie nach seinem Belieben wieder verschwinden läßt.

Nikolaus von Kues (1401–1464) hatte, in der geistigen Tradition eines Scotus Eriugena und Meister Eckhart, Thierry von Chartres und Thomas Bradwardine stehend, dennoch aus dem Grund seines ihm ganz eigenen Einheitsdenkens das mächtige unitarisch-dynamische Seinsbild entworfen. Er hatte mit seinem Gedanken der Einheit der Gegensätze dem europäischen Weltbild eine zusätzliche Tiefe gegeben.[8] Es hatte sich ihm selbst und seinen Schülern spontan als von sprudelnder Fruchtbarkeit für die wissenschaftliche Erkenntnis der Natur erwiesen. Neue kräftige Impulse gingen von ihm aus. Durch die Pariser Ausgabe seiner Werke, die Faber Stapulensis besorgt hatte, strahlte es mächtig aus nach Frankreich selbst zu Bouillé, Margarethe von Navarra und Diderot, nach Deutschland zu Kepler, Jakob Böhme und vielen anderen, nach England zu Henry More und Newton und nach Italien zu Leonardo da Vinci, Ficino, Pico von Mirandola, vor allem zu Giordano Bruno, von ihm weiter zu Descartes, Leibniz, Kant, Goethe und Schelling. Somit reicht seine Gedankenwelt weit über die unmittelbare Kenntnis des cusanischen Werks in das europäische Bewußtsein hinein.

LEONARDO DA VINCI

Eine ungewöhnliche Persönlichkeit von einmaliger, unbändiger Schöpferkraft als Maler und Zeichner, als Denker, vielseitiger Forscher und genialer und kühner Erfinder, die ihr Schaffen mehr im leidenschaftlichen Dialog mit sich selbst und seiner Einsamkeit verbarg vor einer ziemlich ahnungslosen Gesellschaft, haben wir in Leonardo da Vinci (1452–1519) vor uns.

Der Jüngling fällt durch seine Schönheit auf, dazu durch sein anmutiges, stilles Wesen. Zeit seines Lebens treibt ihn die unersättliche Neugierde, im Sichtbaren, das ihm die Sinne überschwenglich vermitteln, sei es im Anorganischen oder Organischen, im Bereich der Anatomie oder der Geologie, der Physik oder der Astronomie, zugleich das Unsichtbare zu ergreifen. Auf den verschiedenartigsten Feldern sucht er immer nach den ursächlichen Zusammenhängen, nach den Gesetzmäßigkeiten, die den Naturerscheinungen innewohnen. Aus was für einem Welterlebnis schöpft dieser vielseitige, bohrende Denker?

Er habe »es viel höher geschätzt, ein Philosoph als ein Christ zu sein«, schockiert er seine Zeitgenossen. Ein »Philosoph«, der »über die Dinge der Natur« philosophiert, deren allesdurchwirkende, belebende und beseelende Kraft ihren Quell im Göttlichen besitzt.

Aus dem Jahr 1490 stammt ein Manuskript aus seiner Hand, in dem sich der starke Einfluß bemerkbar macht, den das Werk des deutschen Kardinals Nikolaus Cusanus auf ihn ausgeübt hat. Auch für Leonardo ist die Natur die »Entfaltung Gottes«, der in allem »enthalten« ist, während alles in Gott ist. Gott ist das Wesen aller Dinge. Und dank der Gottwesenheit auch des Menschen ist es diesem überhaupt möglich, die gottwesenhafte Natur zu erkennen. Und nicht nur zu erkennen, sondern auch zu gestalten als Mitwirker des Göttlichen.

»Die Göttlichkeit, die der Wissenschaft des Malers innewohnt, bewirkt, daß sich der Geist des Malers zur Ähnlichkeit mit dem göttlichen Geist verbindet, denn er ergeht sich mit freier Macht in der Hervorbringung verschiedenartiger Wesenschaft mannigfaltiger Tiere, Pflanzen, Früchte, Landschaften, Gefilde, Bergstürze, angstvoller und schauriger Orte, die den Schauenden mit Schrekken erfüllen, und ebenso gefälliger und anmutiger Gegenden.«[9]

Doch wie der Cusaner und wie Goethe, so verehrt Leonardo das Göttliche als das schlechthin Unerforschliche, das, seine Einheit der Gegensätze in der Welt entfaltend, in der Schönheit und wundervollen Gesetzmäßigkeit des Weltalls spricht, wie es sich auch in Streit und Aufruhr der Elemente und in seinen zerstörerischen Gewalten offenbart. Ihn ergreifen mit gleicher Andacht, gleichem Staunen die Räume des Weltalls wie eine Blume, die Versteinerungen von Muscheln und Schnecken wie die menschliche Gestalt, das Spiel von Schatten und Licht. Ja, ihn fesseln die physikalischen Phänomene von Schall und Licht, deren Wellencharakter sich zuerst ihm erschließt.

Das Wunder der Naturgesetzlichkeit, die in Bau und Leistung des Auges und der Pupille herrscht, reißt ihn zu religiöser Begeisterung hin:

»O wundervolle Notwendigkeit, du zwingst mit höchster Vernunft sämtliche Wirkungen teilzunehmen an ihren Ursachen, und nach höchstem und unabänderlichem Gesetz gehorcht dir jeder natürliche Vorgang auf dem allerkürzesten Wege. Wer möchte es glauben, daß ein so ganz kleiner Raum die Bilder des Weltalls zu fassen vermag?

O erhabene Tat, welcher Geist wird fähig sein, solche Natur zu durchdringen? Welche Zunge wird es sein, die ein derartiges Wunder entfalten kann? Keine gewiß. Dies lenkt die menschliche Überlegung auf die Schau des Göttlichen...

Hier sind die Gestalten, hier die Farben, hier alle Abbilder der Teile des Weltalls zusammengeschmolzen in einem einzigen Punkt. O welcher Punkt kann so bewundernswert sein? O wundervolle, erstaunliche Notwendigkeit, du zwingst durch dein Gesetz alle Wirkungen, auf kürzestem Wege teilzuhaben an ihren Ursachen. Das sind die echten Wunder!«[10]

In der Optik, aber auch in der Mechanik fußt Leonardo auf den auch in Florenz bekannten arabischen Werken des Ibn al-Haitham oder Alhazen, auf seiner Strahlenlehre, seinen Experimenten mit Lupen und Linsen und mit der camera obscura, der Lochkamera. Er beschäftigt sich mit der Konstruktion einer Flugmaschine, mit der sich um 880 der andalusische Arzt Ibn Firnas kurze Zeit in die Luft erhoben hatte. In der Geologie war Ibn Sina oder Avicenna ihm in der Erforschung der Entstehung von Gebirgsformationen vorausgegangen.

Aber mit welcher systematischen, wissenschaftlichen Gründlichkeit dringt er über sie weiter vor. Denn alles wird der eigenen Beobachtung, der eigenen Nachprüfung durch das Experiment unterworfen. »Autorität« – das freilich richtet sich gegen die scholastische Gelehrsamkeit –, »die, aufgeblasen, großspurig, gekleidet und geschmückt nicht mit den eigenen, sondern den fremden Leistungen, ... nur fähig ist, fremde Werke auszuposaunen und zu wiederholen«, verachtet dieser erklärte »Schüler der Erfahrung« von Herzen, der sich gerade auf die Selbständigkeit seines Forschens und Erfindens etwas zugute hält.

Doch bei bloßer Erfahrung, die er für die Grundlage alles Wissens hält, bleibt er nicht stehen.

»Ehe ich weiter vorgehe, will ich einige Versuche unternehmen, denn es ist meine Absicht, zunächst das Experiment anzuführen und dann durch Vernunftgründe zu beweisen, weshalb dieses Experiment genötigt ist, gerade so zu wirken. Und dies ist die wahre Regel, wonach die Erforscher der wahren Wirkungen vorzugehen haben, denn, obwohl die Natur mit dem Gesetz beginnt und in der Wirkung endet, so sind wir gezwungen, entgegengesetzt vorzugehen, das heißt, wie ich oben sagte, von der Erfahrung auszugehen, um das Gesetz zu ergründen.«[11]

Wie ernst es ihm mit seiner Forderung der Erfahrung ist, zeigen seine zahllosen anatomischen Zeichnungen – »so genau, als wenn du den Menschen in Natur vor dir hättest«. Zum Studium des menschlichen Körpers, der Venen, Arterien, Muskeln, Sehnen und Gelenke, des Herzens, der Kranzadern, ja – eines Embryos seziert er selber Leichen; womit angeblich der in Brüssel geborene Anatom Andreas Vesalius (1514–1564) begonnen haben soll. Diese anatomischen Skizzen kommen nicht nur seiner Kunst zugute, sie dienen ihm auch zu rein wissenschaftlichen Zwecken. So bemüht er sich um eine vergleichende Anatomie. Glieder von Bär, Pferd und Affe werden mit Gliedern des Menschen verglichen, die für Leonardo alle gleichermaßen Teile der Natur und als solche denselben anatomischen, physiologischen und chemischen Gesetzen unterworfen sind.

Ursache alles Leben ist für Leonardos dynamisches Empfinden unaufhörliche Bewegung. Die Erde selbst ist ein lebendiger Organismus. Ihre Oberfläche ist in ständigem Wandel begriffen, in dem die derzeitige Verfassung nur einen vorübergehenden Zustand darstellt.

Wie beim Cusaner, so findet sich bei Leonardo die Ablehnung der behaupteten Minderwertigkeit der Welt und der endgültigen Abgeschlossenheit der Schöpfung. Er ist überzeugt, daß »die Erde weder die Mitte des Sonnenkreises noch die Mitte der Welt«, ja – »daß die Erde ein Stern ist«! »Und so wirst du den Adel unserer Welt beweisen«, wie er sich notiert. Dagegen »bewegt die Sonne sich nicht.« Das Weltmodell des Coppernicus. Wie beim Cusaner der Gedanke, den man erst Galilei zuschreibt, sich im Geiste auf den Mond zu versetzen und von dort aus die Erde zu beobachten, die beide einander wechselseitig Licht spenden – »hier hast du zu beweisen, wie die Erde dem Mond ganz den gleichen Dienst leistet, wie der Mond der Erde«. »Verfertige Augengläser«, vermerkt er in diesem Zusammenhang, »um den Mond groß zu sehen!«

Wenn auch vieles von seinen abertausend Entwürfen und Plänen unausgeführt oder unvollendet blieb, so wurde dieses universalste Genie das Vorbild für die Verbindung nicht nur von empirischer Forschung und wirklich tatwerdendem Experiment mit mathematischer Betrachtungsweise – »Mich lese, wer nicht Mathematiker ist, in meinen Grundzügen nicht!« Worin er in der Tat über alle bisherigen »Experimentatoren« vor ihm hinausging, ist seine einzigartige Verbindung von Theorie mit handwerklicher Praxis, von Wissenschaft mit ihrer technischen Anwendung.

In dieser aus seinen zahllosen Erfindungen und Konstruktionen erstehenden Technik entwickelt Leonardo eine in der Geschichte der Technik seltene, nicht hoch genug zu achtende Gesinnung: ein Gefühl für die hohe *Verantwortung,* die der Erfinder und der Ingenieur tragen und die sie zwingen kann, auf die Ausführung eines Entwurfes zu verzichten, falls ein schlechter Gebrauch von ihr gemacht werden könnte. Über seinen Konstruktionsplan eines Unterseebootes schreibt er:

»Wie und warum ich nicht meine Kunst beschreibe, unter dem Wasser zu bleiben, solange ich bleiben kann, ohne zu essen, dies veröffentliche und erkläre ich nicht wegen der bösen Natur der Menschen, denn sie würden sie zu Ermordungen auf dem Grund des Meeres anwenden, indem sie den Boden der Schiffe brächen und sie samt den Menschen versenkten, die drinnen sind.«[12]

NIKOLAUS COPPERNICUS

Während der Widerhall dieses gigantischen Geistes aus seiner Epoche gering ist – die Gründe bleiben hier außer Betracht –, erntet ein jüngerer Zeitgenosse einen spektakulären Ruhm, der seine wissenschaftliche Leistung weit übertrifft. Er übt mit ihr gleichwohl epochale Wirkung aus: der von deutschen Eltern in Thorn geborene Nikolaus Koppernigk oder Coppernicus (1473–1543).

In seinem Todesjahr 1543 erscheinen zwei aufsehenerregende Bücher. Einmal das erste selbständige Werk über Anatomie des Antonius Vesalius »Über die Fabrik des menschlichen Körpers«, das sich gründlich von der Autorität des Galen emanzipiert, vielmehr auf eigenen Sektionen beruht und daher sofort in den Zugriff der Inquisition gerät. In seiner deutschen Übersetzung trägt es den Titel:

»Eine kurtze und klare beschreybung von der uftheilung und zerschneydung aller glider dess Menschlichen Lybs – alles mit kunstlichen und schönen Figuren dermassen fürgestellt und ausgebildet das alle so diss unussprechlich wunderwerck Gottes in der Natur zuerfaren lust habend lychtlich dazu kommen mögend«.

1543 schreckt auch Coppernicus mit seinem Hauptwerk »Von den Umdrehungen der himmlischen Sphären« die Welt auf. Seine Thesen sind bekannt:

1. Im Mittelpunkt der Welt ruht bewegungslos die Sonne.
2. Die Erde dreht sich täglich um ihre Achse und jährlich auf einer Kreisbahn um die Sonne zusammen mit den Planeten.
3. Der Himmel wird begrenzt durch die feststehende, kugelförmige Fixsternsphäre, die sich infolge der sich drehenden Erde nur scheinbar bewegt.
4. Der Mond bewegt sich auf kreisförmiger Bahn um die Erde.

Daß es am Himmel nicht so zugehen konnte, wie die Alten gemeint hatten, das pfiffen die Spatzen von den Dächern. Die Erde, nicht ruhend sondern bewegt, ein Stern – das war nicht ganz neu, das lag in der Luft. Ebenfalls unbefriedigt von dem monströsen Himmelsapparat des Ptolemäus, der aus vierzig sich auf Rädern bewegenden Kristallkugelschalen bestand, hatte Coppernicus »in den Schriften aller Philosophen« nach einer einfacheren Theorie der Bewegungen des Weltalls gesucht und »bei Cicero eine Stelle gefunden, daß Nicetas eine Bewegung der Erde angenommen habe, und später bei Plutarch, daß noch einige andere dieser Ansicht gewesen seien«. So hatte Aristarch von Samos ein Vierteljahrtausend vor der Zeitwende die Erde innerhalb der festen Fixsterne um die ruhende Sonne kreisen lassen. Dieses Modell von der »auf ihren Königsthron sitzenden Sonne, die die sich um sie drehende Familie der Planeten regiert«, beschreibt Coppernicus auf den ersten zwanzig Seiten seines Buches.

Doch der Rest wird eine ziemlich krause und verwickelte Ausführung seiner These, die, um sich von der des Ptolemäus zu befreien, sich jetzt gehorsam und vertrauensvoll an Aristoteles hält. Die Erde ist als Himmelskörper eine ideale, vollkommene Kugel und bewegt sich als solche auf der idealen Kreisbahn. Ein Rückschritt gegenüber Nikolaus Cusanus, der die »Ungenauigkeit« der Erdkugel in einer ovalen Bahn gelehrt hatte. Anders Coppernicus. Er zieht es vor, sich an altbewährte Autoritäten zu halten. Als ein Mann aus Nürnberg, Johannes Werner, behauptet, die achte, für die gottnächste und darum unbeweglich gehaltene Sphäre bewege sich, weist Coppernicus ihn zurecht: »Uns ziemt es, den Methoden der Alten genau zu folgen und an ihren Beobachtungen festzuhalten, die auf uns gekommen sind wie ein Testament.« Wer sie nicht befolgt, »der wird bekommen, was er verdient, weil er glaubt, seine eigenen Wahngebilde durch Verunglimpfung der Alten stützen zu können.« Ein Schlag ins Gesicht der Vernunft.

Nun war ja die Theorie, die Erde bewege sich, auch Ptolemäus nicht unbekannt gewesen, aber er hatte sie mit einer Handbewegung fortgewischt, denn »dann müßten ja alle Winde immer westwärts wehen, Wolken immer westwärts ziehen, Steine und Geschosse immer westwärts fallen.« Da jedoch gemäß Aristoteles Steine und Geschosse besonders »erdig« sind, folgen sie wie auch Winde und Wolken der Erde aus »Sympathie«.

Und, hatte Ptolemäus argumentiert, um Tag und Nacht entstehen zu lassen, müßte sich die Erdkugel so rasend drehen, daß alles auseinanderstieben würde und die Erde längst zerrissen wäre und ihre Trümmer weit hinausgeschleudert wären bis an den Rand der äußersten Himmelssphäre. Doch diese Sorge des Ptolemäus, die Erde würde durch ihre Umdrehung auseinanderfliegen, erklärt Coppernicus mit Aristoteles und rein scholastisch für müßig – da die Erde eine Kugel sei, sei ihre Rotation »natürlich«, natürliche

Ursachen aber könnten keine »gewaltsamen« Wirkungen haben.

Außerdem – wiederum ganz griechisch gedacht – »sei die Unbeweglichkeit edler und göttlicher als Bewegung und Veränderlichkeit, die daher besser der Erde als den Himmelssphären zukommt.«

Das war aristotelischer als Papst Aristoteles selbst: in der Natur Werte zu verteilen für verschiedene Zonen und den der Erde von jeher anhaftenden Makel ausdrücklich durch die Entwertung der »unedleren« Bewegung noch zu bestärken!

Aber auch sein Beharren auf dem überkommenen griechischen Dogma von der vollkommenen Kugelgestalt des festbegrenzten Weltalls und der Kreisgestalt aller Gestirnsbahnen brachte Coppernicus neue, schlimme Verlegenheiten und neue Komplizierung des zuerst scheinbar so einfach angelegten Systems. Zumal seine Beobachtungen mit seinen Annahmen immer weniger übereinstimmten und zusätzliche Hilfskonstruktionen notwendig machten.

Durch die öffentliche Diskussion jenes präzise in eine Theorie gefaßten Rollentauschs von Erde und Sonne, an der sowohl Luther als die Spitzen der katholischen Kirche sich beteiligten und die angesehene Männer der Wissenschaft wie Kepler und vor allem Galilei als Verteidiger auf den Plan rief und sie ins Räderwerk der Inquisition stieß, erhielt das kopernikanische Modell eine noch nicht dagewesene Öffentlichkeit und einen Aufmerksamkeitsgrad, den weder Nikolaus von Oresme, noch Leonardo da Vinci, geschweige denn Nikolaus von Kues erworben hatten. Dabei hatte letzterer statt des beschränkten Kosmos des Coppernicus, auf Grund seiner metaphysischen Weltsicht einen innerweltlich unbegrenzten und allseitigen Wirkzusammenhang des Universums entworfen und die Grundlagen für die zukünftige Entwicklung hundert Jahre vor ihm gelegt. Coppernicus hat Cusanus zwar gekannt, wie eine Notiz von seiner Hand zeigt, aber wohl keine Erleuchtung durch ihn empfangen.

Freilich stieß das kopernikanische Weltschema, sofern es wirklich geistig verarbeitet wurde, im Bewußtsein der Menschen ein starkes Umdenken an: Alle Bewegung, die das Auge am Himmel wahrnimmt, nichts als Schein? Wahrheit, nicht der Anschauung gegeben, sondern erst durch Vernunft einsehbar? Der Mensch nicht mehr im Mittelpunkt des Weltalls, sondern ein Nichts, und doch Enträtseler der Geheimnisse des Universums?

GIORDANO BRUNO

Doch wo sich größere Umwälzungen im europäischen Bewußtsein anbahnten, stammten diese Zumutungen aus einem offenen europäischen Denken. Beispielsweise von jenem genialeren und kühneren Geist, der in Wahrheit das moderne Weltbild schuf und dafür mit seinem Leben bezahlte: Giordano Bruno (1548–1600).

Er ist, sowohl naturwissenschaftlich umfassend gebildet, im eigentlichen Sinne kein Wissenschaftler. Aber er ist ein echter Seher des Wirklichen aus religiöser, europäischer Schau, der in der Geschichte des abendländischen Geistes kaum seinesgleichen hat. In seinen wissenschaftlichen Hauptschriften »Vom unendlichen All und den Welten» und »Von der Ursache, dem Anfang und dem Einen«, vor allem in »Vom Unendlichen und Unermeßlichen«, das ein beträchtliches astronomisches und physikalisches Wissen verarbeitet, spricht er aus, was der exakt forschenden Wissenschaft erst in den kommenden drei Jahrhunderten nachzuweisen gelingen wird, was jedoch erst die Menschheit der Gegenwart wirklich zu fassen imstande sein sollte.

Aus der christlichen Religion und aus dem Dominikanerkloster von Neapel ausgebrochen, schweift er wie ein feuriger Komet durch Europa über Norditalien, in die Schweiz, nach Frankreich als Professor an der Sorbonne, weiter nach Oxford und London, wo er als gefeierter Dichter in enger Verbindung zum englischen Hof steht, unter unglücklichem Stern wiederum nach Paris und von dort nach Deutschland – Wittenberg, Prag, Helmstedt sind die Stationen –, wo man ihn ausweist, schließlich auf heimatlichen Boden als Hauslehrer in Venedig. Hier zerren Verrat und Denunziation ihn für sieben Jahre als Gefangenen der Inquisition in die engen und feuchten Verliese der Engelsburg, bis er nach einem Prozeß als Ketzer am 17. Februar 1600 auf dem Campo dei Fiori als brennende Fackel auf dem Scheiterhaufen stirbt.

Die große visionäre, schöpferische Leistung dieses Mannes, die die Schranken des aristotelischen und des ptolemäischen Weltbildes mit »seinen Kreisen und Sphären wie die Schalen einer Zwiebel« endgültig sprengt und zugleich die unverändert starre Begrenzung des kopernikanischen Kosmos aufbricht, ist verbunden mit seinem tiefreligiösen Einheitsglauben, mit dem er alle Voraussetzungen des europäisch-wissenschaftlichen Denkens einbringt.

Ein Erlebnis vor allem war es, das ihn mitriß und wahrhaft »zu den Sternen trug«. Seine Begegnung mit dem Werk des Deutschen Nikolaus von Kues. Dieser vor allen anderen hat sein Denken befruchtet. Ihm gilt seine lebenslange Verehrung. Ihn ehrt er in Wittenberg in öffentlicher Lobpreisung als seinen Lehrer, wobei er ihn hoch über alle Griechen erhebt:

»Wo findet sich ein Mann vergleichbar jenem Cusaner, der je größer, um so weniger zugänglich ist? Hätte nicht das Priesterkleid sein Genie da und dort verhüllt, ich würde zugestehen, daß er dem Pythagoras nicht gleicht, sondern bei weitem größer ist als dieser.«[13]

Giordano Bruno, fünf Jahre nach dem Tode des Coppernicus geboren, geht weit über Coppernicus hinaus. Mit einer im Abendland wohl einmaligen schöpferischen Phantasie und Seherkraft entwirft er ein Großbild der Wirklichkeit, wie es zu seiner Zeit absurder nicht gedacht, wie es sich zugleich zutreffender nicht bestätigen konnte – erst Jahrhunderte später! Das zu Starre des kopernikanischen, nach wie vor durch den festen Fixsternhimmel begrenzten Weltalls weit hinter sich lassend, öffnet er seine Augen der unermeßlichen Unendlichkeit von unzähligen Erden, Monden, Wandelsternen, von unzähligen Sonnen, von tausend und abertausend Sternsystemen, die die unendliche Weite des Weltalls durchtosen, von Welten und immer neuen Welten bewegt. Einem Universum ohne Grenzen und ohne Mittelpunkt! Nein, mit ebenso vielen Mittelpunkten, ja mit ebenso vielen Zeiten, wie es Sonnen, wie es Welten gibt.

In reiner Intuition nimmt er vorweg, was erst der Blick durch das Fernrohr ahnen läßt, was erst späterer beobachtender und messender Wissenschaft vieler Generationen festzustellen gelingt: die Abplattung der Pole, die Rotation der Sonne um die eigene Achse und die Erkenntnis der Sonne als eines sich aus eigenem Vermögen bewegenden Sterns unter sich bewegenden Sternen, Sternsystemen, Galaxien, die Erkenntnis, daß die Fixsterne nicht an Kugelschalen befestigt, vielmehr selber Sonnen sind, von für uns unsichtbaren Planeten umgeben, und mit Cusanus die Theorie der Gleichartigkeit der Elemente, aus denen alle Himmelskörper aufgebaut sind, und auf ihnen die Möglichkeiten organischen Lebens, damit der Universalität der irdischen Gesetze, des universellen Wirkens derselben Kräfte, derselben Naturgesetze im ganzen Universum, ja – sogar des Entwicklungsprozesses des Weltalls wie auch der irdischen Organismen.

Dazu den unerhörten gleichfalls vom Cusaner vorausgedachten Gedanken der Relativitätstheorie, indem Giordano die Relativität sowohl des Raumes, des Oben und Unten, wie die der Zeit, des Vor- und Nachher, und des Gewichtes, des Leicht und Schwer, nachweist gemäß ihren jeweiligen »verschiedenen Bewegungspunkten«.

Mehr als Coppernicus, der nur den Platz von Sonne und Erde tauschte, ist in Wahrheit Giordano Bruno der Urheber unseres Weltbildes. Er als erster verkündet die Unendlichkeit des Seienden, des Raumes, die Unendlichkeit des Lebens und des Werdens in der Zeit. Wohl hat sein deutscher Lehrer, den er voll leidenschaftlicher Verehrung »den Göttlichen« nannte, der Cusaner, ihn nach seinen mathematischen Betrachtungen das Denken des Unendlichen gelehrt. Hatte jedoch der Cusaner von dem *absoluten Unendlichen*, das hieß von Gott, gesprochen, so spricht Giordano Bruno von der *konkreten Unendlichkeit*.

In diesem unendlichen Universum entfaltet, erblickt er einen unendlichen Gott, der die Welt nicht von außen lenkt »wie ein Rosselenker das Gespann«, nein, »aus dessen Kraft jegliches Wesen lebt, sich erhält, und sich bewegt« – denn er ist die Kraft und die Wesenheit, durch die alles, was ist, sein Sein hat, und da er in allem ist, ist jegliches Ding in ihm innerlicher als die eigene Form im Ganzen – daraus folgt, daß jegliches in jeglichem ist und daß also alles Eins ist.«[14] In jedem Teil des Ganzen manifestiert sich das Göttliche als Wesen und Kraft, als ein Individuelles von eigener Notwendigkeit und Freiheit.

»Wir suchen Gott in dem unveränderlichen, unbeugsamen Naturgesetz, in der ehrfurchtsvollen Stimmung eines nach diesem Gesetze sich richtenden Gemütes, wir suchen ihn im Glanz der Sonne, in der Schönheit der Dinge, die aus dem Schoß dieser unserer Muttererde hervorgehen und in dem Anblick unzähliger Gestirne, die am unermeßlichen Saume des einen Himmels leuchten.«[15]

Was griechischer und christlicher Dualismus zerspalten hatte, hier ist es in der unitas eines unendlichen und unendlich bewegten und werdenden Universums geeint. Hier, bei Cusanus und Giordano Bruno, hebt in Wahrheit die moderne Weltsicht an.

Und in der Tat ist kaum einer der angesehensten Geister Europas – wie Leibniz, Descartes, Shaftesbury, Spinoza, Kant, Goethe – unbeschenkt an ihm vorübergegangen, wenn sie auch, wie Leibniz und Descartes, gern verschwiegen, was sie ihm schuldig waren. Wie ja auch unsere Geschichtsschreibung ihn sorgfältig klein gehalten und geringschätzig als Wirrkopf plakatiert hat, während die katholische Kirche und der Papst die Bedeutung dieses Mannes voll Rechnung trugen, indem sie ihn den »Fürsten der Ketzer« nannten und ihn, der seine Überzeugungen zu widerrufen nicht bereit war, in Rom öffentlich am lebendigen Leibe verbrennen ließen.

JOHANNES KEPLER

Um dieselbe Zeit, während dies geschieht, ereignet sich am Kaiserhof zu Prag eine für die Wissenschaft entscheidende Begegnung. Es handelt sich um den dänischen Astronomen Tycho Brahe (1546–1601), der aus emsigen, täglichen Beobachtungen der Gestirne mit Hilfe hervorragender, von den Arabern übernommener und technisch verbesserter Instrumente ein riesiges, exaktes, systematisch bearbeitetes Material zusammengetragen hatte, ohne indes mit ihnen entsprechend neue Fortschritte zu machen, und um den neunundzwanzigjährigen Deutschen Johannes Kepler (1571–1630), den seine Kurzsichtigkeit an solcher Augenschwerarbeit behindern mußte. Als ein Opfer der Gegenreformation verfolgt und seines Besitzes verlustig, kommt er als Gehilfe Brahes nach Prag, der bald darauf stirbt, so daß Kepler mit der Stelle eines kaiserlichen Mathematikers und Astronomen auch das Erbe eines unerhört reichen, äußerst nützlichen Beobachtungsmaterials zufällt.

Er bildet auf seine Weise einen Gegenpol zu dem hellodernden Feuergeist Giordano Brunos. Sein entschlossener Mut, das noch nicht Gedachte zu denken und im offenen Einstehen für seine Überzeugung zu vertreten, ist kaum geringer als der Brunos. Doch seine Genialität ist von ganz anderer Art. Kepler ist ein durch und durch mathematischer Kopf, der mit leidenschaftlicher Besessenheit einem Problem nachspürt – und ihm drängen sie sich in einer Fülle auf, mehr als ihm lieb ist. Mit unermüdlicher, nie entmutigter Ausdauer und Zähigkeit reibt er sich an seinen Berechnungen, immer neuen, immer neu verworfenen, auf, bis ihm inmitten des Dickichts von mathematischen Formeln, Verzweiflungen, Verwünschungen jäh die erstaunliche Lösung aufleuchtet und das Glück in einem überwältigten Dankgebet aus ihm hervorbricht. Alles und jedes wird ihm zur Aufgabe, es wissenschaftlich zu ergründen, mathematisch nachzuprüfen, wie es überhaupt zustande kommt. Dabei erschließt er sich oft genug unversehens neue Bereiche, wie die geometrische Optik, die er, von Alhazen ausgehend, bis ins letzte mathematisch begründet.

Die Ernte dieses ständig angespannten, mühseligen Forscherlebens auf fast allen Gebieten der Naturwissenschaft, doch vor allem in der Astronomie, ist von eminenter Bedeutung:

Kepler ist es, der die innere Freiheit und den Mut hat, das griechisch-aristotelische Dogma von der Kreisform der Planetenbahnen, das die Forschung so schwer behindert hatte, zu zerschlagen, wie es schon die arabischen Astronomen des 11. Jahrhunderts nahegelegt hatten. Wenn auch mit Bedauern weist er im einzelnen die Fehlerhaftigkeit dieser Wunschvorstellung nach und belegt dank seiner genialen Unermüdlichkeit die schon vom Cusaner ins Auge gefaßte Ellipsenform der Planetenbahnen, in deren einem der beiden Brennpunkte die Sonne steht. Fast widerwillig. Dies ist das erste Keplersche Gesetz.

Das zweite, der sogenannte »Fahrstrahlsatz«, den er nur finden konnte, nachdem er die Ellipsenform zugrundegelegt hat, besagt: Der »Fahrstrahl«, der die Sonne mit einem Planeten verbindet, überstreicht in gleichen Zeiten gleiche Flächen. Damit zerstört er zugleich das Dogma der Griechen von der gleichbleibenden Bewegung der Planeten, die ihren offensichtlichen Wechsel wie üblich als »Trug und Schein« aus der Welt geschafft hatten. Mit seinem zweiten Gesetz erklärt Kepler, weshalb sie vielmehr in der Nähe der Sonne schneller laufen als in Sonnenferne. Die sich ihm sofort stellende Frage, warum, führt ihn zur Theorie von der Anziehungskraft als einer wechselseitigen Beeinflussung der Körper zu ihrer Vereinigung und nahe an das vollständige Gravitationsgesetz heran, dessen Formulierung später Newton aus den Keplerschen Gesetzen und der von Galilei entdeckten Trägheit gelingt.

Sein drittes Gesetz zeigt das Quadrat der Umlaufzeit eines Planeten proportional dem Kubus seiner Entfernung von der Sonne. An die Stelle der mißlungenen pythagoreischen Zahlenharmonie im Sonnensystem treten mathematisch faßbare Beziehungen zwischen Körpern und Kräften.

Fast widerwillig! Selbst in einem inneren Zwiespalt, selbst verliebt in die Kreisidee, nötigen ihn sein Verstand und die wissenschaftlichen Berechnungen, sie preiszugeben. Selbst widerstrebend findet er in der Ellipse mit dem einen überflüssigen Brennpunkt die aller Spekulation widerstreitende Lösung. Ein Zwiespalt, der für Kepler symptomatisch ist, in dem die verschiedenartigsten Neigungen und Tendenzen einander widerstreiten.

Auf der einen Seite ist er den Autoritäten verhaftet, und doch lehnt er diese Autoritäten zornig ab und begierig, sie zu widerlegen. Er gibt sich kindlich-fromm in den wenn auch losen Formen traditioneller Religiosität, die teils griechisch-pythagoreisch eingefärbt ist, durch die aber offen eine europäische Naturfrömmigkeit und religiös erfüllte Weltbejahung durchbricht, welche Züge Eriugenas und des Cusaners trägt. Nicht zufällig. Denn Kepler hat unmittelbar an der Quelle, der Pariser Cusanusausgabe, getrunken und sich dem »göttlichen Cusaner« besonders verpflichtet gefühlt, der ihn ursprünglich zu seiner mystisch-geometrischen Gott- und Weltanschauung angeregt hatte.

Ähnlich Franz von Assisi stimmt Kepler in einem selbstverfaßten Psalm eine Lobpreisung Gottes durch die Natur, durch Himmel, Sonne, Mond und Planeten an:

»Denn aus ihm und durch ihn und in ihm ist alles:
das, was mit den Sinnen erfaßt,
wie das, was im Geiste erkannt wird,
das, was uns noch gänzlich unbekannt ist,
wie das, was wir wissen
und was nur einen kleinen Bruchteil von jenem ausmacht;
denn mehr noch liegt darüber hinaus.«[16]

In allem, im Planetensystem, ja im gesamten Weltall – das hatte sich ihm gezeigt – herrscht ein und dieselbe Gesetzmäßigkeit, dieselbe überall gleichartig wirkende Kraft. Die Unterschiede in der Natur – so erkennt er im Gegensatz zu den Griechen – sind nur quantitativ. Und »der menschliche Geist durchschaut quantitative Verhältnisse am klarsten, er ist recht eigentlich geschaffen, diese aufzufassen«. Seine Kategorien, seine Auffassungsweisen, aber entsprechen der Struktur der Natur, wie schon Eriugena wußte. Denn »wo Materie ist, da ist Mathematik«. Und darum ist der Mensch in der Lage, zu erkennen und mathematisch zu beweisen, was aller philosophischen Meinung und selbst dem Augenschein widerstreitet. Zu erkennen und alle qualitativen Unterschiede, aus denen die Griechen die Natur erklären wollten, auf quantitative Verhältnisse zurückzuführen. Zu erkennen und – wie er sagt – »zu den Ursachen alles Seins und Werdens vor(zu)dringen, auch wenn weiter kein Nutzen damit verbunden ist«.[17]

Und so richtet er an einen Freund die Frage seines Lebens:

»Für mich, mein Freund, gibt es nichts, was ich so dringend wissen möchte, was ich ernster zu erforschen strebe, als die Frage: Kann ich wohl Gott, den ich im Weltall geradezu mit Händen greife, auch in mir selber finden?«[18]

In seinen »Maximen und Reflexionen« bemerkt Goethe zu diesem ahnungsvollen Wort Keplers: »Der edle Mann fühlte, sich selbst nicht bewußt, daß eben in dem Augenblick das Göttliche in ihm mit dem Göttlichen des Universums in genauester Verbindung stand.«

FORTSCHRITTE AUF ALLEN GEBIETEN

In dem Maße, in dem man begonnen hat, sich von Aristoteles zu entfernen und den Rufen Roger Bacons und seines Namensvetters Francis Bacon folgend, sich unbefangen und aufmerksam aus einer neuen Weltbejahung und Materiewertung der lebendigen Natur beobachtend und experimentierend zuzuwenden, regt es sich nicht allein in Astronomie und Physik. Alle Wissenschaften nehmen einen erkennbaren Aufschwung und liefern tiefere Einblicke in die Natur.

Der Niederländer van Helmont entdeckt luftähnliche Substanzen, die er »Gase« nennt, und die in den Körpersäften wirkenden Fermente. Caspar Bauhin und der Deutsche Valerius Cordus beschreiben und klassifizieren alle bekannten Pflanzen, ersterer begründet eine neue Nomenklatur der Anatomie, während Piccolomini mit seiner Gewebebeschreibung die Grundlagen der Anatomie und Volcher Coiter mit einem Atlas der Lage der Organe die der pathologischen Anatomie liefert. Ambroise Paré holt mit seiner verbesserten Behandlung von Wunden, Knochenbrüchen und Amputationen den großen Vorsprung der arabischen Chirurgie auf. Felix Platen systematisiert die Geisteskrankheiten und kämpft nach dem arabischen Vorbild aus Andalusien für eine humanere Behandlung der Geisteskranken.

Ortelius zeichnet einen Erdatlas auf dreiundfünfzig Blättern. Georg Bauer, genannt Agricola, begründet die Mineralogie, Fossilienkunde und Bergbaukunde. Konrad Geßner schreibt ein Buch über Versteinerungen und eine »Geschichte der Tiere«.

Rafael Bombelli rechnet in seiner Algebra mit imaginären Zahlen, sein italienischer Landsmann Geronimo Cardano findet neu, was freilich den Arabern längst bekannt war, die Formel zur Lösung von Gleichungen dritten Grades, während sein Schüler Ferrari auch Gleichungen vierten Grades löst. Der Franzose François Viète vervollständigt die arabische Algebra weiter und wendet sie auf die Geometrie an. Der Schweizer Jost Bürgi und der Schotte John Napier veröffentlichen die ersten Logarithmentafeln. Bernardo Telesio begründet die Naturlehre aus den Prinzipien Materie, Wärme, Kälte im Experiment. Sein Landsmann Nicolo Tartaglia untersucht die Bewegung von Geschossen und begründet die Ballistik als angewandte Mathematik.

Der Engländer William Gilbert, Leibarzt der Königin Elisabeth, erweitert die Erkenntnisse des Petrus Peregrinus über den Magnetismus und experimentiert mit dem Erdmagnetismus und mit der Elektrizität. Der Holländer Simon Stevin findet das mathematische Gesetz des Parallelogramms der Kräfte und eine Anzahl hydrostatischer Gesetze und weist experimentell nach, daß zwei Körper verschiedenen Gewichts mit gleicher Geschwindigkeit fallen, ein Vorläufer Galileis. Die Beschreibung seines Experiments mit zwei Bleikugeln, »eine zehnmal größer an Gewicht als die andere«, die zugleich auf einem tönenden Brett aufschlagen, beginnt mit dem bezeichnenden Wort: »Das Experiment gegen Aristoteles ist dies...«

GALILEO GALILEI

Ein einziges »Experiment gegen Aristoteles« ist auch das Leben Galileo Galileis (1564–1642). Schon im Hause seines Vaters Vincenzio Galilei, Mathematik- und Musiklehrer in Pisa, hatte er den Geist der Auflehnung gegen die Autoritäten und der Verachtung derer eingeatmet, die im Aristoteles nachsehen statt auf die Dinge hinzusehen. Ihnen hatte der auch als Komponist hervorgetretene Vater in einem Traktat über den Kontrapunkt auf die Finger geklopft:

»Mich dünkt, daß alle die ganz unverständig handeln, die sich zum Beweis einer Behauptung ausschließlich auf das Gewicht der Autorität stützen. Ich für meinen Teil wünsche, daß die Streitfragen frei gestellt und ohne Speichelleckerei frei untersucht werden, wie es sich für den aufrichtigen Erforscher der Wahrheit gehört.«[19]

Galilei – der »Ahnherr der heutigen Naturwissenschaft«, der »Begründer der wissenschaftlichen Mechanik«, mit dem »die neuzeitliche Physik beginnt, die das Experiment als Beweisgrundlage verlangt«, und der »den Grund für alle weitere Entwicklung legte«. Stimmt denn das? Stimmt es schon für die Mechanik? Hatten nicht Buridan, Albert von Sachsen und Nikolaus von Oresme Grundlegendes über Bewegung und den Fall von Körpern, über die gleichförmig beschleunigte Bewegung, über das proportionale Anwachsen von Fallgeschwindigkeit und Zeit und seine mathematische Erfassung geleistet? Hatte Thomas Bradwardine nicht die logarithmische Abhängigkeitsformel von Geschwindigkeit, Kraft und Widerstand gefunden und Stevin die gleiche Geschwindigkeit fallender Körper verschiedenen Gewichts »gegen Aristoteles«, der eine unterschiedliche Geschwindigkeit behauptet hatte, experimentell nachgewiesen? Hatte Tartaglia nicht grundlegende Experimente über Geschoßbahnen und damit für die Fallbewegung angestellt, die sein Schüler Benedetti fortgeführt und mit denen er unmittelbaren Einfluß auf Galilei ausgeübt hatte? Waren ihm nicht bei manchen Entdeckungen oder Erfindungen, die der Ruhm ihm zuschreibt, wie die Sonnenflecken, die Trägheit oder das Kräfte- und Bewegungsparallelogramm, bedeutende Männer vorausgegangen? Wurden die Grundlagen der neuzeitlichen Naturwissenschaft und ihrer grandiosen Entwicklung nicht in langen Jahrhunderten vor Galilei gelegt?

Wo haben wir also das eigentümlich Galileische, seine bahnbrechende Leistung anzusetzen, die ihn in den Augen der Historiker an diese auszeichnende Stelle in der Geschichte der Wissenschaft stellt, angeblich an ihren Anfang, als den Beginn aller Entwicklung?

Worin erblickte er selbst seine alles überragende Leistung? Denn er ist ein wenig großsprecherisch überzeugt, »eine sehr neue

Wissenschaft von einem sehr alten Gegenstande zu bringen«. Zwar räumt er ein, herablassend, geringschätzig: »Einige oberflächliche Beobachtungen sind gemacht worden wie zum Beispiel, daß die freie Bewegung eines schweren, fallenden Körpers beständig beschleunigt wird; aber eben in welchem Maße diese Beschleunigung stattfindet, das ist noch nicht mitgeteilt worden«; womit er irrt. Freilich ist ihm bekannt: »Es ist beobachtet worden, daß Wurfgeschosse und Projektile einen gekrümmten Weg irgendeiner Art beschreiben; jedoch niemand hat die Tatsache aufgezeigt, daß dieser Weg eine Parabel ist.« Und hierauf gründet sich sein Stolz: »Diese und andere Tatsachen, nicht gering an Zahl oder weniger wissenswert, ist es aber mir gelungen zu beweisen; und was ich als wichtiger ansehe: Es sind für die ausgedehnte und ausgezeichnete Wissenschaft, von der mein Werk nur den Anfang bildet, neue Wege und neue Mittel eröffnet worden.« Sie nennt er zu Beginn dieser Einleitung in sein bedeutendstes Werk »Mathematische Demonstrationen über zwei neue Wissenschaften«: »Ich habe durch Experimente einige Eigenschaften der Bewegung entdeckt, welche wissenswert sind und welche bisher weder beobachtet noch demonstriert worden sind.«[20]

Galilei hat das Gesetz des freien Falls durch Experimente an der schiefen Ebene unterbaut. Er hat entdeckt und bewiesen, daß die Schwingungsdauer eines Pendels unabhängig von der Schwingungsweite ist und daß die Wurfbewegung in einer Parabel verläuft, die er aus der Überlagerung der Fallbewegung mit der geradlinigen Wurfbahn bestimmt. Er ist der Entdecker der »Trägheit«, das heißt: des Bestrebens eines Körpers, seinen Zustand, sei's der Bewegung oder der Ruhe, beizubehalten. Und nur bei Geschwindigkeits- oder Richtungsänderung – nicht wie für Aristoteles, bei jeder Ortsveränderung – fragt er nach der Ursache. Das wichtige Trägheitsgesetz dagegen wird erst Newton formulieren.

Und darin zeigt sich der wesentliche Unterschied zu Aristoteles – wie er uns, angestoßen durch die arabischen Wissenschaftsmethoden seit Petrus Peregrinus und Roger Bacon, Johannes Buridan, Nikolaus von Oresme und Thomas Bradwardine, Tartaglia, Stevin und Kepler begegnet war:

Aristoteles wollte die Natur aus qualitativ verschiedenen Kräften erklären. Er fragte: *Warum* fallen die Körper? und antwortete: Ein Körper fällt, weil sein »Wesen« erdig ist und er seinen »natürlichen Ort« in der Erde hat, in dem er sein Ziel der Ruhe erreicht. Die europäische Naturwissenschaft fragt: *Wie* fallen Körper? Sie führt qualitative Unterschiede auf quantitative zurück und mißt die einzelnen Faktoren und ihr Verhältnis zueinander im Experiment und gelangt so zum Naturgesetz.

Damit geht sie über die reine Beobachtung und Erfahrung hinaus.

»Wer naturwissenschaftliche Fragen ohne Hilfe der Mathematik lösen will, unternimmt Undurchführbares. Man muß messen, was meßbar ist, und meßbar machen, was zunächst nicht meßbar ist«,

wie Galilei in seinen »Mathematischen Demonstrationen« das wissenschaftliche Prinzip seiner Naturerkenntnis bezeichnet. Das Buch der Natur, das *auch* Gottes Wort ist und selber Ausdruck und Entfaltung des Göttlichen, ist in mathematischen Lettern geschrieben. In der Gesamtheit aller ihrer Erscheinungen offenbart sich das Göttliche am klarsten und einsichtigsten in der sie durchwaltenden mathematischen Ordnung, die der Naturforscher zu lesen verpflichtet ist.

»Und glaube doch niemand, daß die höchsten Gedanken, die auf den Blättern dieses Buches eingetragen stehen, zu Ende gelesen sind, wenn man nur den Glanz der Sonne und der Sterne und ihren Auf- und Untergang betrachtet; nein, sie enthalten Geheimnisse so tief und Gedanken so erhaben, daß die durchwachten Nächte, die Arbeiten und Studien von Hunderten der feinsinnigsten Geister in Tausenden von Jahren ununterbrochener Forschung noch nicht ausgereicht haben, in sie einzudringen.«[22]

Einzudringen aber erlaubt allein die methodische Verbindung von gedanklicher Theorie, die den beobachteten Vorgang interpretiert, mit der mathematisch-messenden Erfassung des dynamischen Prozesses durch das Experiment.

Und hierin machte in der Tat Galilei noch einen Schritt über seine kaum weniger bedeutenden Vorläufer aus dem Beginn des

14. Jahrhunderts hinaus. Auch sie waren sich einig in der Forderung, auf die Dinge hinzusehen durch Erfahrung und Experiment. Sie alle hatten sich von der qualitativen Betrachtung der quantitativen zugewandt. Aber woran es fehlte, war zweierlei: Oftmals blieb man beim Gedankenexperiment stehen, ohne zum ganz handwerklichen Versuch weiterzuschreiten. Vor allem aber besaß man noch keine genauen Maße, weder ausreichend exakt gehende Zeit-, Längen- und Gewichtsmesser noch entsprechende Meßeinheiten. Es blieb »ein Rechnen ohne Messen«, ohne Einsetzen konkreter Maße in die immerhin geübte Buchstabenrechnung für das Einzelexperiment.[23]

Mit Recht konnte Galilei sich rühmen – wie schon Tartaglia und Benedetti –, mit seiner Frage nicht mehr nur nach dem »Wie« sondern auch nach dem »Wieviel« und »In welchem Maße« über die »Oberflächlichen« hinaus gefragt und geantwortet zu haben; so, wie er es mit seinen Experimenten der von einer schiefen Ebene herabrollenden Kugel eindringlich demonstriert hat. Die Versuche mit fallenden Körpern am Schiefen Turm zu Pisa gehören, wie manche andere Anekdote um ihn, zur Galilei-Legende, die sich um den berühmten Gelehrten gesponnen hat.

Unter seinen Erfindungen, zu denen ein Meßgerät zur Pulsbestimmung, die hydrostatische Waage, die den Auftrieb von Körpern in einer Flüssigkeit mißt und für die Stevin wichtige Vorarbeit geleistet hatte, ein Thermoskop, ein Vorläufer des Thermometers, und ein Proportionszirkel, die Vorform des Storchenschnabels und des Rechenschiebers, gehören, sollte das Fernrohr für die Wissenschaft und für ihn selbst eine schlechthin überragende Bedeutung gewinnen.

Gewiß, auch hier war er nicht der erste. Schon Roger Bacon hatte davon gesprochen, durch eine Anordnung von Gläsern die Welt »aus unglaublicher Entfernung« heranzuholen, so daß »Sonne, Mond und Sterne zu uns herabsteigen« – ob es ihm vielleicht in einfacher Vergrößerung gelungen war, wir wissen es nicht. Leonardo da Vinci hatte sich selbst zugerufen »Verfertige Augengläser, um den Mond groß zu sehen«. Giovanno della Porta hatte zwanzig Jahre vor Galilei das Prinzip des Fernrohrs ausgeklügelt, im September 1608 war ein Teleskop auf der Frankfurter Messe angeboten worden, im Oktober desselben Jahres hatte der holländische Brillenschleifer Hans Lippershey ein Patent auf sein Fernrohr angemeldet, »das entfernte Gegenstände ganz nahe« erscheinen ließ. Im April 1609 gab es sie in Paris zu kaufen, im Sommer beobachtete in England Thomas Harriot den Mond und verfertigte erste Mondkarten.

Galileo Galilei aber war es, der mit seiner nach dem Hörensagen selbständigen Nacherfindung den Plan, »Augengläser zu erfinden, um den Mond größer zu machen«, nicht nur mit voller Energie in einer Nacht Tat werden ließ, sondern das ständig verbesserte, vielfach an Vergrößerung und Reichweite gesteigerte »Teleskop« – wie man sein Fernrohr zum erstenmal bezeichnete – in Erwartung von bisher unsichtbarem Sichtbarem in den Himmel richtete und neue unahnbare Dimensionen erschloß, die noch kein Irdischer außer ihm erblickt hatte. Ja, die zu erblicken die Traditionalisten und zeitgenössischen »Verteidiger des Himmels des Aristoteles« sich »mit der Hartnäckigkeit einer Natter« weigerten!

Platon hatte die Unerkennbarkeit durch die Sinne behauptet – die Sinne aber hatten mit Hilfe menschlicher Kunst – techne – alles bisher Sichtbare überboten. Aristoteles hatte die Endlichkeit des Kosmos beschworen – jetzt reichte der Blick in die unbegrenzte Tiefe der Welt und nahm bisher scheinbar nichtexistierende Räume in seine Erfahrung auf. Nach der Bibel hatte Gott die Welt einzig für und um des Menschen willen geschaffen – hier war der sichtbare, erfahrbare Beweis, daß die Erde ein Stern im Weltall war, daß der Mond das gleiche wohlbekannte Antlitz darbot wie der eigene Planet und daß er ihn umwanderte wie die fernen Monde den Jupiter und wie die Erde und der Jupiter die Sonne!

Sie alle – die Kirche, der Platonismus und der Aristotelismus – sie hatten die Erde und, was auf ihr lebte, als niederes Jammertal, als dunkles, der Verwesung unterworfenes Schattenreich, als finstere und chaotische Materie einer himmlischen, alleinbeständigen, allein erstrebenswerten, idealen Ober- oder Überwelt gegenübergestellt – Galilei läßt seinen Sapedo im »Dialog über die Weltsysteme« sagen:

»Ich für meinen Teil halte die Erde für so hochadelig und bewunderungswürdig geradezu wegen ihrer vielfältigen Veränderungen, Bewegungen, Zeugungen usw., die auf ihr ununterbrochen geschehen.«

Galilei befreit die Erde von dem Makel, in ihr den »Kot und Bodensatz des Weltalls« zu sehen und erhebt sie in den Himmel zum gleichbewegten, gleichartigen »Stern unter Sternen« – wie der deutsche Kardinal Nikolaus von Kues, wie in seiner Nachfolge die Italiener Leonardo da Vinci und Giordano Bruno, der für seine Überzeugung in den Flammen der Inquisition starb, und wie der deutsche Chorherr im Frauenburger Domkapitel, Administrator in Ermland und Festungskommandant von Allenstein, Nikolaus Coppernicus.

Diesen, »seit ein günstiger Wind für die Verbreitung seiner Lehre« herrsche und »da kaum noch Ängste nötig seien«, zu verteidigen, »das erhabene kopernikanische System« der sich mit den Planeten um die unbewegte Sonne und um sich selbst bewegenden Erde zu beweisen, ist Galileis leidenschaftliches Bemühen. Und dies findet durchaus Anerkennung.

Die neue Theorie mag zwar nicht als bereits bewiesene Wahrheit akzeptiert, wohl aber als Arbeitshypothese diskutiert werden. Doch der günstige Wind weht nicht weit. Galileis Schiff erleidet bald eine Havarie. Auch dieser tragische Abschnitt seines Lebens ist von Legenden entstellt worden. Weniger ein Weltanschauungsabgrund zwischen dem ihm bewundernd zugetanen Papst Urban VIII. sowie den wohlmeinenden Kardinälen und Jesuiten, die seine Lehre sogar in China verbreiten, einerseits und dem hochberühmten und vielfach ausgezeichneten Mathematikprofessor andererseits, als vielmehr sein unglückliches, streitsüchtiges Temperament, angeheizt durch höchst unerfreuliche und zum Teil unredlich betriebene akademische Polemiken mit den eingefleischten Aristotelikern, führten zu wiederholten Anzeigen beim Heiligen Offizium und schließlich zum Inquisitionsprozeß. Nach dem Wort des Papstes, zu »dem größten Skandal der Christenheit«.

Galilei widerruft. Am 30. April 1633 erklärt er sich bereit, »die

besagte Lehre von der Bewegung der Erde und der Bewegungslosigkeit der Sonne, die falsch ist und verurteilt wurde... wirksam zu widerlegen, als es mir mit Gottes Segen möglich ist«.[24]
Nach dem Urteil vom 16. Juni 1633 wiederholt der innerlich und äußerlich Gebrochene: »Wie ich noch immer behaupte, die Ansicht des Ptolemäus sei völlig wahr und unbestreitbar, das heißt, die Unbeweglichkeit der Erde.«

Wenn Galilei auch gegenüber dem mit aristotelischen Eierschalen behafteten Kopernikanismus blind auf der Überzeugung von der Kreisbahn der Planeten beharrt und die Keplersche Entdeckung der Ellipsenbahnen in seinem Hochmut gegenüber den Fortschritten seiner Zeitgenossen einfach nicht zur Kenntnis nimmt, so bleibt doch Aristoteles für ihn das rote Tuch. Und das Fernrohr wird ihm dabei zur Waffe. Der Anblick des Mondes mit seinen erdähnlichen Bergen und Schrunden bringt der aristotelischen Vorstellung von der idealen, blanken Kugel und von der einsamen Einzigartigkeit der Erde eine Niederlage bei und demonstriert die Einheit und Homogenität aller Weltkörper. Der Wesensunterschied zwischen zwei getrennten Welten existiert nicht. Die Beobachtung, der jetzt auch das Außerirdische zugänglich ist, bestätigt den Zusammenhang zwischen Sternen- und Erdenwelt.

Nicht anders ergeht es dem aristotelischen Dualismus, der künstlich die Vollkommenheit der Form von der Unvollkommenheit der Materie trennt, die sich, platonisch gesehen, überhaupt einer genauen Erfassung entzieht. Weshalb – wie Galilei klagt – »die Leute glauben, es sei keine Wahrheit in der Natur zu finden«. Wie schon für Nikolaus Cusanus die Realität des gesamten Universums keine Idealität, sondern nur Ungenauigkeit kennt, so wird für die Physik auch die Ungenauigkeit des Realen berechenbar, indem sie seine Faktoren der Prüfung auf ihre Gesetzlichkeiten unterwirft.

Auch senken sich Kräfte nicht von oben in die Materie herab. Gesetzgebende Formen drücken sich nicht von außen in sie ein. In ihr selbst beobachtet der Physiker ihre raumzeitlich-quantitativen Strukturgesetze, die erkennbar, meßbar, quantifizierbar sind.

Nicht anders ergeht es dem aristotelischen Dualismus von vollkommener Ruhe und unvollkommener Bewegung, die den Griechen nicht nur als radikal wertverschieden, sondern auch als wesensverschieden galten. Die Bewegung war nur die unfreiwillige, äußerer Anstöße oder Zwecke bedürftige Lageveränderung zur Erreichung des idealen Zustandes der Ruhe. Auch dieser Dualismus war nicht nur ein Hemmklotz für die europäische Astronomie. Er bildete das stärkste Hindernis für die Physik und für die Entstehung einer Wissenschaft der Dynamik. Er verhinderte die Erkenntnis der Relativität der Bewegung, die sich zuerst und lange Zeit bei dem Aristoteles-Überwinder Cusanus findet. Er verhinderte vor allem die Erkenntnis der »Trägheit«, der gleichwertigen Zuständlichkeit von Ruhe und Bewegung, in der ein Körper jeweils verharrt, solange nicht äußere Kräfte auf ihn einwirken. Ohne diesen Bruch mit Aristoteles durch das Trägheitsprinzip, an das schon die Buridan-Schule nahe herankommt, das Galilei entdeckt und Newton als Naturgesetz formuliert, sind keine Bewegungsgesetze, kein Gravitationsgesetz des großen Engländers möglich geworden.

Doch der Bruch mit Aristoteles bedeutet nicht etwa ein Übergehen mit flatternden Fahnen an eine »Erfahrung«, die nur ein naives Abspiegeln des Gegebenen ist. Bei Galilei greift Erfahrung auswählend, abstrahierend in die Natur ein, sondert eine Gruppe von Erscheinungen aus, stellt bestimmte Bedingungen her, die das Objekt genau beobachtbar machen und die der theoretischen Interpretation aufgrund einschlägiger Theorien bedürfen. Sie ist experimentelle Erfahrung. Sie verbindet Anschauung und Verstand und dringt in die, wenn auch dem Auge verborgenen, aber der Wissenschaft grundsätzlich zugänglichen Gesetzmäßigkeiten der Natur ein.

Dies bedeutet für Galilei, auf »jeden Akt der Spekulation« zu verzichten, eine Maxime, die auch Newton mit allem Ernst befolgen wird. Entweder wollen wir, erklärt Galilei, spekulativ versuchen, das Wesen der Substanzen zu erfassen, das ist für die Wissenschaft unmöglich und leere Mühe. Docta ignorantia! Das Wissen darum, daß wir von Letztem nichts wissen können! Oder aber wir bescheiden uns im Bewußtsein, daß das Universum unsere Fassungskraft noch unendlich überschreitet, mit der Erfassung der Einzelerscheinungen der Natur. In ihrer Erkenntnis werden wir nach und nach immer weiter vordringen in ein weit »offenes Gelände«. Das Buch der Natur liest sich nicht wie ein ein für allemal fertiges System, wie die Scholastiker ihren Aristoteles. Gerade das macht die Größe der Natur aus, daß das Lesen und Forschen in ihr nie aufhört, weil sie einen unaufhörlich bewegten, in unaufhörlichem Zeugen und Vergehen sich wandelnden Geschehenszusammenhang bildet.

Niemals ist, das hat ihm das Fernrohr bewiesen, die Aufhellung des von uns Verborgenen, noch Unsichtbaren abgeschlossen.

»Nachdem es in unserem Zeitalter Gott gefallen hat, dem menschlichen Geist eine so wunderbare Erfindung zuzugestehen, welches die Schärfe unseres Blickes... zu vervielfältigen vermag, sind unendlich viele Gegenstände... mit Hilfe des Fernrohrs deutlich sichtbar geworden.«[25]

Das Fernrohr ist der Garant, daß die Naturwissenschaft in ein endloses Undsoweiter fortschreiten wird.

Doch für Galilei ist die Natur nicht allein erfahrbar, erkennbar, berechenbar, sie ist auch verwendbar, verfügbar, nutzbar. In seinem Traktat »Über Mechanik« formuliert Galilei das Prinzip der Maschine, die durch mechanische Verrichtungen – zum Beispiel durch Hebelwirkung – »an Leichtigkeit gewinnt, was am Weg, an der Zeit oder an Langsamkeit verloren wird«.[26] Ein Prinzip, das für alle mechanischen Werkzeuge gelte, die »ersonnen worden sind oder ersonnen werden«. An dieser Stelle wehrt er sich lebhaft gegen eine pseudo-aristotelische Schrift, die derartige Erleichterung durch die Mechanik, die riesige Lasten durch eine geringe Kraft bewegen will, als Überlistung der Natur und als Betrug zum Zwecke der Befriedigung menschlicher Anmaßung diffamierte, wie sie auch dem Christentum erschien.

Galilei gibt der Technik einen neuen Sinn! Sie kann »weder die Natur überwinden noch betrügen«. Die Natur zu beherrschen und sich dienstbar zu machen, verlangt nicht etwa, sie zu überlisten, sondern – so auch Francis Bacon – allein und vor allem, »ihr zu gehorchen«. Die Technik bedeutet nicht Vergewaltigung der Natur – im Gegenteil fordert sie Einsicht und Unterwerfung unter das Naturgesetz.

ISAAC NEWTON

Wir haben mit Galilei einen Höhepunkt einer achthundertjährigen Entwicklung erreicht. Unzählige haben an dem Entspringen und dem Wachsen der europäischen Naturwissenschaft mitgewirkt, die in ihrem unaufhörlichen Fluß von jetzt an unter einem allseitigen, immer mächtigeren Aufwand der Kräfte in einem beispiellos ausladenden Flußbett weiterströmt.

Ihre Entwicklung wurde möglich – wir erlebten es mit – erst durch die Absage an den dualistischen Kosmos- und Materiebegriff des Platon und Aristoteles und an das Weltbild der christlichen Offenbarungsreligion. Aber nicht durch ihren materialistischen Ersatz! Vielmehr geriet europäische Naturwissenschaft überall dort in die Gefahr eines Abgleitens in rein positivistisch-materialistische Abseitigkeiten, wo als Folge des christlichen Dualismus eine Verneinung des Jenseitsglaubens ein oberflächenhaftes Diesseitsdenken ins Kraut schießen ließ und platt atheistisch-materialistische Wege beschritten wurden; wie beispielsweise schon bald, bestärkt durch Descartes' Mechanismus in der Metaphysik des Materialismus durch den englischen Rationalisten Hobbes, für den es nichts als Körper und Bewegungen gab, oder in der Maschinentheorie des Franzosen Lamettrie. Descartes hatte zumal einen neuen, scharfen Dualismus ins Spiel gebracht, der einem Teil des Lebenden Maschinencharakter zusprach und sein Verhalten vollständig durch materielle Ursachen bestimmt ansah.

Es ist ein Irrtum – mit den Worten des jungen Kant »ein fast allgemeines Vorurteil« –, zu glauben, die Naturwissenschaft habe zur Voraussetzung oder zwangsläufigen Folge die Verabsolutierung der Materie, die Maschinisierung des Lebens und des Menschen und eine unausweichliche Verabschiedung Gottes aus der Welt! Im Gegenteil war ihr Wachstum erst möglich auf dem Boden einer neuen religiösen Sinngebung der Weltwirklichkeit und einer numinosen Sinnhaltigkeit der Materie, die den Makel, mit dem sie noch bei Thomas von Aquin behaftet war, ihr abnimmt und sie erhöht zur sichtbaren, begreifbaren, erkennbaren Entfaltung Gottes als des einheitlichen Grundes alles Kleinsten und Größten, alles Belebten und Unbelebten und aller *in* der Natur wirkenden Kräfte und inneren Gesetzmäßigkeiten. Diese innere Einheit des gesamten Universums ist eine Urannahme aller naturwissenschaftlichen Erkenntnis im europäischen Sinne.

Sie nach immer neuen Ansätzen vollends zu erweisen, dem englischen Nationalheros Isaac Newton (1643–1727) ist es gelungen. Er faßt den Gedanken einer durchgehenden mathematischen Gesetzmäßigkeit, die Himmel und Erde gleicherweise durchherrscht.

Alle, die auf gleichen Wegen unterwegs waren, wie auch der englische Dichter und enthusiastische Sänger der göttlich durchwalteten Einheit der Natur, als den Kant ihn liebte und zitierte, Alexander Pope, sahen in Newtons Tat ihr dunkles Fühlen aufs beglückendste bestätigt:

»Natur und ihr Gesetz verbargen sich in Nacht,
Gott sprach: Es werde Newton – da ward das Licht entfacht.«

Es ist dieselbe Kraft, die den fallenden Apfel zur Erde zieht und die Gestirne in ihrer Bahn hält. Wir haben dies schon einmal von Ibn Badscha vernommen. Hier aber rückt es ins helle Licht der Wissenschaft. Apfel wie Sterne gehorchen denselben natürlichen Schweregesetzen, nicht aber transzendenten, überweltlichen Gesetzgebern oder überirdisch-himmlischen Bewegern.

Dieser nüchterne Naturforscher, der als korrekter, gläubiger Christ erscheint und gelegentlich in christlichen Kategorien denkt, besitzt gleichwohl starke Antennen für Impulse aus spezifisch nichtchristlicher, europäischer Religiosität, die unmittelbare, handgreifliche Spuren in seine Wissenschaft gezeichnet haben. Sie kommen einmal von seiten des Nikolaus Cusanus und Giordano Bruno über seinen Lehrer Henry More (1641–1687), der mit ihnen den europäischen Glauben an die Allgegenwart der göttlichen Einheit in der unendlichen Vielheit der Welt teilt.

Auch für Morus wohnt »Gottes ganze Kraft allen einzelnen Punkten seiner Gegenwart inne«, und »die unendlichen Strahlen seines Wesens und seiner Kraft laufen überall gleichsam in einem Zentrum zusammen, als wenn er seine ganze Gegenwart dort zusammengezogen hätte«.[27] Gott ist das Innerste aller Teile des Weltalls und ihnen allen gleich nahe – und ist doch zugleich ein die sichtbare, ausgebreitete Wirklichkeit umgreifender, unendlicher »Raum«, ein von innen her alles durchdringendes und alles umgebendes Kraftfeld, das in alle Bewegung, in alles Geschehen reicht. Diese unendliche Energiesphäre, die zum Wesen des immerfort alltätigen Göttlichen gehört – von Henry More »die vierte Dimension« genannt –, bildet in Verbindung mit des Cusaners und Brunos durchgehender Einheitlichkeit und Homogenität des Weltalls und seiner Gleichgesetzlichkeit an allen Orten das religiöse Fundament für seinen Schüler Newton.

Ohne diese Überzeugung wäre Newtons großartige, für alle europäische Wissenschaft grundlegende Konzeption des Weltgebäudes von der unverbrüchlichen Allgemeingültigkeit des das ganze All gleichzeitig und überall regierenden Gesetzes der Schwerkraft nicht möglich geworden. Auch für Newton ist der »absolute Raum«, innerhalb dessen alles Gottes Ausdruck und Wirkung ist, alles Geschehen in strenger Gesetzmäßigkeit und in einem Gleichgewicht aller gegenstrebigen Kräfte abläuft, ein Wesenszugehöriges des Göttlichen, »das Sensorium Gottes«. Der Raum, den die Griechen, vor allem Platon, gerade als das von Gott Entfernte, nur Materiell-Mechanische verstanden hatten.

Noch ein anderer Geistesstrom aus ursprunghaft gleicher Quelle mündet bei Newton. Er fließt aus der gewaltigen kosmischen Schau Jakob Böhmes (1575–1624), eines deutschen Zeitgenossen Galileis und Keplers, um dessen Werke sich in der Mitte des 17. Jahrhunderts in England eine große, begeisterte Gemeinde, angeführt vom englischen König selbst, die »Behmenists«, gebildet hatte. Für Böhme, der hierin stark auf Goethe, Schelling und Hegel eingewirkt hat, ist der Keim aller Bewegung die Selbstgebärung Gottes durch das innergöttliche Mysterium zweier Gegenstrebungen, der »Anziehung und Abstoßung«, die eine aus der anderen entstehen als Gebärung der Gegensätze aus der Einheit. Sie sind der »Anfang alles Bewegens, Regens und Lebens« und der »Grund aller Contrarietät«.[28]

»Attraction and repulsion« – so heißen die Zentralkräfte aller Teile der Materie, auf die Newton die Gesetze der Bewegung und damit die alldurchwaltende Gesetzlichkeit des gesamten Weltgeschehens gründet. Und Newton hat seinen Böhme eifrig gelesen, schon während seines Studiums seit 1661 in Cambridge, in einer Atmosphäre, die mit Böhmeschem Geist förmlich übersättigt ist und ihn auf den »Teutonic philosopher« geradezu hinstoßen muß. Von seinen englischen Zeitgenossen ist behauptet worden, in Newtons Nachlaß seien »lange Auszüge aus Böhmes Werken von seiner eigenen Hand gefunden« worden, aus denen hervorgehe, daß er durch den Teutonic auf seine Bewegungsprinzipien der Anziehung und Abstoßung geführt worden sei. Er habe einen starken Hang für Mystik besessen und seinerseits mystische Schriften verfaßt, »die er zu seiner Zeit nicht veröffentlichen mochte, weil sie zeigten, daß seine Gedanken sich manchmal von den allgemeinen unterschieden«.[29]

Eine Woche vor seinem Tode – so ein anderer Bericht eines Zeitgenossen – habe er einige eigenhändig geschriebene Manuskripte ins Feuer geworfen. William Law erklärt diese ganz Europa lähmende Furcht und Zurückhaltung: Newton habe sich gescheut, sich öffentlich auf Böhme zu berufen, »weil er sehr wohl gewußt habe, daß Vorurteile und Parteiischkeit solche Macht über das Urteil mancher Leute haben, daß Lehren, selbst wenn sie tiefer begründet sind und durch alle Naturerscheinungen bewiesen werden, von manchen als gefährlich verdächtigt, von anderen verdammt werden, sogar als falsch und gottlos«, sobald er sich als Wissenschaftler auf Leute berufe, die als »Schwärmer« galten.[30]

Das Bewußtsein des Cusaners, mitten in der Strömung eines nie endenden Erkenntnisflusses zu stehen, im Erforschen der Natur immer weiter fortzuschreiten, um sich ihr immer noch besser anzunähern, das auch Galilei zur Selbstbescheidung nötigte, erfüllt ebenso Newton. Der Mann, mit dem die exakte Naturwissenschaft die höchste Stufe erreicht, bekennt am Ende seiner »Mathematischen Prinzipien der Naturlehre«:

»Sein und Wissen sind ein uferloses Meer: Je weiter wir vordringen, um so unermeßlicher dehnt sich aus, was noch vor uns liegt: Jeder Triumph des Wissens schließt hundert Bekenntnisse des Nichtwissens in sich.«[31]

In Newtons Persönlichkeit und Werk freilich bleibt ein dualistisches Relikt, das einen Fremdkörper in seinem Einheitsdenken darstellt. Ihm gelingt es noch nicht, sich von der Vorstellung eines transzendenten Gottes und seiner unvollkommenen Materie gänzlich freizumachen, die für ihn trotz der einen großen, durchgängigen Gesetzmäßigkeit gelegentliche Eingriffe Gottes nötig hat, um einzelne Störungen im Lauf der Planeten zu entwirren.

Erst der junge Kant (1724–1804) denkt im Sinne des Cusaners und Brunos jenen Gedanken einer einheitlichen inneren Weltgesetzlichkeit zu Ende, die als Gottesausdruck in sich »eine Bestrebung« hat,

»sich durch natürliche Entwicklung zu einer vollkommenen Verfassung zu bilden... und es ist ein Gott eben deswegen, weil die Natur auch selbst im Chaos nicht anders als regelmäßig und ordentlich verfahren kann.«[32]

Auch Kant läßt sich »nach Newtons Grundsätzen« aus dem Gegeneinander von Anziehung und Abstoßung wie einst Böhme alle Bewegung hervorgehen als unendliche Wirkung des Göttlichen. Dieses ist ihm nicht ein Gott, der eine unordentliche und widerstrebende Materie »in den Plan seiner Absichten zwingt«, nicht ein der elenden, dumpfen Natur, die Ordnung aufpressender Wille:

»Wie kann man die Art zu urteilen rechtfertigen, daß man die Natur als ein widerwärtiges Subjekt ansiehet, welches nur durch eine Art von Zwange, die ihrem freien Betragen Schranken setzt, in dem Geleise der Ordnung gehalten werden kann?

...und was wird man sich für einen Begriff von der Gottheit machen, welcher die allgemeinen Naturgesetze nur durch eine Art von Zwange gehorchen und an und für sich dessen weisesten Entwürfen widerstreiten.«[33]

Erschütternd zu sehen, wie die Last des dualistischen Erbes Platons, des Aristoteles und des christlichen Weltbildes selbst bis in die Zeit des großen Aufklärers und Zerschmetterers Kant, der sich noch Ende des 18. Jahrhunderts wehren muß gegen die Naturabwertung jener Dualisten-Dreieinigkeit, und wie sie alle, die für ihre andersartige, eigene Überzeugung standen und verfolgt wurden, bis hin zu Galilei und Newton fürchten muß, sich »auf eine gefährliche Reise gewagt« zu haben und der »Gottesleugnung« angeklagt zu werden. Wie es denn auch geschieht – nur weil Kant Gott und Welt unmöglich in einem Gegensatz denken kann und weil ihm die schöpferische Kraft der Natur und ihre erhabene Unermeßlichkeit, Gesetzmäßigkeit und Unerschöpflichkeit, in der Gott sich unmittelbar verwirklicht, *das* Wunder ist.

DIE ATOMPHYSIK

Mit Beginn dieses Jahrhunderts vollzog sich ein tiefgreifender Wandel in der Struktur der Naturwissenschaft, der sich als weitere Erfüllung ihrer spezifisch europäischen Denkbedingungen erwies. Auch er kam keineswegs unvorbereitet. Unzählige Forscher bereits seit Newtons Zeitgenossen Huyghens hatten dazu Vorarbeit geleistet. Vernehmbar kündigte er sich mit der Faraday-Maxwellschen Theorie des Elektromagnetismus an. Und nachdem die neue Problematik, die um 1900 Max Plancks grundstürzende Theorie der Existenz von Energiequanten aufgerissen hatte, verging ein Vierteljahrhundert einer wohl selten so intensiven, ständig heißlaufenden Forscherarbeit, bis die Atomphysiker zum vollen Verständnis der neuen Gesetze vorstießen, die die Wirklichkeitsvorstellung im Bereich des Kleinsten, des Atoms, so gründlich veränderten.

Hier in der Tat entwickelte sich aufs Überraschendste die *Übereinstimmung* der Strukturen des europäischen *religiösen* Weltbildes mit denen des modernen *physikalischen* Weltbildes, die sich erst jetzt völlig decken! Wir erleben heute das überwältigende Schauspiel, das eine Naturwissenschaft nahezu in allen ihren Zweigen im selben Augenblick, in dem sie die letzten Fesseln des dualistischen Denkens abwirft, mit ihren Erkenntnissen Zug um Zug die Weltsicht der europäischen Religion erhärtet.

Das zeigt sich am spektakulärsten beim Eindringen der Physik in den kleinsten, den atomaren Bereich der Materie, das einen Wandel der Denkstruktur erzwingt:[34] Die dualistischen Spaltungen von Form und Materie durch Aristoteles, von Geist und Materie durch Descartes und von Kraft und Stoff durch das 19. Jahrhundert verschwinden jetzt und werden ersetzt durch die »Komplementarität«, wie Niels Bohr sie genannt hat, das heißt, durch die »Ergänzung«, ja besser: durch die coincidentia oppositorum, den »Zusammenfall« von Masse und Schwingung, Korpuskel und Energie, Elementarteilchen und Kraftfeld in einer Einheit. Sie sind nur zwei verschiedene Erscheinungsformen ein und derselben Realität – entsprechend der Art der Beobachtung.

Das bedeutet: Die Atomphysik bezieht den Menschen grundsätzlich in sämtliche Begriffsbildung und in ihre neuen Fragestellungen mit ein, denn der Beobachter ist selbst in Wechselwirkung mit dem Geschehen im Atom. Für ihn können die kleinsten Elementarteilchen der Materie sowohl als Körperchen wie als Welle auftreten – ob sie sich als Korpuskel oder als Schwingung benehmen, hängt von der Art der Beobachtung ab. Damit erneuert sich, was Giordano Bruno in seiner Einheitsschau im Anschluß an den Cusaner vorausgenommen hat, als er die Materie für »teils körperlich, teils unkörperlich« erklärte, so daß sie »auf zwei Weisen betrachtet« sowohl »Substrat« als auch »aktives Vermögen« sei.[35]

Damit vollzieht sich die Überwindung des Dualismus an der Stelle, wo er vom dualistischen Griechentum so verhängnisvoll ins Spiel gebracht worden war: in der Erkenntnis der Doppelnatur der Materie, die in sich zwei Wirkweisen *vereinigt*. Dazu gesellt sich das damit unvereinbar Scheinende, daß, wie de Broglie nachgewiesen hat, auch Licht sich sowohl als Strahlung wie als Masse verhalten kann: sowohl als Welle wie als Körperchen.

Und zusammen mit der dualistischen Spaltung wirft die moderne Naturwissenschaft die ebenfalls seit Aristoteles herrschende Auffassung von der Materie, der immer wieder das europäische Denken widersprochen hat, über Bord: Materie ist nichts Statisches, das unveränderlich existierte, sondern etwas, was relativ ist, bedingt durch Geschwindigkeit. Noch ist sie gar etwas Chaotisches, äußerer Form bedürftig, geschweige eine massive Substanz, durch definierbare Grenzen begrenzt, vom sie umgebenden Raum getrennt und qualitativ unterschieden. Vielmehr ist sie subtilstes, gesetzmäßiges Geschehen.

Seit Einstein (1879–1955) bestätigt sich in allen physikalischen Phänomen die Einheit und Identität von Masse und Energie, die sich aus sich selbst bewegt und sich immer wandelnd erhält, wie das gesamte Universum ein immerwährender Prozeß der Umformung, des Werdens und Vergehens ist. Sie ist ja nicht etwas, auf das ein Beweger von fernher einwirkt. Ja, der Galileische und Newtonsche Begriff der »Kraft«, die ein Körper auf den anderen ausübe, wird jetzt ersetzt durch den richtigeren des »Kraftfeldes« – nein, sie besteht in der Erzeugung des Feldes, innerhalb dessen Materie Zusammenballung, Schwellung, äußerste Verdichtung des Kraftfeldes ist und selbst Feldcharakter besitzt. Das bedeutet, daß Materie und Feld, da sie verschieden dichte Konzentration von Energie darstellen, qualitativ gleich sind.

Hier taucht der Gedanke der Wesensgleichheit der Naturdinge auf mit ihrer ihnen innewohnenden göttlichen Dimension – was eine Strukturübereinstimmung von europäischer Naturwissenschaft und Religion anzeigt – keineswegs aber mit einer Identifikation des Göttlichen mit physikalischer Energie zu verwechseln ist! Den Begriff der »Dimension«, im Französischen bei Teilhard de Chardin als »milieu divin« gefaßt, hat Henry More, der Lehrer Newtons, auch als allesdurchdringenden »Raum« verstanden oder geradezu von der »vierten Dimension« gesprochen.

Im Unterschied zum »substantiellen« Denken, das in Religionen den personalen Gott denkt, in der Physik feste, körperhafte Atome »wie Sandkörner« annimmt, sprechen wir daher hier von »dimensionellem Denken« oder Felddenken, das – wie wir es zur Zeit erleben – sich sowohl im religiösen Bereich in neuen Bewegungen und sogar innerhalb der Konfessionen wie auch in allen modernen Natur- und Geisteswissenschaften durchzusetzt.[36] Der physikalische Begriff des Feldes, in dem Schwerkraft, Gravitation und Elektromagnetismus untrennbar, weil nur »Formen oder Zustände tieferer Wirklichkeit«, sind, hat Einstein zu seiner »Einheitlichen Feldtheorie« geführt, und zwar zu der Annahme eines »universellen Feldes«, das »das ganze Universum als ein elementares Feld enthüllt, in dem jeder Stern, jedes Atom, jeder wandernde Komet, die langsam kreisende Milchstraße und jedes sich bewegende Elektron nur als Welle oder Schwellung des ihnen zugrunde liegenden Raum-Zeit-Kontinuums erscheint«.[37]

Und wie sich zeigt, bewährt sich dieser Feldbegriff in ungeahnter Weise. Mit seiner Hilfe werden Lösungen möglich, die für die bisherige mechanistische Physik unmöglich waren. Ja, man kann »zu ganz falschen Ergebnissen« gelangen, wie Heisenberg (1901–1976) sagt, »wenn man mit Atomen und Molekülen umgeht wie mit Steinen oder Sandkörnern«.[38] Hier wurde die ganz bewußte Ablösung der der Wirklichkeit unangemessenen Denkmethode des Dualismus durch die neue, doch bereits vom Cusaner begrifflich begründete, überraschend fruchtbare und welteröffnende dimensionelle Komplementaritätssicht vollzogen. Heisenberg schreibt:

»Die Zweiteilung im Aristotelischen Sinne wäre mit Recht... ein Attribut des Teufels, sie führt durch fortgesetzte Wiederholungen nur ins Chaos. Aber die dritte Möglichkeit, die mit der quantentheoretischen Komplementarität aufgetaucht ist, kann fruchtbar werden und führt bei der Wiederholung in den Raum der wirklichen Welt.«[39]

Und noch ein anderes Prinzip tritt hier auf, das für europäisches Denken bezeichnend ist, dessen Struktur in dem Gedanken des Cusaners und Brunos von der in allem, in jedem Wesen sich entfaltenden, in allem »enthaltenen« Gottheit – oder im mathematischen Symbol ausgedrückt –, der unendlich vielen, überall befindlichen »Mittelpunkte« liegt. Sie beide hatten ihn, ins konkrete Universum übersetzt, weitergedacht als Relativität des Raumes, der Zeit, des Gewichts, die bezogen sind und sich richten nach dem jeweiligen Mittelpunkt, d. h. nach dem jeweiligen Bezugssystem. Nicht zufällig trifft diese Ablösung des absoluten Raums und der absoluten Zeit durch die Einführung der »subjektiven« Bezugspunkte zeitlich zusammen mit dem Verschwinden des in der Malerei vom 4.–15. Jahrhundert verwendeten reinen, beziehungslosen Goldgrunds durch die Einbeziehung des Menschen mittels der Raumperspektive, die jetzt plötzlich der flächenhaften Zweidimensionalität eine neue Dimension hinzufügt, eine auf den Beschauer bezogene Dreidimensionalität und Raumtiefe erschließt.

Nach Albert Einsteins über das Newtonsche Relativitätsprinzip weit hinausgehender »Allgemeiner Relativitätstheorie« definiert die im Raum verteilte Materie in jedem Zeitpunkt und an jeder Raumstelle ein bestimmtes Bezugssystem, das allen anderen gegenüber gleichwertig ist und in bezug auf die alle Naturgesetze gleich gültig sind. Womit er den zuerst von Nikolaus Cusanus ausgesprochenen Gedanken erneuert, der im mathematischen Symbol von Gott gesprochen hatte als dem in jedem Wesen befindlichen Mittelpunkt seiner es umgebenden unendlichen Sphäre. Ebenso haben jeder Standort und jedes Bezugssystem ihr eigenes Recht und sind jedem anderen gleichwertig, wenn auch für einander nur Perspektiven der umfassenden Wirklichkeit.

Hiermit kehrt in der Naturwissenschaft des 20. Jahrhunderts der auch spezifisch europäische Gedanke der Toleranz wieder: der Gleichberechtigung aller perspektivischen Sichten auf das alles übergreifende, in seinem An-sich-Sein jedoch unerkennbare Göttliche. Und in der Tat gibt auch die moderne Physik – im Gegensatz zur Anmaßung des bedingungslosen Fortschrittsglaubens der materialistisch-positivistischen Epoche – zu: Ihr sich selbstbescheidendes Ziel bei allem fortschreitenden Erkennen in immer neuer Annäherung an die Wirklichkeit kann niemals restlose Erklärung der objektiven Natur sein, ihr Gegenstand ist die Natur *in bezug zum beobachtenden Subjekt*: nicht »das Licht an sich«, sondern »das Licht in Beziehung« zum beobachtenden Menschen.

Dabei ist für Max Planck entscheidend »die Grundlage und die Vorbedingung jeder echten fruchtbaren Wissenschaft, die durch Logik niemals zu widerlegende metaphysische Hypothese der Existenz einer selbständigen, von uns völlig unabhängigen Außenwelt« und die tiefe Überzeugung, daß ein Absolutes existiert, auch wenn es »schlechthin uns niemals faßbar wird«.[40] Für ihn, der, »um keinen Zweifel aufkommen zu lassen und allen Legendenbildungen aus dem Schoße seiner Familie vorzubeugen, kurz vor seinem Tode (1947) ausdrücklich schriftlich erklärt, daß er seit jeher ›tief religiös veranlagt‹ sei, aber ›nicht an einen persönlichen Gott, geschweige denn an einen christlichen Gott‹ glaube«,[41] für ihn ist im Sinne der europäischen Religion »die Gottheit wesensgleich mit der naturgesetzlichen Macht«. Die metaphysische Wirklichkeit des Göttlichen kann der Naturwissenschaftler nicht beweisen, aber er muß sie gerade als Naturwissenschaftler immer voraussetzen.

In jenem Geiste des Eriugena, Meister Eckhart und Nikolaus Cusanus ist auch für den großen Physiker Werner Heisenberg »Gott in der Welt und im Ich anwesend«.[42] Er erweist sich als »zentrale Ordnung aller Dinge und alles Geschehens«, als der »hinter allen Erscheinungen spürbare große Zusammenhang«, aus dessen Geborgenheit der Mensch seine Kraft schöpft und an dessen Wirklichkeit er, Heisenberg, »nie habe zweifeln können«.[43]

Hier ist sie vollzogen – die Übereinstimmung von Wissen und Glauben.

ÜBEREINSTIMMUNG VON GLAUBEN UND WISSEN

Und dies hat sich erneut und immer wieder gezeigt: Glauben und Wissen »müssen« keineswegs, wie stets erklärt wird, im Widerspruch stehen, sofern sie nur aus derselben Bewußtseinsstruktur stammen. Max Planck, Nobelpreisträger von 1918, setzt sich gegen jene Unterstellung entschieden zur Wehr:

»Wohin und wie weit wir also blicken mögen, zwischen Religion und Naturwissenschaft finden wir nirgends einen Widerspruch, wohl aber gerade in den entscheidenden Punkten volle Übereinstimmung. Religion und Naturwissenschaft schließen sich nicht aus, wie manche heutzutage glauben und fürchten, sondern sie ergänzen und bedingen einander.«

Daß man der Naturwissenschaft die Tendenz zum Atheismus

vorwirft, fordert heftigen Widerspruch heraus. Der deutsche Botaniker Philipp von Martius (1794–1868) erklärt:

»Unsere Zeit ist gar zu gern bereit, anzunehmen, daß die Naturwissenschaftler den Materialismus bekennen... daß sie kein Gehör geben an die geistige Unterlage der Dinge. Und doch, wer könnte und müßte sie deutlicher vernehmen als der Naturforscher?«

Das ist nicht die Stimme eines einzelnen. Der englische Physiker und Astronom Arthur Stanley Eddington (1882–1946) verteidigt seine Kollegen:

»Die moderne Physik führt uns notwendig zu Gott hin, nicht von ihm fort. Keiner der Erfinder des Atheismus war Naturwissenschaftler. Alle waren sie sehr mittelmäßige Philosophen.«

Der französische Chemiker und Nobelpreisträger von 1912, Paul Sabatier (1854–1941), sieht die Schuld,

»Naturwissenschaft und Religion in Gegensatz zu stellen, bei den Leuten, die schlecht unterrichtet sind in der einen wie in der anderen Wissenschaft.«

Eine Religion und eine Naturwissenschaft gleichen Denkstils, wenn sie selbstverständlich auch verschiedene Wege einschlagen müssen und nicht etwa befugt, sich – wie ein anderer Verdacht es will – einander zu ersetzen, bestätigen sich vielmehr geradezu gegenseitig. Rufen wir uns nur drei von jenen zu Zeugen, die es angeht und die es wissen müssen. Der englische Mitbegründer der Atomphysik und Nobelpreisträger von 1908, Ernest Rutherford (1871–1937), schreibt:

»Auch der sachliche Wissenschaftler, der das Geheimnis des Seins in etwa ›entzaubert‹, muß kein Zweifler an Gott sein. Es ist eine irrige Auffassung in Laienkreisen, daß der Gelehrte, der mehr vom Sein weiß als andere, darum gottlos sein müßte. Ganz im Gegenteil: Unsere Arbeit bringt uns Gott näher. Sie erhöht nur unsere Ehrfurcht.«

Der amerikanische Physiker und Nobelpreisträger 1927, Arthur H. Compton (1892–1962), bestätigt:

»Weit entfernt davon, im Konflikt mit der Religion zu sein, ist die Wissenschaft zum Verbündeten der Religion geworden.

Durch bessere Einsicht in die Natur lernen wir auch den Gott der Natur besser kennen und die Rolle, die wir in dem Drama der kosmischen Welt spielen.«

Und was sagt Albert Einstein (1879–1955), der deutsche Physiker und Nobelpreisträger von 1921?

»Jedem tiefen Naturforscher muß eine Art religiösen Gefühls naheliegen, weil er sich nicht vorzustellen vermag, daß die ungemein feinen Zusammenhänge, die er erschaut, von ihm zum erstenmal gedacht werden. Im unbegreiflichen Weltall offenbart sich eine grenzenlos überlegene Vernunft.

Die gängige Vorstellung, ich sei ein Atheist, beruht auf einem großen Irrtum. Wer sie aus meinen wissenschaftlichen Theorien herausliest, hat diese kaum begriffen...«[44]

Falsch ist, was ein allgemeines Vorurteil behauptet: das religiöse Weltbild sei im Laufe der Entwicklung durch das naturwissenschaftliche Weltbild abgelöst, kurz gesagt: Glauben durch Wissen ersetzt worden. Der zurückgelegte Weg hat vielmehr ergeben: Unser naturwissenschaftliches Weltbild wurde – in schubweiser Befreiung vom Dualismus – durch ein anderes religiöses, »unitarisches« Verständnis von Gott und Natur erst vorbereitet und ermöglicht. Ist es nicht richtiger zu sagen: Das frühere religiöse Weltbild dualistischer Denkstruktur wurde durch ein anderes religiöses Weltbild abgelöst, durch eine andere, unitarische Gottesvorstellung und durch eine andere religiöse Sicht der Natur, der Materie, der Wirklichkeit? Denn sie gehen der Naturwissenschaft in der Tat voraus.

Und eben deshalb kann die europäische Religion gar nicht mit der heutigen Naturwissenschaft in Konflikt geraten, da sie selber an ihrer Wiege gestanden hat und ihr gegenwärtig näher steht als jemals zuvor. Wer ein wenig tiefer in die Menschen hineinzusehen Gelegenheit hat, wird feststellen, daß »die andere Religion Europas«[45] heute eine starke Basis in Europa und in Deutschland hat, ein ungleich breiteres Fundament als zur Zeit ihrer vereinzelten großen Bahnbrecher, die für ihre mutigen Pioniertaten mit ihrer Existenz, ihrer Freiheit oder ihrem Leben bezahlten. Oder mit ihrer inneren Freiheit wie Galilei und Newton.

Doch wenn auch ein Großteil der Europäer konfessionell gebunden ist – und mancher wie Teilhard de Chardin zum Gehorsam verpflichtet und zur Retusche seiner europäisch-unitarischen Sicht von Gott und Natur genötigt wurde, so ist freilich dies kein Wunder: daß das Naturverständnis der modernen Wissenschaft und des modernen Weltbildes dem heutigen Europäer ganz allgemein natürlich und problemlos erscheinen und selbstverständlich werden konnten, weil sie dennoch alle wesenhaft aus der ihnen eigenen europäischen Bewußtseinsstruktur leben, erleben, erfahren, denken, die nur Jahrhunderte durch andere überlagert war. Und weil nun einmal dieser Erlebensstil der für uns natürliche und selbstverständliche ist.

SCHULD UND NICHT-SCHULD DER NATURWISSENSCHAFT AN DER GEGENWARTSKRISE

Ist – wie man zu sagen pflegt – »die« Naturwissenschaft schuld an der totalen Krise? Oder ist sie etwa speziell von der modernen Naturwissenschaft verursacht worden? Gewiß nicht. Die Ursachen liegen tiefer. Die bereits im vorigen Jahrhundert beginnenden Vorbeben im Weltgefüge haben schon Hölderlin, Jean Paul und Nietzsche mit ihrem feineren Empfinden für Bewegungen im Untergrund registriert. Das Erdbeben, das wir gegenwärtig erleben, entstand ursprünglich durch die zunehmende Aufkündigung des »unglaubwürdig gewordenen christlichen Gottes«, wie Nietzsche diagnostizierte, und durch die Abschaffung des »unglaubwürdig« gewordenen Jenseits seitens des durch die Aufklärung gegangenen Menschen. Jetzt erfüllte sich der Fluch des Dualismus jeglicher Gestalt. Denn sobald ein Teil aus dem dualistischen Entweder-Oder abgebaut wird, schießt der andere, in extremer Einseitigkeit sich maßlos überspitzend, über sich selbst hinaus:

Jetzt rächte sich die Spaltung des Seins in eine jenseitige und eine diesseitige Hälfte, in eine Überwelt, die mit aller Heiligkeit ausgestattet war, und in eine unheilige, heillose Welt: in einen weltfernen Gott und eine gottferne Natur, in eine ideelle, geistige und in eine materielle Etage. Mit der Kündigung des oberen Stockwerks als einer der Folgen der Aufklärung blieb dem dennoch im dualistischen Denkstil verhafteten Menschen im wahrsten Sinne nichts anderes übrig als jene gottlose und geistlose, durch den Dualismus christlicher, griechischer und cartesianischer Herkunft entgöttliche, entwertete und ihrer tieferen Dimensionen beraubte Welt der Materie, aus der auch das letzte Stäubchen einer numinosen Innerlichkeit und Werthaltigkeit hinausgefegt war. Was übrigblieb, waren Leere und Ängste in einem sinnlos und bodenlos gewordenen und von rastloser Hektik getriebenen Dasein. Was übrigblieb, waren ein dünner, positivistischer Rationalismus und blitzblanker Materialismus jeder Spielart. Der Nihilismus, den Nietzsche vorausverkündet hatte. Die totale Krise eines zu Ende gehenden Zeitalters.

Welche Rolle spielte dabei die zeitgenössische Wissenschaft? Sie selbst war nicht Urheber, sondern Opfer dieser Entwicklung. Ein sehr selbstbewußtes Opfer, denn jetzt schien erst ihre Stunde zu schlagen. Die Verabsolutierung der Materie züchtete die Überzeugung von der absoluten Erkennbarkeit der Welt bis in den letzten Winkel, nachdem Gott zusehends in Wohnungsnot geraten und gänzlich ausgetrieben worden war. Die Wissenschaft – so behauptete sie selbst in ihrem neuen Selbstverständnis, und so glaubte gern die erleichtert aufhorchende Gesellschaft – würde die Welt von allen Schatten und Spinnweben befreien und alle Fragen des Menschen ohne Rest beantworten. So wurde sie zur Grundlage der positivistischen Weltanschauung des »modernen«, aufgeklärten Menschen.

Indem die Wissenschaft des 19. Jahrhunderts aber die Begreifbarkeit der Welt im Ganzen absolut setzte, die Möglichkeiten, sie zu erkennen, verabsolutierte und ihre Ergebnisse als das wahre Sein selbst ausgab und als den wahren Glauben, ließ sie einen blinden Wissenschaftsaberglauben in Kraut schießen, der im Namen der Wissenschaft den Materialismus »wissenschaftlich« rechtfertigte und seinerseits die »Entzauberung« der Welt und die Sinnkrise des religiös entwurzelten Menschen zusätzlich anheizte, verstärkte, zumal er auf jedes tiefere Fragen, etwa gar nach dem Sinn des Lebens, die Antwort schuldig bleiben mußte. Im Gegenteil brüsteten der reine Rationalismus und Objektivismus sich, solche Fragen als unwissenschaftliche Störfaktoren und gefährliche Überbleibsel von Macht- und Herrschaftsstrukturen ausgemerzt zu haben.

Aber was haben wir Menschen des 20. Jahrhunderts, das doch im Zeichen einer neuartigen Wissenschaft steht, mit den Auswüchsen des längst überwundenen 19. Jahrhunderts zu schaffen? Sehr viel. So wie hinter dem Weltbild des Coppernicus das dynamische, grenzensprengende Weltbild des Giordano Bruno bis in die jüngste Gegenwart, das heißt während der dreihundert Jahre, die seit seinem Flammentod verstrichen, so gut wie überhaupt nicht zur Kenntnis genommen worden war und es erst der ersten Raumflüge bedurfte, bis es in das allgemeine Bewußtsein Eingang fand, so hinkt das Bewußtsein der Menschen der Gegenwart auch hier um eine Jahrhundertspanne hinter der Entwicklung her, während die moderne Wissenschaft längst neues Gelände betreten hat.

Das Verharren auf dem positivistisch-materialistischen Bild der Wissenschaft des vorigen Jahrhunderts hat auch den alten Wissenschaftsaberglauben frisch erhalten und zu seiner Afterreligion gemacht. Die Täuschung, die Wissenschaft könne alles erkennen, ihre Sicht der Wirklichkeit sei die der Wirklichkeit überhaupt und damit Wahrheit schlechthin, und alles, was sie einmal erkenne, sei technisch restlos machbar, ist es, die Ängste und Panik, Sinnlosigkeit und Hoffnungslosigkeit, Resignation und Aggression, Leiden und tätige Gewalt hervorbringt. Die Absolutsetzung des wissenschaftlichen Weltbildes, das, als Wahrheit ausgegeben, zum schäbigen Ersatz und Alibi für Religion wird – so wie Dänikens Astronautengötter, deren Existenz angeblich wissenschaftlich »bewiesen« worden sei –, dispensiert willkommen und bequem von jeder religiösen »Entgleisung«. Ihr fehlt jede Ahnung davon –

»daß das Denken des Endlichen selber dann nur wahr wird, wenn es im Licht des Unendlichen, am Maßstabe des Unendlichen stattfindet, wenn der Verstand zur Vernunft kommt«,

wie Jaspers es wußte.[1]

Ihr fehlt bereits in ihrer Maßlosigkeit das Wissen, daß Wissenschaft immer nur einen Ausschnitt der Wirklichkeit erfaßt. Daß das wissenschaftliche Bild zwar ein zutreffendes ist, jedoch eine Abstraktion, die nicht nur von Qualitäten und Zusammenhängen nichtkausaler Art absieht, wie von der Erkenntnis des Lebens, des Todes, des Anfangs oder der Anfangslosigkeit, ja von den Erkenntnissen ihrer eigenen Voraussetzungen. Daß sie überdies stets nur Einzelaspekte der Gesamtwirklichkeit je nach Standort des Beobachters und nach seiner Fragestellung gibt, schon allein deshalb, weil infolge der Belichtung abgegrenzter Spezialbereiche stets breite Zwischenräume selbst des unmittelbar Gegebenen unbelichtet läßt.

Es leuchtet ein, daß das so allein »belichtete«, den Sinnen unmittelbar Gegebene, das mathematisch Erfaßbare für die »objektive« Wirklichkeit schlechthin zu nehmen, ein armselig verzerrtes, oberflächenhaftes Bild der Welt darbieten und einen Intellektualismus, reinen Pragmatismus und Totalitarismus in allen Bereichen des Lebens fördern muß. Der Verstand wird als das einzig brauchbare und allein geeignete Instrument des Menschen ausersehen, sein Tun und Lassen zu steuern und das immer komplizierter werdende technische Dasein zu bewältigen. Allein auf die Ratio gestützt, wird aber das Handeln nicht verantwortet! Und kein Wunder ist dies, daß das einseitig niedergehaltene Gefühl im Protest des Verdrängten revoltiert, sich überschlägt und alle irrationalen Kräfte entfesselt zu den Ekstasen des Rauschs jeder Art bis zu tätiger Gewalt und Zerstörung. Es ist die Verhaftung in den alten dualistischen Denkstrukturen, die Spaltung des Menschen in extreme Einseitigkeiten, die die Krise verlängern oder verstärken.

Daß aber inzwischen die modernen Naturwissenschaften, voran die Atomphysik, der sich alle anderen angeschlossen haben[2], den großen Sprung über den Graben jenseits der Krise in das schon täglich beginnende neue Zeitalter getan haben und auf neuen, spezifisch »europäischen« Wegen unterwegs sind, hat das allgemeine Bewußtsein kaum zur Kenntnis genommen. Und noch zu wenige haben ihn für ihr Leben mit- oder nachvollzogen. Obwohl für alle die, die den dualistischen Extremismen nicht erlegen sind, sichtbar schon die Marksteine eines neuen Zeitalters und einer neuen Wirklichkeit aufgerichtet sind und nur bewußt gemacht und erkannt zu werden brauchen.[3]

Und wiederum: Welche Rolle spielt hier die Naturwissenschaft, über die unbesehen und unbefragt Pauschalurteile und Verurteilungen gefällt werden?

Übereinstimmend haben zwei der größten, Geschichte bewegenden Naturwissenschaftler, Galilei und Planck, ihren Verzicht auf die völlige Erkennbarkeit der Wirklichkeit nachdrücklich ausgesprochen. Im krassen Gegensatz zu der Anmaßung der alle Winkel restlos aufklärenden, neonhellen Durchleuchtung jener rechteckigen, mathematisch berechenbaren, vordergründigen, platt materialistischen Dingwelt, waren Galilei und Planck sich bewußt, daß das Weltall die Fassungskraft unserer Anschauung wie unseres Verstandes unendlich überschreitet. Der großartigen technischen Hilfe des Fernrohrs zum Trotz lehrte Galilei die

Selbstbescheidung der Wissenschaft, wobei er bereits die Beschränkumg des Forschers auf den mathematischen Aspekt der Wirklichkeit und den Verzicht auf jegliche Wesensbestimmung hinnahm.[4]

Noch weitergehend hat Planck und mit ihm die Atomphysik eine *objektive* Aussage über die Wirklichkeit in Frage gestellt, die vielmehr nur aus dem lebendigen, in Wechselwirkung stehenden Zusammenhang von Ich und Welt, von Subjekt und Objekt zugänglich ist und zwingend richtig erkannt wird. Deren Erkennen aber nicht objektiv, in ihrem Ansichsein im Ganzen gegeben ist. Hinter ihm steht die feste Überzeugung, daß dem Erkannten eine Realität, ein Absolutes zugrunde liegt, das uns nur niemals faßbar wird.

Diese moderne Naturwissenschaft ist sich ihrer Grenzen bewußt. Und in dieser Anerkennung der Grenze menschlichen Erkennens kehrt das »wissende Nicht-Wissen« Eriugenas und des Cusaners wieder ebenso wie in der Grenzziehung der Verstandeserkenntnis durch Kant und Goethe. Im Wissen um ihre Beschränktheit schließt für den Europäer aller Zeiten die Vernunft gerade die Gewißheit um die reale Existenz des Unerkennbaren, »Unerforschlichen« in sich, das in allem Erkennbaren mitenthalten ist, mitgewußt wird.

Diese moderne Naturwissenschaft gründet in einer ganzheitlichen, die Gegensätze vereinenden Sicht, die der Natur in Ehrfurcht vor ihrer unergründlichen Tiefe ihre unendliche Unerschöpflichkeit zurückgibt. Sie treibt das Religiöse nicht aus. Sie entzaubert und entleert nicht die Welt, läßt ihr ihre Weite und Freiheit. Und sie läßt die tieferen Dimensionen ahnen, die allein sinn- und werteschaffend sind. Sie gesteht auch dem Menschen seine Tiefendimension zu, aus der sein Gewissen und die Freiheit seiner Entscheidungen, seine Ethik und sein Verantwortungsbewußtsein stammen, die im technischen Zeitalter mehr als je gefordert sind. So, wie schon Leonardo da Vinci sie als Verantwortung für sein schöpferisch-technisches Wirken sich selbst auferlegte.

Wir handeln hier nicht in erster Linie von der Technik und ihrer

Schuld oder Unschuld; dazu wäre ein eigenes Buch erforderlich. Nur dies sei angedeutet: Die Technik zu verdammen, ist ebenso kindisch wie die Verurteilung der Naturwissenschaft. Technik ist doppelwertig, ambivalent, voll unermeßlichen Segens für die Menschen und voller großer Gefahren. Sie ist in strengster Dienstbarkeit gegenüber der Natur und ihren Gesetzen »dargebotene Menschenhilfe« wie nichts Vergleichbares.

Denken wir an die Befreiung von der unter härtestem sozialen Druck verrichteten mechanisch-muskulären Schwerarbeit früherer Zeiten, an die Erleichterung in der Beförderung von Lasten wie von Menschen und Informationen, an die Beseitigung der Not der Armen. Denken wir an die Angewiesenheit der Alten auf Kommunikation, an die völlige Abhängigkeit der körperlich Behinderten oder Amputierten von technischen Hilfsmitteln, an die Erkennung oder Behandlung von Krankheiten, an ihren vielfältigen Einsatz in der Medizin bei Operationen, durch Beatmungs- und Narkosegeräte, an Herzschrittmacher oder künstliche Nieren. Denken wir an den Buchdruck, die Navigation, um nur einige ihrer segensreichen Wirkungen zu nennen.

Demgegenüber steht der Mißbrauch von Technik durch Vernichtungswaffen, Gefährdung der Umwelt, Manipulierung des Lebendigen. Doch wieso klagt man dabei *die Technik* an? Warum nicht sich selbst, den Menschen? Wieso – mit welchem Recht und welcher Logik – schiebt er die Schuld von sich fort auf anonyme Mächte? Es ist die jahrhundertelange Verhaftung in dem dualistischen Muster der Gehorsamshaltung und des Objektseins, die das Bewußtsein von Schwachheit, Ohnmacht, von Gelenkt- und Bestimmtwerden, vom Nicht-verantwortlich-Sein anerzogen hat, das sich bei dem modernen, entwurzelten Menschen ausgewachsen hat zu dem Gefühl des passiven Erleidens, des Bedroht-, Ausgeliefert- und Mißbrauchtseins und zu bodenlosen Zukunftsängsten.[5]

Ob Technik gut ist, hängt davon ab, ob ihre Zwecke gut sind, wie auch Heisenberg[6] den Anklagenden ins Gedächtnis rief. Davon, welcher Gebrauch von ihr gemacht wird. Und darüber entscheiden weder Naturwissenschaft noch Technik, sondern der

Mensch, der sie einsetzt. Darüber entscheidet sein – intaktes oder fehlendes – Verantwortungsbewußtsein.[7] Eine Verantwortung, die auch die Folgen überblickt, eine Verantwortung im Hinblick auf den ganzen Menschen, auf den ganzen Naturzusammenhang, auf die ganze Wirklichkeit! Auf die innere Einheit von Mensch und Natur, die nicht mehr aus ihrem alleinigen Bezug auf den Menschen, dem gemäß dem Schöpfungsbericht aufgetragen ist, sie sich »untertan zu machen« und über sie zu »herrschen«, nichts ist als »Um-Welt« *für* ihn, sondern »Mit-Natur«, in die er partnerschaftlich eingefügt ist.[8]

In der Technik wie in der modernen Naturwissenschaft sind nicht wie in der materialistischen »alles Machen« und »alles Erkennen« selbstverständlich. Der *Techniker* erkennt heute die *Grenzen der Machbarkeit* und überschreibt die Entscheidung an den Menschen selbst und an seine Ethik, die im religiösen Bereich gründet. Der *Naturwissenschaftler* erfährt die *Grenzen der Erkennbarkeit* und gibt damit den Raum frei für »das Bewußtsein der geheimnisvollen Tiefe in allem Weltsein« (Jaspers). Beides aber bedeutet nicht Resignation, sondern neue Freiheit aus tieferer Bindung.

Die Erforschung der Natur wird für den europäischen, einheits- und ganzheitsgerichteten Menschen seit je nicht zum Hindernis, nicht zum Weg fort von Gott, nicht zur Entfremdung, sondern immer auch ein Weg zum Unerforschlichen, zum Göttlichen: mit jedem tieferen Einblick in die Welt des atomaren Geschehens, in jedem Ergriffensein im Erfassen der alles menschliche Vorstellen überragenden Ordnung und Gesetzmäßigkeit. So etwa in der Übermittlung der »Information« über den Aufbau der erforderlichen Eiweißstoffe durch DNS des Zellkerns an die Zelle oder in der bioelektrischen Bildübertragung von der Netzhaut des Auges über die Millionen Nervenfasern, über ihre Schaltstellen zu den Sehrinden-Nervenzellen des Gehirns beim Sehen – mit jedem Staunen, Sichwundern und Überwältigtwerden. Ist jemals die Naturwissenschaft eine dringendere Aufforderung an den Menschen gewesen, sich eines göttlichen Seins und der Göttlichkeit des Seins bewußt zu werden?

»Das kosmische Erlebnis der Natur ist das stärkste und edelste

Motiv naturwissenschaftlicher Forschung«,

bekennt ganz im Sinne Plancks Albert Einstein kurz vor seinem Tode:

»Es ist das tiefste und erhabenste Gefühl, dessen wir fähig sind. Aus ihm allein keimt wahre Wissenschaft. Wem dieses Gefühl fremd ist, wer sich nicht mehr wundern und in Ehrfurcht verlieren kann, der ist seelisch bereits tot. Das Wissen darum, daß das Unerforschliche wirklich existiert und daß es sich als höchste Wahrheit und strahlendste Schönheit offenbart, von denen wir nur eine dumpfe Ahnung haben können – dieses Wissen und diese Ahnung sind der Kern aller wahren Religiosität.«[9]

ANMERKUNGEN

VORWORT

1 Sigrid Hunke, Das Ende des Zwiespalts, Bergisch-Gladbach 1971.
2 Dies., Das Nach-kommunistische Manifest, Stuttgart 1974.
3 Dies., Europas andere Religion, Düsseldorf 1969.
4 Max Weber, Vorbemerkung, in: Gesammelte Aufsätze zur Religionssoziologie, 1. Bd. S. 1–16.

DIE BEHINDERUNG EINER NATURWISSENSCHAFT

1 Physiologus, hg. v. F. Lauchert 1889.
2 Bruno Snell, Die Entdeckung des Geistes, 212f.
3 Aristoteles, Physik c. 1.
4 Sigrid Hunke, Am Anfang waren Mann und Frau, Hamm 1955, Einleitung.
5 Ebd. 22.
6 Aristoteles, Über den Himmel, 2. Buch, übs. v. Olaf Gigon, Zürich 1950, 100f.
7 Thomas von Aquin, Summe der Theologie 1, 2 und 3.

VORAUSSETZUNGEN EINER EUROPÄISCHEN NATURWISSENSCHAFT

1 Johannes Scotus Eriugena, Über die Einteilung der Natur, übs. von Noack, I. Bd. Einleitung VI.
2 Sigrid Hunke, Europas andere Religion 135.
3 Ebd. 133f.
4 Eriugena, a.a.O., I, 63.
5 Ebd. I, 64.
6 Ebd. I, 12.
7 Ebd. I, 13.
8 Ebd. III, 22
9 Ebd. III, 17.
10 Ebd. III, 38.
11 Ebd. III, 18.
12 Ebd. VI, 5.

13 Ebd. V, 3.
14 Hunke, Europas andere Religion 159ff.
15 Ebd. 115ff.
16 Ebd. 127.
17 Ebd. 129.
18 Ebd. 131f.
19 Ebd. 150f.
20 Ebd. 153.
21 Ebd. 154.
22 Ebd. Kap. II
23 Nikolaus von Kues, Begleitbrief an Kardinal Cesarini zu »Von der wissenden Unwissenheit«, in: Die Kunst der Vermutung (Blumenberg) 1957.
24 Ders. Von der wissenden Unwissenheit (Docta ignorantia) II, 11.
25 Ebd. II, 5.
26 Ebd. II, Vorrede.
27 Ebd. II, 11.
28 Ebd. II, 14; 15 Vom Menschen.
29 Nikolaus von Kues, Vom Gottes Sehen 7.
30 Ders., Über den Beryll.
31 Ders., Der Laie und die Weisheit I.
32 Ders., Von der wissenden Unwissenheit II, 12.
33 Ebd. II, 12.
34 Ebd. II, 11.
35 Ebd. II, 12.
36 Isidore Hispalensis, De natura rerum liber cap. XIV, De aquis quae super caelestis sunt.
37 Hierzu und zum Folgenden Pierre Duhem, Le Système du Monde, Bd. 3. Paris 1954 S. 79ff.
38 Bedae Venerabilis Opera omnia I col. 893, De super caelestibus aquis.
39 Wilhelm von Conches, De Philosophia Mundi I, 28–29.
40 Ebd. I, 30.
41 Ebd. II, 26.
42 Ebd. I, 30.
43 Ebd. I, 30.
44 Duhem, a.a.O., III. 100f.
45 Duhem, a.a.O., 184–187 – Haureau, Notice sur le Numéro 637 des manuscripts de la Bibliothèque Nationale 1888, XXXII, 2, 167ff., Duhem, Thierry de Chartres et Nicolas de Cues, 1909.

46 Duhem, Le Système du Monde III, 187f.
47 Heinrich Frauenlob aus Meißen; Die deutsche Literatur hg. v. de Boor 1965, I/1 396.
48 Honorius von Regensburg, Liber quaestionum 5.
49 Ebd.
50 Hunke, Europas andere Religion S. 151.
51 Duhem a.a.O., III, 176.
52 Ebd. III, 175.
53 Ebd. III, 179.
54 Sigrid Hunke, Allahs Sonne über dem Abendland, 1960, S. 52f.
55 Duhem, a.a.O., III, 167.
56 Hunke, Allahs Sonne 86f.
57 Duhem, a.a.O. III, 165f.
58 Ebd. III, 166.
59 G. E. Lessing, Werke (J. Petersen u. W. v. Olshausen), Bd. 21, 30.
60 Hunke, Allahs Sonne 50; 57.
61 Ebd. 161.
62 Duhem, a.a.O., III, 169.
63 Quaestionis naturalis 6.

DIE INITIALZÜNDUNG DURCH DIE ARABISCHE WISSENSCHAFT

1 Hunke, Allahs Sonne 207f.
2 Ebd. 198f.
3 Sigrid Hunke, Kamele auf dem Kaisermantel, 1976, 83f.
4 Hunke, Allahs Sonne 207.
5 B. L. van der Waerden. Voraussage von Finsternissen. Sächsische Akademie der Wissenschaften, Leipzig 92, 1940. – Ders. Erwachende Wissenschaft, Bd. 1, Ägyptische, babylonische und griechische Mathematik, 1966, 142, 155.
6 Ebd. 156.
7 Ebd. 124.
8 Ebd. 148.
9 Johannes Lohmann, Vor- und frühgeschichtliche Wissenschaftsformen, in: Heinrich Rombach, Wissenschaftstheorie 1, 1974, 117.
10 Hunke, Allahs Sonne 198, 231. – Dies., Kamele 85f.
11 Hunke, Allahs Sonne 189.
12 Ebd. 150.

13 Duhem, a.a.O., I, 240.
14 Hunke, Kamele 155.
15 Hunke, Allahs Sonne 146.
16 Ebd. 143.
17 Ebd. 180f.
18 Bruno Snell, Die Entdeckung des Geistes, 197.
19 Hunke, Kamele, 63ff.
20 Ebd. 105, 156f., 177.
21 vgl. Johannes Hoffmeister, Wörterbuch der philosophischen Begriffe, Logik I § 3; Kant unterscheidet reine und empirische Begriffe.
22 Hunke, Allahs Sonne, 47ff.
23 Ebd. 49.
24 Fuad Sezgin, Das Problem der Gabir ibn Hayyan im Lichte neugefundener Handschriften, in: Ztschr. d. Deutschen Morgenländischen Ges., Bd. 114, 2, Wiesbaden 1964.
25 Ebd. 265, Hinweise auf H. E. Stapelten und J. Ruska.
26 Ebd. 265.
27 Mohammed Muti Kanawati, Ar-Razi – Drogenkunde und Toxikologie im Kitab al-Hawi, Diss. Marburg 1975, 23f.
28 Hunke, Allahs Sonne 183.
29 Custom, History of Medicine 371.
30 Zum Folgenden Hunke, Allahs Sonne 91f.
31 A. I. Sabra, Philosophie und Naturwissenschaften, in: Bernard Lewis, Welt des Islam, 1976, 185.
32 Sigrid Hunke, Al-Chwarismi, in: Die Großen der Weltgeschichte, Zürich 1973, III 53ff.
33 Aly Mazahéri, So lebten die Muselmanen, 1957, 294.
34 J. Frank, Die Verwendung des Astrolabs nach al-Chwarismi, in: Abhandlungen zur Gesch. d. Naturwissenschaft und Medizin 3/1922.
35 Hunke, Allahs Sonne 237
36 Ebd. 238
37 Mohammed-Aziz Lahbabi, Ibn Khaldun, Paris 1968, 11.
38 Nach Sarton. Hans Störig, Kleine Weltgeschichte der Wissenschaft, 1954, 164.
39 Hunke, Allahs Sonne 109–190.
40 H. E. Sigerist, Anfänge der Medizin II. Bd. Kap. IV.
41 Politeia (Der Staat). – Dazu Hunke, Das Ende des Zwiespalts, 1971, 72.

42 Hunke, Allahs Sonne 136.
43 Ebd. 155ff.
44 Max Neuburger, Geschichte der Medizin, 1906, Bd. I.
45 Hunke, Allahs Sonne 177.
46 Bestätigt von der Société des Lettres, Sciences et Arts »La Haute-Auvergne«; Schreiben von Président A. Beaufrère, Aurillac, 1.3.1960 an d. Verf.
47 Hunke, Allahs Sonne 55ff.
48 Moritz Cantor, Geschichte der Mathematik II, 32.
49 Ebd.
50 Hunke, Allahs Sonne 98f.
51 Über Friedrich II. und sein Verhältnis zu den Arabern, ebd. 270ff.
52 Die Erkenntnisweise der Teleologie wird von Bacon als Grundirrtum bezeichnet, von Leibniz und Goethe erneuert, von Kant als nur regulativ erklärt, die nichts über die Erscheinungen der äußeren Welt selbst aussage, die kausal verknüpft seien. Sie erhält durch den Darwinismus eine neue Dimension.
53 Georg von Hartling, Albertus Magnus, 1914, 40.
54 Albertus, De animalibus XXVI, 20.
55 Eilhard Wiedemann I 37.
56 Zit. n. Störig, Kleine Weltgeschichte der Wissenschaft 186.
57 Anneliese Maier, An der Grenze von Scholastik und Naturwissenschaft 1952, 180ff.
58 Herbert Grundmann, Vom Ursprung der Universität im Mittelalter, 1964.
59 Ebd. 37; 63.
60 Paul Koschaker, Europa und das römische Recht, 1947, 61.
61 Hunke, Allahs Sonne 169ff.
62 Pierre Madonnet, Siger de Brabant et l'Averroisme latin, 2, 171.
63 Siehe oben Anm. II 39.
64 Hunke, Al-Chwarismi 63.
65 Hilal Yayinlari, Der Islam, Genf 1972, § 465.
66 Siehe oben Anm. III 17. Ibn al-Baitar.
67 Hunke, Allahs Sonne 110; 132; 154; 156.
68 Ebd. 237
69 L. F. Clauß, Die Seele des andern, 1958, 132ff.
70 Hunke, Allahs Sonne 290ff.
71 Ebd. 288. – Hunke, Kamele 103f.
72 Hunke, Europas andere Religion 443f.

WISSEN UND GLAUBEN – ALS GEGENSATZ UND ALS EINHEIT

1 Magistri Johannis Buridan, Questiones quarti libri Phisicorum, Bibl. Nat. fonds latin, Ms. 14723, fol. 68, col. c.
2 Anneliese Maier, Metaphysische Hintergründe der spätscholastischen Naturphilosophie, 333f.
3 Thomas Bradwardine, De causa Dei (Savile) 1618, I 5.
4 Titus Burckhardt. Die maurische Kultur in Spanien, 1970, 171.
5 Hunke, Europas andere Religion, Kap. I »Das dualistische Vorbild Europas«.
6 Wilhelm von Conches, De Philosophia Mundi I 23.
7 Eriugena, Über die Einteilung der Natur III, 18.
8 Hunke, Europas andere Religion 316–335.
9 Leonardo da Vinci, Trattato della Pittura, 68. Kap. »Piacere del Pittore«.
10 Ders., Philosophische Tagebücher, 1509.
11 Marie Herzfeld, Leonardo da Vinci, der Denker, Forscher und Poet, 1906, 4: MS Eder Bibl. d. Institut de France, Bl. 55.
12 Ebd. 41: MD der Bibl. des Lord Leicester, Bl. 22.
13 Hunke, Europas andere Religion 149.
14 Giordano Bruno, Ges. philosophische Werke (Kuhlenbeck) 1904, Bd. IV, 13.
15 Hunke, Religion 172
16 Johannes Hemleben, Kepler, 1971, 101
17 Zit. n. Eckart Heimendahl, Dialog des Abendlandes, Physik und Philosophie 1966, 89.
18 Zit. n. Rudolf Thiel, Und es ward Licht, 1956, 124.
19 Friedrich Jodl, Geschichte der neueren Philosophie, 1924, 130.
20 Galilei, Mathematische Demonstration zweier neuer Wissenschaften, Einleitung.
21 Zit. n. Johannes Hemleben, Galilei, 1969, 143.
22 Emil Wohlwill, Galilei und sein Kampf für die copernikanische Lehre, 2 Bde, I 432. Aus einem Brief an die Großherzogin-Mutter Christine von Medici.
23 Anneliese Maier, Metaphysische Hintergründe der spätscholastischen Naturphilosophie, 1955, 383; 397.
24 Zit n. Arthur Koestler, Die Nachtwandler, 1963, 497; 500.
25 Galilei, Dialog über die Weltsysteme (H. Blumenberg) 3. Tag.

26 Wohlwill, a.a.O., I 141.
27 Henry More, Enchiridion Metaphysicum, London 1671, 148.
28 Jacob Böhme, Mysterium Magnum VII/VIII 3, 10.
29 Craigs Brief an Conduitt v. 7.4.1727, in: Karl Robert Popp, Jacob Böhme und Isaac Newton, 1935, 61f.
30 Law in: Popp a.a.O., 60.
31 Zit n. Störig, Kleine Weltgeschichte der Philosophie, 357.
32 Immanuel Kant, Allgemeine Naturgeschichte und Theorie des Himmels, Vorrede, 228.
33 Ebd. 364; 333.
34 Werner Heisenberg, »Änderungen der Denkstruktur im Fortschritt der Wissenschaften«, in: Schritte über Grenzen, 1971, 275.
35 Giordano Bruno, Von der Ursache, dem Prinzip und dem Einen, a.a.O., III. und IV. Dialog, 66; 81.
36 Sigrid Hunke, Das Ende des Zwiespalts, 1971, 103–178.
37 Lincoln Barnett, Einstein und das Universum, 1952, 138.
38 Werner Heisenberg, Der Teil und das Ganze, 1969, 329.
39 Ebd. 331.
40 Max Planck, Vom Relativen zum Absoluten, 1924, 145f.
41 Fritz Castagne, Die Dritte Konfession, 1961, 65f.
42 Werner Heisenberg, Physik und Philosophie, 1959, 58.
43 Ders., Der Teil und das Ganze, 127; 291ff. – Ders. Naturwissenschaftliche und religiöse Wahrheit, FAZ 24.3.1973.
44 E. Frankenberger, Gottbekenntnisse großer Naturforscher, 1962, 8–14.
45 Hunke, Europas andere Religion, 1969.

SCHULD UND NICHT-SCHULD DER NATURWISSENSCHAFT

1 Karl Jaspers, Nikolaus Cusanus, 1964, 70.
2 Hunke, Ende des Zwiespalts, 115–178.
3 Sigrid Hunke, Das Nach-kommunistische Manifest, 1974.
4 Hans Blumenberg, Sidereus Nuncius, 70f.
5 Hunke, Ende des Zwiespalts, 181f.
6 Heisenberg, Naturwissenschaftliche und religiöse Wahrheit, a.a.O.
7 Hunke, Das Nach-kommunistische Manifest, 124–133.
8 Ebd. »Verantwortung für die Mit-Natur«, 221ff.
9 Barnett, Einstein und das Universum, 135.

ZEITTAFEL

625–545 v. Chr.	Thales von Milet
580–500	Pythagoras
544–483	Heraklit von Ephesos
540–480	Parmenides aus Elea
460–377	Hippokrates
427–347	Platon
384–322	Aristoteles
310–230	Aristarch von Samos
um 300	Euklid
287–212	Archimedes
273–192	Evathostenes
190–125	Hipparch
um 100	Heron
48	Vernichtung der Bibliothek des Museions in Alexandrien
87–165	Ptolemäus, Astronom
129–199	Galen, römischer Arzt
ca. 160–222	Tertullian, Kirchenvater
205–270	Plotin, neuplatonischer Philosoph
um 303	Lactantius, Kirchenlehrer
340–420	Hieronymus, Kirchenschriftsteller
354–430	Augustin, Kirchenvater
366	Verbrennung der Bibliothek des Caesareums in Alexandrien
381	Christentum römische Staatsreligion
391	Verbrennung der Bibliothek des Serapeins
im 5. Jahrh.	Pseudo-Dionysius, christlicher Neuplatoniker
um 500	Amru 'l-Qais, vorislamischer Dichter
524	Tod des Boethius, römischer Philosoph
526	Tod Theoderichs des Großen
529	Schließung der Philosophenschule in Athen
um 600	Verbrennung der Palatinischen Bibliothek in Rom
622	Hedschra Mohammeds von Mekka nach Medina, Beginn der islamischen Zeitrechnung
632	Tod Mohammeds

687	Beginn antiker Übersetzungen ins Arabische
732	Schlacht bei Tours und Poitiers
8. Jahrh.	Mutasiliten in Basra
776	Übernahme der indischen Ziffern in Bagdad
im 8. Jahrh.	Dschabir ibn Haiyan, arab. Chemiker; »Geber«
787–847	al-Chwarismi, arab. Mathematiker, Geograph und Astronom; im Abendland »Algoritmi«
801?–836	Ibrahim an-Nassam, Mutasilit
809–873	Hunain ben Ischak, Arzt und Übersetzer; »Johannitius«
810–nach 877	Eriugena, schottischer Philosoph
813–833	Kalif al-Mamun, Förderer arabischer Wissenschaft
813–873	al-Kindi, »Alkindus«, arab. Philosoph unn Mathematiker
827	Lehre der Mutasiliten wird Staatslehre
830	»Haus der Weisheit« in Bagdad gegründet
865–901	Thabit ben Kurra, der »arabische Euklid«
850–925	ar-Rasi, »Rhases«, arab. Arzt und Chemiker
854	Älteste Urkunde für Verwendung von Magneten in der arabischen Schiffahrt
867	Eriugena, »Über die Einteilung der Natur«
877–918	al-Battani, »Albategnius«, größter arab. Astronom
880	Ibn Firnas baut erste Flugmaschine
Ende des 9. Jahrh.	Pseudo-Beda, Naturphilosoph
903–986	as-Sufi, arab. Astronom
950	al-Farabi, arab. Philosoph
945?–1003	Gerbert von Aurillac, Papst Silvester II.
960?–1028	Fulbert von Chartres, Schüler Gerberts
965–1039	Ibn al-Haitham, »Alhazen«, arab. Physiker
970	»Enzyklopädie der Wissenschaften« der Lauteren Brüder von Basra
973–1048	al-Biruni, arab. Astronom, Historiker, Arzt
980–1037	Ibn Sina, »Avicenna«, arab. Arzt, Geologe, Philosoph
990	Gründung der Schule von Chartres
1013	Abu '-Kassim, arab. Chirurg gestorben

994–1064	Ibn Hasm, arab. Religionshistoriker
999–1088	Berengar von Tours, Schüler Fulberts
1013–1054	Hermann der Gelähmte, Graf von Wolverad
1029–1087	as-Sarkali, »Arzachel«, arab. Astronom
um 1020	Konstantin von Afrika, Übersetzer arab. Medizinwerke
1070–1154	Gilbert de la Porrée, Lehrer in Chartres und Paris
1080–1154	Wilhelm von Conches, Naturphilosoph
1090–1160	Athelhard von Bath, Übersetzer und Schriftsteller
1096–1291	Kreuzzüge
1098–1179	Hildegard von Bingen
1099–1160	Idrißi, arab. Geograph
1114–1187	Gerhard von Cremona, Übersetzer in Toledo
1114–1127	Bernhard von Chartres, Kanzler der Schule
?–1155	Thierry (Theoderich) von Chartres, sein Bruder, Naturphilosoph
1119	Gründung der Universität Bologna
1125–1153	Erzbischof von Toledo läßt arabische Schriften übersetzen
1126–1198	Ibn Ruschd, »Averroes«, arab. Philosoph, Arzt
1138	Ibn Badscha, »Avempace«, arab. Astronom gestorben
1143	Übersetzung des Rechenbuches von al-Chwarismi
1. Hälfte des 12. Jahrh.	Honorius von Regensburg, Schüler Eriugenas
1144	Hermann II. und Robert von Rétines übersetzen in Spanien arabische Werke
1145	Übersetzung der »Algebra« von al-Chwarismi
1145–1153	Bernhard Silvestris, Naturphilosoph
1154	Erdbeschreibung Idrißis
1162–1231	Abd al-Latif, arab. Anatom
1163	Papst verbietet Mönchen Medizin- und Rechtsstudium
1175–1253	Robert Grosseteste (Greathead), Naturwissenschaftler, Lehrer Roger Bacons

1180	Graf von Montpellier gründet Universität
1193–1280	Albert der Große, Graf von Bollstädt
1194–1250	Friedrich II. von Hohenstaufen
1197–1248	Ibn al-Baitar, arab. Pharmakologe
12. Jahrh.	Gründung der Universitäten Paris und Oxford
Ende des 12. Jahrh.	»Das Buch der XXIV Philosophen«
1202	Leonardo von Pisa, »Liber Abaci«, führt arabisches Ziffernrechnen ein
um 1200	David von Dinant gestorben
1201–1274	Nassir ad-Din at-Tußi, arab. Mathematiker und Astronom
1204	al-Bitrudschi, Alpetragius, gestorben
1206	Amalrich von Bène, Schüler Eriugenas, gestorben
1208	König von Kastilien gründet Universität von Palencia
1210	Vierzehn Amalrikaner in Paris verbrannt
1210–1288	Ibn an-Nafis, Entdecker des kleinen Blutkreislaufs
1214–1294	Roger Bacon
1215	Laterankonzil und Synode von Paris verdammen Aristoteles, Eriugena und David von Dinant
1218–1221	Hugo von Lucca lernt arab. Asepsis und Anaesthesie
1222	Gründung der Universität Padua
1223–1237	Jordanus Nemorarius, Graf von Eberstein, General des Dominikanerordens
1224	Friedrich II. gründet Universität Neapel
1225–1274	Thomas von Aquin
1229	Gründung der Universität Toulouse
1230	König von León gründet Universität Salamanca
1235–1311	Arnald de Villanueva, Arzt
1245	Roger Bacon lehrt Naturwissenschaften in Paris
1258	Bagdad von Mongolen zerstört
1260–1328	Meister Eckhart
1269	Petrus Peregrinus von Maricourt, »Epistola de Magnete«

1270	Araber bauen Kanonen für den Kublai-Khan
1275	»Chirurgia« des Wilhelm von Saliceto; erste Erwähnung von Leichenöffnung im Abendland
um 1275	Friedrich von Sonnenberg
1277	Verdammung der Naturwissenschaften durch »Syllabus«-Synode
1278–1318	Heinrich von Meißen, Dichter
1278	Roger Bacon eingekerkert
1290–1349	Thomas Bradwardine, Mathematiker und Philosoph
1290–1349	Wilhelm von Occam, Naturphilosoph
1303–1358	Johannes Buridan, Naturphilosoph und Physiker
1316–1390	Albert von Sachsen, Naturphilosoph und Physiker
1320–1382	Nikolaus von Oresme, Naturphilosoph und Physiker
1332–1406	Ibn Chaldun, arab. Religions- und Geschichtsphilosoph, Soziologe und Historiker
1348	Erste deutsche Universität in Prag gegründet
1386	Gründung der Universität Heidelberg
1388	Gründung der Universität Köln
1392	Gründung der Universität Erfurt
1401–1464	Nikolaus von Kues, »Cusanus«, Philosoph
1436–1476	Johannes Müller, »Regiomontanus«, Astronom
1452–1519	Leonardo da Vinci
1453	Fall Konstantinopels in die Hände der Türken
1473–1543	Nikolaus Koppernigk, »Coppernicus«
1492	Entdeckung Amerikas
1492	Ende der arabischen Herrschaft in Spanien
1493–1541	Paracelsus, Theophrast Bombast von Hohenheim, Arzt
1495–1555	Georg Bauer, »Agricola«, Chemiker
1500	Hospital Straßburg stellt als erstes einen Arzt ein
1501	Zwangsbekehrung der Morisken in Spanien
1514–1564	Andreas Vesalius, Anatom

1515–1544	Valerius Cordus, deutscher Botaniker
1516–1563	Konrad Gesner, Zoologe
1517–1590	Ambroise Paré, französischer Chirurg
1540–1603	William Gilbert, englischer Physiker
1540–1603	François Viète, französischer Mathematiker
1543	Coppernicus, »Von der Umdrehung der Himmelskörper«
1546–1601	Tycho Brahe
1548–1600	Giordano Bruno
1548–1620	Simon Stevin, holländischer Militäringenieur
1550	Caspar Bauhin, Botaniker
1553	Michael Servet, angebl. Entdecker des kleinen Blutkreislaufs, in Genf verbrannt
1561–1626	Francis Bacon, Staatsmann und Philosoph
1564–1642	Galileo Galilei
1571–1630	Johannes Kepler
1575–1624	Jakob Böhme
1577–1644	van Helmont, holländischer Chemiker
1596–1650	René Descartes
17.2.1600	Giordano Bruno in Rom verbrannt
1616	Ermahnung Galileis durch die Inquisition
1629–1695	Christian Huyghens, holländischer Mathematiker und Physiker
1633	Galilei widerruft
1641–1687	Henry More
1643–1727	Isaac Newton
1724–1804	Immanuel Kant
1791–1867	Michael Faraday, englischer Physiker
1794–1868	Philipp von Martius
1831–1879	J. C. Maxwell, schottischer Physiker
1844–1900	Friedrich Nietzsche
1858–1947	Max Planck
1871–1937	Ernest Rutherford
1875–1960	Louis de Broglie
1885–1962	Niels Bohr
1879–1955	Albert Einstein
1882–1946	Arthur Stanley Eddington
1883–1969	Karl Jaspers
1892–1962	Arthur H. Compton
1901–1976	Werner Heisenberg

LITERATURVERZEICHNIS

Adam, A.: Das Fortwirken des Manichäismus bei Augustin, in: Zschr. f. Kirchengeschichte, 1958, Jg. 69, S. 1–25
Aristoteles: Metaphysik, übs. v. E. Rolfes, Leipzig 1928
Arnold, Th., and *Guillaume, A.:* The Legacy of Islam, Oxford 1947
Aurelius Augustinus: Werke, Vom Gottesstaat, Zürich 1955
Barnett, Lincoln: Einstein und das Universum, Frankfurt 1958
Becker, C. H.: Das Erbe der Antike in Orient und Okzident, 1931
Becker, Friedrich: Geschichte der Astronomie, Bonn 1946
Berendes: Das Apothekenwesen, Stuttgart 1907
Bettex, Albert: Die Entdeckung der Natur, München o.J.
Blumenberg, Hans: Weltbilder und Weltmodelle, 1961
–: Die kopernikanische Wende, Frankfurt 1965
–: Pseudoplatonismen in der Naturwissenschaft der frühen Neuzeit, in: Akademie der Wissenschaften und der Literatur, Mainz 1971
Boas, Marie: Die Renaissance der Naturwissenschaften, 1965
Böhme, Jacob: Sämtliche Schriften in 11 Bden., hg. v. Faust-Peuckert, Stuttgart 1955
Bradwardine, Thomas: De causa Dei, hg. v. Savile, 1618
Brockelmann, Carl: Geschichte der islamischen Literatur, Weimar 1897
–: Geschichte der islamischen Völker, München 1943
Brunn, Walter von: Allgemeinnarkose, 1913
–: Kurze Geschichte der Chirurgie, Berlin 1928
–: Geschichte der Chirurgie, Bonn 1948
Bruno, Giordano: Gesammelte Werke, übs. v. L. Kuhlenbeck, Leipzig 1904
–: Zwiegespräche vom unendlichen All und den Welten, hg. v. Ludwig Kuhlenbeck, Darmstadt 1968
–: Heroische Leidenschaften und individuelles Leben, hg. v. Ernesto Grassi, Hamburg 1957
Burckhardt, Titus: Die maurische Kultur in Spanien, München 1970
Cantor, Moritz: Geschichte der Mathematik, Leipzig 1913–1922
Carmody, F. J.: Arabic astronomical and astrological sciences in latin translation, Berkeley 1956
Chenu, Marie-Dominique: Découverte de la nature et philosophie de l'homme à l'école de Chartres au 12ème siècle. Paris 1954
Clark, Kenneth: Leonardo da Vinci in Selbstzeugnissen und Bilddokumenten, Reinbek 1976

Creutz, Rudolf: Die Hochblüte der Schule von Salerno, in: Medizinische Welt, 1935
Dannemann, Friedrich: Die Naturwissenschaften, Leipzig 1920
Darmstaedter, Ernst: Zur Geschichte der Narkose und Anästhesie, 1931
Diels, Hermann: Fragmente der Vorsokratiker, Hamburg 1957
Diepgen, Paul: Die Geschichte der Medizin, 1949
Dieterich, Friedrich: Die Philosophie der Araber im IX. und X. Jahrhundert, V. Buch: Die Naturanschauung und Naturphilosophie, Leipzig 1876
Duhem, Pierre: Ziel und Struktur der physikalischen Theorie, 1908
–: Le Système du Monde, 5 Bde., Paris 1954–1957
–: Léonard da Vinci, 3 Bde., Paris 1955
Endres, Jos. Anton: Honorius Augustdunensis, Kempten 1906
Einstein, Albert: Über die spezielle und die allgemeine Relativitätstheorie, 1922
–: Mein Weltbild, hg. v. Carl Seelig, Amsterdam 1934
– und *Infeld, Leopold:* Die Evolution der Physik von Newton bis zur Quantentheorie, Hamburg 1956
Engelhardt, Paulus: Zur Theorie der Praxis, Mainz 1970
Enzyklopädie des Islams, 4 Bde. und Erg.-Band, Leiden 1908–1934
Ess, Josef van: Ein unbekanntes Fragment des Mazzam, in: Der Orient in der Forschung, Festschr. f. Otto Spies, hg. v. Hoenerbach, Wiesbaden 1967
Frankenberger, Ernst: Gottbekenntnisse großer Naturforscher, Leutesdorf 1962
Frey, Gerhard: Erkenntnis der Wirklichkeit, Stuttgart 1965
Friedlein, G.: Gerbert, die Geometrie des Boethius und die indischen Ziffern, Erlangen 1861
Kaiser Friedrich II.: De arte venandi cum avibus, hg. v. C. A. Willemsen, 1942
Galilei, Galileo: Sidereus Nuncius, hg. v. Hans Blumenberg, Frankfurt 1965
Gerlach, Walther: Über Weltbild und Weltraum, in: Heimendahl, Ekkart, Dialog des Abendlandes, a.a.O.
Giesing, J.: Leben und Schriften Leonardos von Pisa, Döbeln 1866
Le Goff, Jaques: Kultur des europäischen Mittelalters, München 1970
–: Das Hochmittelalter, Frankfurt 1965
Grundmann, Herbert: Religiöse Bewegungen im Mittelalter, Hildesheim 1961
–: Vom Ursprung der Universität im Mittelalter, Darmstadt 1964

Grunebaum, G. E. von: Der Islam in seiner klassischen Epoche, Zürich 1966
Haneberg, Daniel: Abhandlung über das Schul- und Lehrwesen der Muhammedaner im Mittelalter, München 1850
Heer, Friedrich: Europäische Geistesgeschichte, Stuttgart 1953
Heimendahl, Eckart: Dialog des Abendlandes – Physik und Philosophie, München 1966
Heimsoeth, Heinz: Die sechs großen Themen der abendländischen Metaphysik, Stuttgart 1958
–: Metaphysik der Neuzeit, Darmstadt 1967
Heinz-Mohr, Gerd: Das Werk des Nikolaus Cusanus, Köln 1963
Heisenberg, Werner: Physik und Philosophie, Berlin 1959
–: Der Teil und das Ganze, München 1969
–: Schritte über Grenzen, München 1971
–: Die Einheit des naturwissenschaftlichen Weltbildes, in: Wandlungen in den Grundlagen der Naturwissenschaft, 1935
–: Naturwissenschaftliche und religiöse Wahrheit, FAZ 24. 3. 1973
Hemleben, Johannes: Galileo Galilei in Selbstzeugnissen und Bilddokumenten, Reinbek 1975
–: Johannes Kepler in Selbstzeugnissen und Bilddokumenten, Reinbek 1975
Hertling, Georg von: Albertus Magnus, Münster 1914
Howald, Ernst, und *Grünwald, Michael:* Die Anfänge der abendländischen Philosophie, Fragmente und Lehrberichte der Vorsokratiker, Zürich 1949
Hunke, Sigrid: Allahs Sonne über dem Abendland. Unser arabisches Erbe, Stuttgart 1960; letzte Aufl. 1977
–: Europas andere Religion, Düsseldorf 1969
–: Das Ende des Zwiespalts, Bergisch Gladbach 1971
–: Das nach-kommunistische Manifest. Der dialektische Unitarismus als Alternative, Stuttgart 1974
–: Kamele auf dem Kaisermantel. Deutsch-arabische Begegnungen seit Karl dem Großen, Stuttgart 1976
Jacob, Georg: Der Einfluß des Morgenlandes auf das Abendland, Hannover 1924
Jaeger, Werner: Die Theologie der frühen griechischen Denker, Stuttgart 1964
Jaspers, Karl: Drei Gründer des Philosophierens. Plato, Augustin, Kant, München 1957
–: Nikolaus Cusanus, München 1964

Kanawati, Mohammed Muti: Ar-Razi, Drogenkunde und Toxikologie im »Kitab Al-Hawi«, Marburg 1975
Kant, Immanuel: Werke, Akademische Textausgabe BI, Vorkrit. Schriften I, Berlin 1968
Kaufmann, Georg: Geschichte der deutschen Universitäten, Graz 1958
Kaufmann, Hans: Toledo, Düsseldorf 1977
Khairallah, Amin A.: Outline of Arabic Contributions to Medicine, Beirut 1946
Klebs, Arnold C.: The Practica of Gianmetteo Ferrari da Grado, in: Essays on History of Medicine, Zürich 1924
Koestler, Arthur: Die Nachtwandler. Die Entstehungsgeschichte unserer Welterkenntnis, Bern 1959
König, Gert: Klassische und moderne Naturwissenschaft, in: Wissenschaftstheorie, hg. von Heinrich Rombach a.a.O.
–: Hypothese, Experiment, Falsifikation, in: Wissenschaftstheorie, hg. von Heinrich Rombach a.a.O.
Koppernikus: Über die Kreisbewegungen der Weltkörper, übs. v. C. L. Menzzer, Thorn 1879
Kopp, Hermann: Beiträge zur Geschichte der Chemie, Braunschweig 1875
Krönlein, J. H. V.: Amalrich von Bena und David von Dinant, Hamburg 1847
Kuhn, Thomas S.: Die Struktur wissenschaftlicher Revolutionen, Frankfurt 1976
Kühne, Hans: Lexikon der Päpste, Frankfurt 1956
Lahbabi, Mohamed – Aziz: Ibn Khaldun, Paris 1968
Lay, Rupert: Grund, Ursache, Prinzip, Axiom, in: Wissenschaftstheorie II, hg. von Heinrich Rombach a.a.O.
Leonardo da Vinci: Philosophische Tagebücher, Hamburg 1958
Lewis, Bernard: Welt des Islams, Braunschweig 1975
Littmann, Enno: Morgenländische Wörter im Deutschen, Tübingen 1924
Löbsack, Theo: Wunder, Wahn und Wirklichkeit, München 1976
Lohmann, Johannes: Theorie und Praxis im Lichte der europäischen und der allgemeinen Begriffsgeschichte, in: Engelhardt, Paulus, Zur Theorie der Praxis a.a.O.
–: Die arabische Wissenschaft und die Entstehung des neuzeitlichen Wissenschaftsbewußtseins, in: Wissenschaftstheorie I, hg. von Heinrich Rombach a.a.O.
–: Vor- und frühgriechische Wissenschaftsformen, ebd.

Lokotsch, Karl: Etymologisches Wörterbuch der europäischen Wörter orientalischen Ursprungs, Heidelberg 1927
Lorenzen, Paul: Die Entstehung der exakten Wissenschaften, Berlin 1960
Lukey, Paul: Beiträge zur Erforschung der islamischen Mathematik, in: Orientalia, Band 17, Rom 1948
–: Zur islamischen Rechenkunst und Algebra des Mittelalters, in: Forschung und Fortschritt, Berlin 1948
Maier, Anneliese: Die Vorläufer Galileis im 14. Jahrhundert, Rom 1949
–: An der Grenze von Scholastik und Naturwissenschaft, Rom 1952
–: Metaphysische Hintergründe der spätscholastischen Naturphilosophie, Rom 1955
–: Zwei Grundprobleme der scholastischen Naturwissenschaft, Rom 1968
March, Arthur: Das neue Denken der modernen Physik, Hamburg 1957
Mazaheri, Ali: Histoire de la Science Arabe, Beirut 1948
–: So lebten die Muselmanen im Mittelalter, Stuttgart 1957
Meuthen, Erich: Nikolaus von Kues, Münster 1964
Meyer-Steinegg, Th., und *Sudhoff, K.:* Geschichte der Medizin im Überblick, Jena 1921
Meyerhoff, M.: Die Optik der Araber, in: Ztschr. f. ophth. Optik, Berlin 1920
Mittelstraß, Jürgen: Neuzeit und Aufklärung, Berlin 1970
–: Die Galileische Wende, in: Philosophie und Wissenschaft, 9. Kongreß für Philosophie, Meisenheim 1972
–: Rationalismus – Empirismus, in: Wissenschaftstheorie I, hg. v. Heinrich Rombach a.a.O.
–: Von der griechischen Wissenschaft zur Kopernikanischen Wende, in: Wissenschaftstheorie I, hg. v. Heinrich Rombach a.a.O.
Müller, August: Die griechische Philosophie in der arabischen Überlieferung, Halle 1873
Muschalek, Hubert: Gottbekenntnisse moderner Naturforscher, Berlin 1960
Namer, Emile: Giordano Bruno, Paris 1966
Neuburger, Max: Geschichte der Medizin, 2 Bände, Stuttgart 1906–1911
Nikolaus von Kues: Vom Nichtanderen, hg. von Paul Wilpert, Hamburg 1952

Nikolaus von Cues: Die Kunst der Vermutung. Auswahl aus den Schriften, eingel. v. Hans Blumenberg, Bremen 1957
Nolte, Friedrich: Die Armillarsphäre, Erlangen 1922
Paret, Rudi: Der Islam und die Araber bis gegen Ende des Mittelalters, 1940
Parmenides: An die Natur, in: Howald und Grünwald. Die Anfänge der abendländischen Philosophie a.a.O.
Perrenon, Eugen: Die Chirurgie des Hugo von Lucca. Diss. Berlin 1899
Pichler, Hans: Die Idee der Wissenschaft, Greifswald 1956
Platon: Der Staat, übs. von Otto Apelt, 1920
–: Timaios, übs. von Otto Apelt, Leipzig 1922
Popp, Karl Robert: Jakob Böhme und Isaak Newton, Leipzig 1935
Ratzinger, Joseph: Schöpfungsglaube und Evolutionstheorie, in: H. J. Schultz, Wer ist das eigentlich – Gott? a.a.O.
Risler, Jacques: La Civilisation Arabe, Paris 1955
Rombach, Heinrich: Wissenschaftstheorie I und II. Struktur und Methode der Wissenschaften, Freiburg 1974
–: Der Glaube an Gott und das wissenschaftliche Denken, in: Schultz, Wer ist das eigentlich – Gott? a.a.O.
Romocki, J. v.: Geschichte der Explosivstoffe, Berlin 1895
Ruska, Julius: Zur ältesten arabischen Algebra, Heidelberg 1917
–: Al-Rasi als Chemiker, in: Ztschr. f. angew. Chemie, 1922
–: Die siebzig Bücher des Gabir ibn Hajjan, in: Studien f. Geschichte der Chemie, Berlin 1927
Sabra, A. I.: Philosophie und Naturwissenschaften, in: Lewis, B., Welt des Islam a.a.O.
Sachsse, Hans: Methode, Verfahren, Zugangsweisen, in: Wissenschaftstheorie, hg. von Heinrich Rombach a.a.O.
Sarton, George: Studium der Geschichte der Naturwissenschaften, 1965
Schaefer, Hans: Gesichtspunkte der Naturforschung, in: Schultz, Wer ist das eigentlich – Gott? a.a.O.
Scharpff, F.-A.: Des Kardinals und Bischofs Nicolaus von Cusa wichtigste Schriften, 1862
Schlette, Heinz Robert: Antworten der frühen Neuzeit, in: Schultz, Wer ist das eigentlich – Gott? a.a.O.
Schnaase: Die Optik Alhazens, Stargard 1889
Schneider, Artur: Die abendländische Spekulation des 12. Jahrhs. in ihrem Verhältnis zur aristotelischen und jüdisch-arabischen Philosophie, in: Beiträge zur Gesch. der Philosophie des Mittelalters, Münster 1916

Schultz, Hans Jürgen: Wer ist das eigentlich – Gott? München 1969
Scotus Eriugena, Johannes: Über die Einteilung der Natur, übs. v. L. Noack, Leipzig 1870–1874
–: Über die Einteilung der Natur, übs. von Kirchmann, o. J.
Sezgin, Fuad: Das Problem des Gabir ibn Hayyan im Lichte neugefundener Handschriften, in: Ztschr. d. Deutschen Morgenländischen Gesellschaft, Wiesbaden 1964
Sigerist, Henry E.: Die Geburt der abendländischen Medizin, in: Essays on the History of Medicine, Zürich 1924
Snell, Bruno: Die Entdeckung des Geistes, Hamburg 1946
Spaemann, Robert: Gesichtspunkte der Philosophie, in: Schultz, Wer ist das eigentlich – Gott? a.a.O.
Spies, Otto: Orientalische Kultureinflüsse im Abendland, Braunschweig 1949
Steinschneider, Moritz: Die europäischen Übersetzungen aus dem Arabischen, Graz 1956
Störig, Hans Joachim: Kleine Weltgeschichte der Wissenschaft, Stuttgart 1957
–: Kleine Weltgeschichte der Philosophie, Stuttgart 1961
Sudhoff, Karl: Zu den Schlafschwämmen der Borgognoni, in: Archiv für Geschichte der Medizin, Leipzig 1921
Suter, Heinrich: Die Mathematiker und Astronomen der Araber und ihre Werke, Leipzig 1900
Szczesny, Gerhard: Begreiflichkeit und Unbegreiflichkeit der Welt, Grundzüge eines neuen Agnostizismus, in: Glaube und Tat, Gadeland 1967
Teilhard de Chardin, Pierre: Die geistige Potenz der Materie, in: Lobgesang des Alls, Paris 1961
–: Der Göttliche Bereich, Paris 1962
Thiel, Rudolf: Und es ward Licht, Hamburg 1956
Valentin, H.: Geschichte der Pharmazie und Chemie, Stuttgart 1950
Völker, Paul Gerhard: Regimen Sanitatis – Vom Heilwesen im Mittelalter, München 1967
Waerden, B. L. van der: Erwachende Wissenschaft, 1. Bd. Ägyptische, babylonische und griechische Mathematik, Basel 1966
–: Erwachende Wissenschaft, 2. Bd. Die Anfänge der Astronomie, Basel 1968
Weber, Max: Soziologie, Weltgeschichtliche Analysen, Politik, Stuttgart 1968

Weizsäcker, Carl Friedrich von: Die Einheit der Natur, München 1971
–: Kosmogonie und Kosmologie, in: Heimendahl, Dialog des Abendlandes a.a.O.
Welte, Bernhard: Antworten der Hochscholastik, in: Schultz, Wer ist das eigentlich – Gott? a.a.O.
Wenzl, Aloys: Die philosophischen Grenzfragen der modernen Naturwissenschaft, Stuttgart 1954
Werner, Karl: Gerbert von Aurillac, die Kirche und Wissenschaft seiner Zeit, Wien 1881
Wiedemann, Eilhard: Zur Geschichte des Kompasses bei den Arabern, in: Verh. d. Deutschen Physikalischen Gesellschaft, 1907/1909
–: Fragen aus dem Gebiet der Naturwissenschaften, gestellt von Friedrich II. von Hohenstaufen, in: Archiv zur Kulturgeschichte, Leipzig 1914
–: Über die Naturwissenschaft des islamischen Mittelalters, in: Der neue Orient, Bd. V, Berlin 1919
–: Aufsätze zur arabischen Wissenschaftsgeschichte, Hildesheim 1970
Wieleitner, H.: Geschichte der Mathematik, Berlin 1922
Willemsen, C. A.: Das Falkenbuch Kaiser Friedrichs II., Leipzig
Willers, F. A.: Zahlzeichen und Rechnen im Wandel der Zeit, Berlin 1950
Windelband – Heimsoeth: Lehrbuch der Geschichte der Philosophie, Tübingen 1957
Wüstenfeld, Ferdinand: Die Academien der Araber und ihre Lehrer, Göttingen 1837
Yayinlari, Hilal: Der Islam, Genf 1973
Zinner, Ernst: Geschichte der Sternkunde, Berlin 1931
–: Astronomie, Geschichte ihrer Probleme, Freiburg 1951

PERSONENREGISTER

SACHREGISTER

F

G

H

L

M

Z

Sigrid Hunke
Europas andere Religion
Die Überwindung der religiösen Krise
559 Seiten, Zeittafel, gebunden

»An Hand reichhaltigen Belegmaterials und exemplarischer Textproben versucht die Autorin nachzuweisen, daß es die europäische Religion der Einheit schon in allen Ländern und zu allen Zeiten gegeben hat, daß dieser unterirdische Strom bisher aber kaum erkannt und erforscht wurde.« *Die Welt*

»Die Verfasserin hofft auf das Kommen einer Religion ohne einen von den Menschen getrennten Gott, sie steht den Unitariern nahe. Wenn man ihr auch nicht in allen Ansichten beipflichten kann, so hat sie doch ein Werk geschrieben, das von der ersten bis zur letzten Zeile fesselt und zu vielen gedachten Gesprächen reizt.«
Nürnberger Zeitung

Hubert Meessen
Zwischen Leben und Tod
Erkenntnisse und Erfahrungen eines Pathologen
288 Seiten, gebunden

Die Erhaltung unserer Gesundheit ist der eigentliche Zweck der Medizin. Nicht das Wissen von Krankheit ist für heute entscheidend, sondern die Kenntnis der Gesundheit, ihre Lehre, ihre Wege, ihre Regeln zur Erhaltung des Lebens. Hubert Meessen, einer der bedeutendsten Pathologen Deutschlands, erschließt uns Erkenntnisse und Erfahrungen aus über vierzigjähriger Tätigkeit als Arzt im Hintergrund. In allgemeinverständlicher Sprache behandelt er Themenkreise wie: Leben heißt atmen; Ursachen und Folgen abnormer Blutverteilung; das Herz des Menschen; Krebsproblem; das Gehirn; Probleme des Alters; Mensch und Technik – und vieles andere mehr. Professor Meessen erläutert auch die Bedeutung des Experiments; Probleme und Aufgaben der Pathologischen Anatomie; die Verantwortung des Pathologen – oft »Gewissen der Ärzte« genannt – für die Zukunft des Menschen; Umweltprobleme und Gedanken über das Wesen der Universität und ihrer medizinischen Fakultät beschließen die Erkenntnisse und Erfahrungen eines mit wachem Sinn und ärztlicher Verantwortung gelebten und erlebten Lebens.